Eine kurze Geschichte der Erde

J. D. Macdougall

Eine kurze Geschichte der Erde

Eine Reise durch 5 Milliarden Jahre

Aus dem Englischen
von Ulrich Mihr

Scherz

Die Originalausgabe erschien unter dem Titel
«A Short History of Planet Earth»
bei John Wiley & Sons, Inc., New York.

Dritte Auflage 1998

1

Das Buch der Steine

Mitte des 17. Jahrhunderts errechnete James Ussher, ein allseits anerkannter Gelehrter und Prälat der anglikanischen Kirche von Irland und England, daß die Erde im Jahre 4004 v. Chr. erschaffen worden war. Zu diesem Schluß kam er durch sorgfältiges Studium und wörtliche Auslegung der Ahnentafeln in der Bibel. Nach der von alters her anerkannten Forschungstradition überprüften andere Gelehrte seiner Zeit Usshers Berechnungen – da sie keine eigene Methode zur Bestimmung des Erdalters entwickelt hatten. Er habe das Jahr genau getroffen, erklärten sie, doch der Zeitpunkt lasse sich noch genauer bestimmen: Die Erde sei am 23. Oktober 4004 v. Chr. um 9.00 Uhr erschaffen worden!

Heutzutage erweisen einige geologische Universitätsinstitute Reverend Ussher humoristisch die Ehre und feiern am 23. Oktober den Geburtstag der Erde. In Wahrheit ist die Erde jedoch über eine Million mal älter, als Ussher errechnet hatte. Ihr wirkliches Alter beträgt 4,5 *Milliarden* Jahre. Nach der Publikation von Usshers Schriften sollte jedoch über ein Jahrhundert vergehen, ehe Geologen allmählich die wahre Dauer der geologischen Zeit erahnten.

Nach menschlichem Maßstab ist unser Planet somit unglaublich alt: Viereinhalb Milliarden Jahre ist ein Zeitraum, den das menschliche Vorstellungsvermögen nicht fassen kann. Die geologische Zeitskala ist so gigantisch, daß man sich nur unter Zuhilfenahme von Analogien diese scheinbar unermeßliche Zeitspanne zwischen der Gegenwart und der Entstehung der Erde vor Augen führen kann. Stellte man zum Beispiel die Geschichte der Erde in einem dreistündigen Film dar, dann würde die Spezies Mensch gerade in den letzten ein, zwei Sekunden auf der Leinwand erscheinen. Dieses Buch ist wie der dreistündige Film eine stark abgekürzte Reise durch die Geschichte der Erde von der Entstehung des Sonnensystems bis zur Gegenwart. Mit Ausnahme von einigen Exkursen zur Erörterung von Fragen, die für das Verständnis der Erdgeschichte wichtig sind, ist das Buch chronologisch gegliedert. Der Leser muß sich allerdings darüber im klaren sein, daß die Darstellung lediglich einige Glanzlichter streifen kann. Ohne weiteres ließen sich mehrere Menschenleben damit zubringen, sämtliche Details der faszinierenden Erdgeschichte herauszuarbeiten.

Für die meisten Menschen hat die natürliche Landschaft ein hohes Maß an Beständigkeit. Abgesehen von Katastrophen wie Vulkanausbrüchen oder großen Erdbeben verändert sich die geologische Landschaft im Laufe eines Menschenlebens nicht wahrnehmbar. Doch die Erde hat sich im Laufe *ihres* Bestehens außerordentlich stark verändert. Unser Planet hat in den Milliarden Jahren seiner Existenz globale Katastrophen von einem für Menschen unfaßbaren Ausmaß überstanden, hat den Aufstieg und den Untergang zahlloser Spezies, die nicht mehr auf der Erde weilen, sowie die Entstehung und das Verschwinden ganzer Meeresbecken und Gebirgszüge miterlebt. Woher wissen wir dies alles? Ein Teil unseres Wissens stützt sich auf Experimente im Labor, auf die exakte Simulation geologischer Prozesse und auf wissenschaftlich fundierte Hypothesen, doch der größte Teil stammt von den Steinen. Steine sind die Chronisten der Erdgeschichte und enthalten die Schlüssel zu ihrer Vergangenheit. Diese Schlüssel zu deuten ist nicht immer einfach, und noch vieles bleibt zu entdecken, auch wenn bereits einige Fragen geklärt werden konnten. Dieses Buch soll die Neugier für solche Forschungsergebnisse wecken, da es kaum etwas Reizvolleres gibt, als den Ursprung der eigenen Umwelt oder gar des eigenen Platzes darin zu kennen.

In den Geowissenschaften wird, wie in anderen Disziplinen, eine wahre Flut von Fachausdrücken verwendet. Das liegt zum Teil daran, daß Gesteine, Mineralien, Fossilien und Geländeformen genau bezeichnet werden müssen, wenn eine Untersuchung der verschiedenen Varianten Sinn machen soll. Es hat aber auch mit der unvorstellbar langen Zeitspanne zu tun, mit der sich die Geologie beschäftigt: Geologen haben die Erdgeschichte in Zeitabschnitte unterteilt und ihnen Namen gegeben, die den meisten Laien wenig

Inhalt

sagen. Diese Namen richten sich in der Regel nach einem bestimmten geographischen Ort, an dem Gesteine des jeweiligen Zeitabschnitts besonders häufig vorkommen. Ich habe versucht, in diesem Buch den geologischen Fachjargon auf ein Minimum zu beschränken. Einige ungewohnte Begriffe werden jedoch auftauchen, manche sogar häufig. Am Ende befindet sich ein kurzes Glossar, in dem Sie die Begriffe nachschlagen können. Abbildung 1.1 sollte Ihnen ebenfalls helfen, sich eine Vorstellung von der geologischen Zeitskala zu machen. Diese Zeitskala ist der Schrecken aller Studenten in Einführungskursen der Geologie, doch die meisten lernen schließlich doch die Bezeichnungen der Äonen, Ären, Perioden und Epochen, nachdem sie darauf hingewiesen wurden, daß man manche Dinge wie die Monatsnamen oder das Einmaleins einfach lernen muß. Der Gebrauch der Bezeichnungen geht bald in Fleisch und Blut über.

Die Grenzen zwischen den verschiedenen Abschnitten der geologischen Zeitskala wurden ursprünglich aufgrund der Fossilien festgelegt, die einen Teil der Spuren bilden, die in den Steinen enthalten sind. Während der gesamten Erdgeschichte entwickelten sich neue Arten und Gattungen, weilten eine Zeitlang auf der Erde und verschwanden wieder. Von Zeit zu Zeit kam es jedoch, aus bislang ungeklärten Gründen, zu einer raschen und völligen Ausrottung großer Teile des Pflanzen- und Tierreiches. In der Regel breiteten sich nach einer solchen Katastrophe rasch neue und häufig völlig andersartige Spezies aus. Eine derart abrupte Veränderung der Flora und Fauna spiegelt sich in der Fossilüberlieferung wider. Erst vor kurzem sind Geologen dazu übergegangen, dieses Massensterben auf periodisch auftretende Katastrophen hin zu untersuchen wie den Zusammenprall von Kometen oder Asteroiden mit der Erde oder dramatische Veränderungen des globalen Klimas. Die Interpretation mag sich mit der Zeit geändert haben, doch die Spuren dieser Ereignisse in den Steinen waren schon den ersten Forschern zugänglich und versetzten sie in die Lage, die Erdgeschichte systematisch zu unterteilen. Dort, wo die Fossilüberlieferung sich drastisch geändert hatte, wurde die Grenze eines Abschnitts festgelegt. Eine einfache Version der geologischen Zeitskala zeigt Abbildung 1.1. Bei der Lektüre des Buches wird sie Ihnen vermutlich noch häufig von Nutzen sein.

Der Zusammenhang zwischen Zeitskala und Gesteinen ist auf den

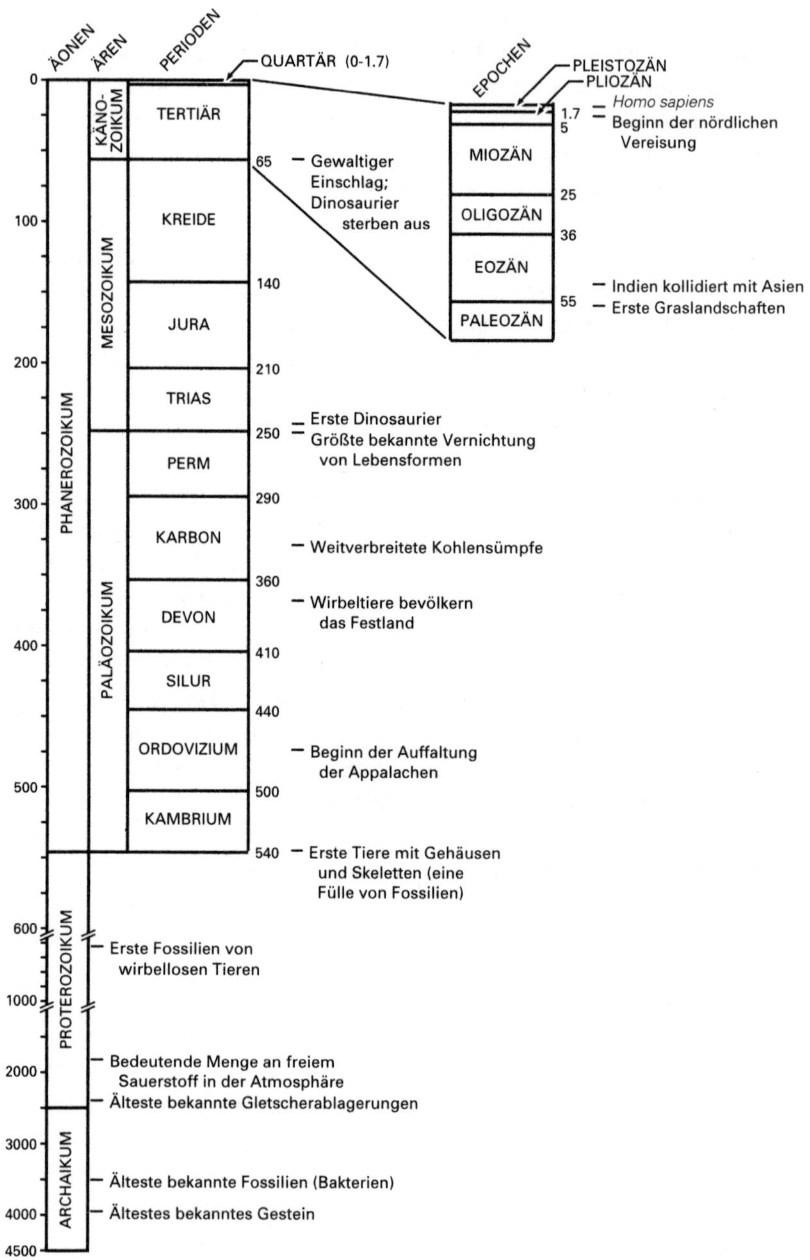
ÄONEN
ÄREN
PERIODEN
QUARTÄR (0-1.7)
EPOCHEN
PLEISTOZÄN
PLIOZÄN
0
KÄNO-ZOIKUM
TERTIÄR
1.7
5
Homo sapiens
Beginn der nördlichen Vereisung
MIOZÄN
65
Gewaltiger Einschlag; Dinosaurier sterben aus
25
OLIGOZÄN
36
EOZÄN
PALEOZÄN
55
Indien kollidiert mit Asien
Erste Graslandschaften
100
KREIDE
MESOZOIKUM
140
JURA
200
210
TRIAS
PHANEROZOIKUM
250
Erste Dinosaurier
Größte bekannte Vernichtung von Lebensformen
PERM
290
300
KARBON
Weitverbreitete Kohlensümpfe
PALÄOZOIKUM
360
DEVON
Wirbeltiere bevölkern das Festland
400
410
SILUR
440
ORDOVIZIUM
Beginn der Auffaltung der Appalachen
500
KAMBRIUM
540
Erste Tiere mit Gehäusen und Skeletten (eine Fülle von Fossilien)
600
PROTEROZOIKUM
Erste Fossilien von wirbellosen Tieren
1000
2000
Bedeutende Menge an freiem Sauerstoff in der Atmosphäre
Älteste bekannte Gletscherablagerungen
3000
ARCHAIKUM
Älteste bekannte Fossilien (Bakterien)
4000
Ältestes bekanntes Gestein
4500

ersten Blick vielleicht nicht ersichtlich. Das Bild wird klarer, wenn man sich vor Augen führt, wie Sedimentgesteine entstehen, die in erster Linie zur Bestimmung der Skala herangezogen wurden. Sedimentgesteine wachsen an der Erdoberfläche, meist unter Wasser, Schicht um Schicht, manchmal auch Atom für Atom. Sie sind die Folge von Erosion und Verwitterung an Land; Luft- und Wasserströme befördern ihre Bestandteile zu Seen oder zum Meer hin. Anfangs bestehen Sedimente in der Regel aus einem noch nicht verfestigten Material wie Schlick oder Sand und verhärten sich über eine Vielzahl von Prozessen zu festem Gestein. Sedimente schließen Muscheln, Skelette, Blätter, Federn und andere Teile von Tieren und Pflanzen ein, konservieren sie und liefern uns damit Informationen über die biologische Evolution. Ein einziger Aufschluß, das heißt offen zutage tretender Bereich solchen Gesteins kann einen Zeitraum von Tausenden, ja Millionen Jahren ungestörter Ablagerung umfassen, und die älteste Schicht liegt stets ganz unten, die jüngste ganz oben. Die Zeitskala aus Abbildung 1.1 entstand im wesentlichen durch das Aneinanderfügen verschiedener Spuren aus allen Teilen der Welt, die bezüglich ihres Fossilinhalts übereinstimmten. Dabei darf nicht außer acht gelassen werden, daß sowohl die Sedimentation wie auch die Konservierung von Fossilien unregelmäßig verlaufen sein können. Ferner kommt es zu Erosion, wenn der Meeresspiegel fällt oder Sedimentschichten angehoben werden, und ein Teil der Spuren wird verwischt. Die Folge davon sind zahlreiche Lücken. Dies stellte Darwin vor große Probleme, da er erklären mußte, weshalb die Fossilüberlieferung nicht jeden einzelnen Evolutionsschritt abbildet. Ein ganzes Kapitel seines Werkes *Über die Entstehung der Arten durch natürliche Zuchtwahl* ist dieser Frage gewidmet, unter dem Titel «Über die Unvollständigkeit der geologischen Urkunden».

Allerdings interessieren sich Geologen nicht allein für Sedimentgesteine, auch wenn sie den genauesten historischen Befund liefern. Magmatische und metamorphe Gesteine enthalten ebenfalls Infor-

Abb. 1.1 Die geologische Zeitskala. Die Zeit wird in Millionen Jahren angegeben, auf einige bedeutende Ereignisse der Erdgeschichte wird hingewiesen. Beachten Sie den doppelten Wechsel der Maßeinheit im proterozoischen Abschnitt dieser Zeitskala.

mationen über ihre Entstehung und ihre Geschichte; diese Informationen sind jedoch von ganz anderer Art. Im Gegensatz zu den Sedimenten entstehen magmatische Gesteine im Erdinneren durch Aufschmelzung: Magma – darunter versteht man geschmolzenes Gestein – kühlt sich an oder nahe der Erdoberfläche ab und kristallisiert zu festem Gestein. Bekannte Beispiele magmatischer Gesteine sind rosafarbener Granit an Gebäudefassaden oder dunkler Basalt, der sich etwa aus der Lava des Vulkans Kilauea auf Hawaii gebildet hat. Die chemische Zusammensetzung solcher Gesteine liefert Anhaltspunkte über das geologische Umfeld, in dem sie entstanden sind. Diese Aussagen sind bei jungen Materialien zwar nicht gerade weltbewegend – daß Hawaii eine Vulkaninsel mitten im Pazifik ist, wissen wir auch, ohne die chemische Zusammensetzung seiner Lavaströme zu ermitteln –, sie sind aber entscheidend für das Verständnis alter Gesteine, weil mit ihrer Hilfe die physische Welt der Vergangenheit rekonstruiert werden kann.

Bei metamorphen Gesteinen liegen die Dinge völlig anders. Ursprünglich sedimentäres oder magmatisches Material hat seine mineralogische Zusammensetzung von Grund auf verändert, meist wegen des enormen Drucks und der hohen Temperatur, die tief im Erdinnern herrschen. Allein ihre Existenz ist ein Zeichen für die Veränderbarkeit der Erde über lange Zeiträume hinweg. Metamorphe Gesteine sind womöglich in längst vergangener Zeit aus den Staubkörnern verwitternder Trümmer entstanden, die sich Schicht um Schicht in den Meeren entlang eines alten Kontinents abgelagert hatten. Die metamorphen Mineralien, die sie heute enthalten, geben jedoch stummes Zeugnis ab von einem anderen, weniger passiven Stadium ihrer Geschichte: der Versenkung in eine Tiefe von vielleicht zwanzig Kilometern oder mehr und einer starken Erhitzung. Dies geschieht häufig während einer gebirgsbildenden Phase, und heute weiß man von der Existenz solch metamorpher Gesteine tief im Kern der Anden und des Himalaja. Wie kommt es aber, daß wir solche Materialien an der Erdoberfläche antreffen? Die Antwort liegt darin, daß selbst riesige Gebirgszüge – gemessen an geologischen Zeitmaßstäben – vergänglich sind. Als Opfer einer langsamen, aber stetigen Erosion und Bodenhebung werden sie nach und nach abgetragen. Das in der Tiefe aufbewahrte Sediment, inzwischen zum metamorphen Gestein geworden, gelangt durch diesen Prozeß früher oder später wieder an die Oberfläche. Solche Zyklen sind ein Teil der natürlichen Erdtätigkeit, und sie hinterlassen ihre Spuren in den Steinen, auch wenn sie sich über Zeiträume erstrecken, welche die unmittelbare menschliche Wahrnehmung weit übersteigen.

Vor nicht allzu langer Zeit konnten sich nicht einmal Geologen erklären, weshalb es in Japan Vulkane gibt oder weshalb der Ural ausgerechnet in Zentralrußland entstand. Die Theorie der Plattentektonik änderte das schlagartig. Mit einem Mal hatte die Geologie, wie die meisten anderen Disziplinen, einen Unterbau, eine Grundlage, mit deren Hilfe viele scheinbar unvereinbare Beobachtungen erklärt werden konnten. Nach dieser Theorie besteht die Erdoberfläche aus einer Anzahl riesiger, starrer Platten, grob geschätzt 100 Kilometer dick, die sich relativ zueinander bewegen. An einigen Stellen driften die Platten auseinander und vergrößern sich, indem sie an den sich verbreiternden Grenzen neues Material anlagern; an anderen Stellen prallen sie aufeinander, meist mit der Folge, daß eine Platte sich unter die andere ins Erdinnere schiebt. An wieder anderen Stellen gleiten gigantische Platten einfach aneinander vorbei und zermalmen dabei die Erdkruste wie entlang der San-Andreas-Störung in Kalifornien. Geologische Aktivität tritt fast ausschließlich an Plattengrenzen auf. Würde man sämtliche Erdbebenorte des letzten Jahrzehnts auf einer Weltkarte eintragen, so erhielte man fein säuberlich umrissen die tektonischen Platten. Auch der größte Teil der weltweiten vulkanischen Tätigkeit findet entlang dieser Grenzen statt.

Die tektonische Weltkarte ist wie ein gigantisches Puzzlespiel, jedes Teil eine Platte, mit dem wesentlichen Unterschied, daß die Teile sich bewegen und langsam, aber beständig ihre Form verändern. Verlegte man dieselbe Karte in die Zeit vor fünfzig Millionen Jahren, so läge Los Angeles auf einer Insel vor der westkanadischen Provinz Britisch-Kolumbien, und Australien wäre noch mit den indonesischen Inseln verbunden. New York wäre von London weiter als heute entfernt, dafür läge es näher bei Tokio, weil der Atlantik sich auf Kosten des Pazifiks vergrößert hätte.

Im Gegensatz zu der weitverbreiteten Annahme treiben die Platten nicht auf einem flüssigen Erdinneren wie Eis auf Wasser. Sie bewegen sich aufgrund einer Art plastischen Strömung an ihrer Basis. Das Erdinnere ist fest, aber heiß, so daß es sich in einer langsamen Bewegung über große Zeitspannen hinweg verformt und fließt, ganz ähnlich dem Fließen von Gletschereis. Die Oberflächen der Platten dagegen sind kalt und nahezu starr. Ihre physikalischen Eigenschaften trennen sie von dem darunterliegenden «konvektierenden», das heißt durch Konvektion gekennzeichneten Erdinneren.

Diese Konvektion im Inneren ist der eigentliche Mechanismus, über den die Erde Hitze abgibt. Die Gesteine, die den Erdmantel bilden (siehe Abb. 1.2), sind so gute Isolatoren, daß es Milliarden Jahre dauern würde, bis die Hitze durch schlichte Wärmeleitung vom Erdinnern an die Oberfläche gelangen würde. Durch die Konvektion im Erdmantel bewegt sich jedoch heißes Material zur Erdoberfläche, während von einem entgegengesetzten Strom zum Ausgleich kühleres Material ins Innere transportiert wird. Vermutlich ist dieser Konvektionskreislauf im Mantel zumindest mitverantwortlich für die Bewegung der Platten an der Oberfläche.

Das Erdinnere ist zwar im wesentlichen fest, aber ein Teil des Erdkerns (siehe Abb. 1.2) – das eigentliche, dichte Zentrum der Erde, das etwa ein Drittel ihrer Masse ausmacht – ist aller Wahrscheinlichkeit nach flüssig. Später werde ich noch genauer auf den Erdkern eingehen, hier mag die Feststellung genügen, daß er größtenteils aus metallischem Eisen besteht und daß mit Hilfe der Konvektion in seiner flüssigen äußeren Hülle das Magnetfeld der Erde erzeugt wird. Dies können wir mit ziemlicher Sicherheit sagen, obwohl dem Kern nie Proben entnommen wurden; Jules Vernes «Reise zum Mittelpunkt der Erde» bleibt reine Phantasie. Kein menschliches Wesen war jemals tiefer als einige Kilometer unter der Erdoberfläche; selbst die tiefsten Bohrlöcher reichen nicht weiter hinunter als 10 Kilometer. Die äußere Grenze des Erdkerns liegt jedoch in einer Tiefe von etwa 2900 Kilometern, und der Radius von der Oberfläche der Erde bis zu ihrem Mittelpunkt beträgt etwa 6370 Kilometer.

Ohne unmittelbare Informationen über das Erdinnere müssen wir uns mit indirekten Hinweisen begnügen. Der weitaus aussagekräftigste Hinweis ergab sich aus Studien der Art und Weise, wie Erdbebenwellen sich durch die Erde fortpflanzen. Große Beben setzen offenbar gewaltige Mengen an Energie frei, und die erzeugten Vibrationen breiten sich wellenförmig durch die Erde aus. Sie werden an weitentfernten Orten wahrgenommen, genau wie die Vibrationen, die ein

Schlag mit einem Hammer auf ein Tischende auslöst, am anderen Ende zu spüren sind. Die Ausschläge auf einem Seismographen sind die Reaktionen des Instruments auf die tatsächlichen Vibrationen der Erde. Die detaillierte Interpretation seismischer Daten ist äußerst vielschichtig. Immerhin hat die jahrelange Aufzeichnung von Erdbebensignalen an zahlreichen, über den Globus verteilten Stationen eine Datensammlung ergeben, welche die Bestimmung der durchschnittlichen Geschwindigkeit ermöglicht, mit der die Wellen verschiedene Teile des Erdinneren durchlaufen. Da die Geschwindigkeit der seismischen Wellen unmittelbar von der Dichte des Materials abhängt, das sie durchlaufen, war es den Geophysikern möglich, diese Dichte zu errechnen und daraus abzuleiten, welche Mineralien sich an verschiedenen Orten der Erde befinden. Wie sich gezeigt hat, ist die Erde in verschiedene Schichten unterteilt (siehe Abb. 1.2), und die wichtigsten Unterteilungen weisen völlig unterschiedliche Dichten und chemische Zusammensetzungen auf. Auch wenn Abbildung 1.2 eine vereinfachte Darstellung ist, zeigt sie doch, daß die Erde in hohem Maß chemisch differenziert ist. Diese Beobachtung hat große Bedeutung für die Frühgeschichte unseres Planeten, weil die meisten Wissenschaftler davon ausgehen, daß die heute getrennten Bestandteile der Erde nach ihrer Entstehung in einer mehr oder weniger homogenen Masse eng miteinander vermischt waren. Soweit aus den verfügbaren Angaben ersichtlich ist, haben die anderen erdähnlichen Planeten (Merkur, Venus und Mars), ebenso wie der Mond, eine vergleichbare globale chemische Differentiation durchlaufen.

Der größte Teil dieses Buches befaßt sich mit Prozessen, die an oder innerhalb der Erdkruste – noch dazu der obersten Kruste – ablaufen. Ein Blick auf Abbildung 1.2 zeigt, daß die Kruste ihrer Masse und ihrem Volumen nach so gut wie vernachlässigbar ist, verglichen mit den anderen Bestandteilen unseres Planeten. Sie ist eine dünne Haut, unter den Ozeanen knapp 5 oder 6 Kilometer dick und unter den Kontinenten 30 oder 40 Kilometer. Ließe man die Erde auf die Größe eines Apfels schrumpfen, so wäre der dickere Teil der Erdkruste etwa so dick wie die Apfelschale. Dennoch lagern gerade in der Kruste die Rohstoffvorkommen, entstand auf ihr Leben und die Zivilisation. Über diesen Teil der Erde wissen wir am meisten, weil er erforscht, analysiert und vermessen werden kann: In

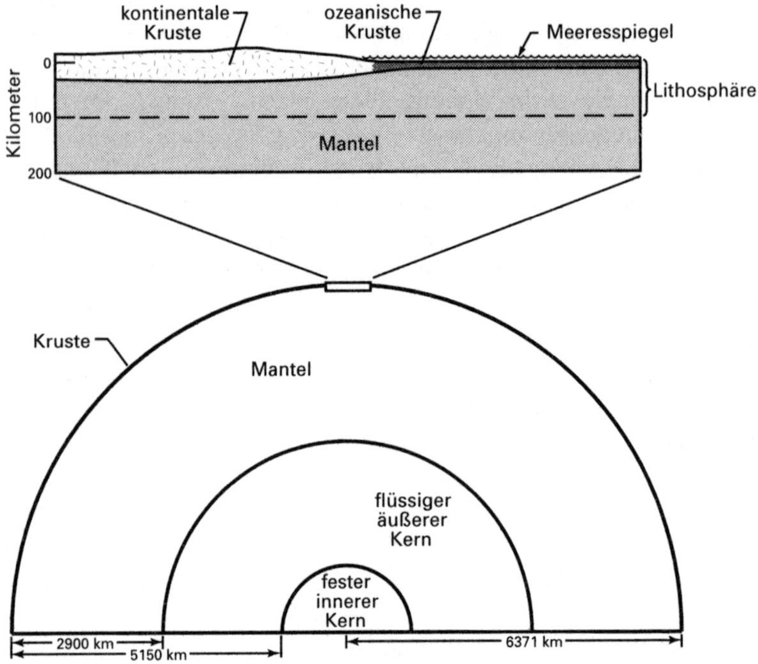

Abb. 1.2 Ein schematischer Querschnitt durch die Erde, der ihre Schichtstruktur darstellt. Eine Ausschnittsvergrößerung der äußeren Schicht veranschaulicht die unterschiedliche Dicke kontinentaler und ozeanischer Krusten. Beide sind Teile der Lithosphäre, der obersten Erdhülle, welche die tektonischen Platten umfaßt.

geologischen Zeitspannen schmolz das Innere unseres Planeten auf, und brodelnde Flüssigkeiten gelangten an die Oberfläche – auf diese Weise bildete sich die Erdkruste heraus.

Die Grenze zwischen der Kruste und dem darunterliegenden Erdmantel wird durch die rasche Zunahme der Geschwindigkeit seismischer Wellen angezeigt, was auf einen Wechsel zu dichteren Gesteinsarten im Erdinneren schließen läßt. Im Vergleich zu den Gesteinen der Kruste enthalten die Gesteine des Mantels einen höheren Anteil an Eisen und Magnesium und weniger leichtere Elemente wie Aluminium. Dies haben seismische Studien und die Untersuchung von Proben ergeben. Doch wie kann man dem Mantel Proben entnehmen, wenn selbst die tiefsten Bohrlöcher die Kruste nie gänzlich durchdrungen haben? Die Natur hat uns die Entnahme der Proben bereits abgenommen: An einigen Stellen der Erde haben vulkanische Lavaströme, die sich im Mantel gebildet haben, feste Teile des umliegenden Gesteins herausgerissen und an die Erdoberfläche befördert. Als Folge dieses Vorgangs können wir heute beispielsweise Diamantschmuck tragen. Diamanten sind eine Form von Kohlenstoff, der wiederum auch der Hauptbestandteil von Holzkohle ist, welche als Material für Schmuckwaren nicht gerade beliebt ist. Unter den hohen Drücken, die im Mantel herrschen, wird jedoch gewöhnlicher Kohlenstoff zu Diamanten umgewandelt. Die erforderlichen Drücke entsprechen Tiefen in der Erde von etwa 200 Kilometern. Die Diamanten aus Südafrika und anderen Lagerstätten sind in vulkanischen Magmaströmen, die sich in dieser Tiefe oder noch weiter unten gebildet haben, an die Oberfläche getragen worden. Natürlich bedeutet das Auffinden solcher Edelsteine aus dem Mantel noch lange nicht, daß das Erdinnere aus Diamanten zusammengesetzt ist – Diamanten selbst sind selten, und genaugenommen liefern vor allem die festen Felsstücke, in denen sie gefunden werden, Aufschlüsse über die Beschaffenheit des Mantels.

Aus Abbildung 1.2 ist ersichtlich, daß die Platten an der Erdoberfläche sowohl die Kruste wie auch Material des Erdmantels enthalten. Ihre untere Grenze wird nicht durch eine Veränderung der Gesteinsarten gekennzeichnet; vielmehr handelt es sich um eine physikalische Grenze, an der die Geschwindigkeit der seismischen Wellen beträchtlich abnimmt. Geologen gehen überwiegend davon aus, daß die Gesteine des Mantels in dieser Tiefe ihrem Schmelzpunkt am nächsten kommen und wegen der hohen Temperatur und des hohen Drucks verformbar werden. Dadurch kann sich die darüberliegende starre Platte auf dem «konvektierenden» Mantel bewegen. Der starre äußere Teilbereich der Erde, der Bereich, der die tektonischen Platten bildet, wird Lithosphäre genannt, nach dem griechischen Wort *lithos* für Stein oder Fels.

Der Erdmantel umfaßt etwa zwei Drittel der Erdmasse und wird aufgrund der feinen Unterschiede der Geschwindigkeiten seismischer Wellen in einen oberen und einen unteren Teilbereich unterteilt. Unter ihm liegt der Erdkern, der das restliche Drittel der Masse umfaßt und, wie bereits erwähnt, größtenteils aus Eisen besteht. Am

Übergang vom Mantel zum Kern tritt eine sehr starke Veränderung der Wellengeschwindigkeit auf. Dieses Phänomen spiegelt den Wechsel von felsigem zu metallischem Material wider. Bestimmte Wellen können nicht durch Flüssigkeiten übertragen werden, und es läßt sich beobachten, daß genau diese Wellen den äußeren Teil des Kerns nicht durchdringen, was auf seine flüssige Konsistenz schließen läßt. Der innere Kern aber ist fest.

Wie die Erde entstanden ist, weiß niemand ganz genau. Allerdings läßt sich aus dem, was wir wissen, ein einleuchtendes Modell ableiten. Wir wissen, daß das Universum wesentlich älter ist als die Erde und daß der größte Teil der Atome, die heute die Luft, die wir atmen, die Steine, auf denen wir gehen, und alle anderen Bestandteile der Erde bilden, einst Atomkerne im Inneren von Sternen waren. Einige sehr schwere Elemente wie Gold, Blei und Uran entstanden in gigantischen Supernova-Explosionen, die das Leben eines Sternes beendeten und gewaltige Mengen Materie in den interstellaren Raum schleuderten. Wir wissen, daß die Materie, die heute die Erde bildet, einst Teil einer riesigen Gas- und Staubwolke war – ähnlich den Wolken, die Astronomen heute in anderen Teilen unserer Galaxie beobachten.

Aus ungeklärten Gründen fiel diese Wolke vor etwa 4,6 Milliarden Jahren in sich zusammen. Dabei wurde der zentrale Bereich immer dichter und heißer, so wie sich Luft erhitzt, wenn sie in einer Fahrradpumpe zusammengepreßt wird. Genau im Zentrum der kollabierenden Wolke, wo die Temperaturen und Drücke ihren Höhepunkt erreichten, setzten die nuklearen Reaktionen ein, die der Sonne Energie liefern. Unser Zentralgestirn, die Sonne, enthält etwa 99,9 Prozent der gesamten Materie unseres Sonnensystems; die Planeten und Asteroiden sind lediglich die übriggebliebenen Trümmer. Zumindest im inneren Bereich des Sonnensystems, dem die Erde angehört, war die Hitze bei der Entstehung der Sonne so stark, daß vermutlich alle zuvor existierenden Feststoffe verdampften. Der größte Teil der übriggebliebenen Trümmer war somit gasförmig. Bei der Abkühlung der Umgebung entstanden feste Kristalle und ballten sich zusammen, nach und nach bildeten sich größere Körper. Manche wuchsen rasch und nahmen alles auf (sogenannte Akkretion), was ihnen auf ihrer Umlaufbahn um die frühe Sonne in den Weg kam. Andere wurden bei gewaltigen Kollisionen großer Körper zerstört.

Der Akkretionsprozeß, also der Prozeß, in dessen Verlauf die Erde entstand, setzte gewaltige Mengen Energie frei: Der ständige Hagel aufprallender Körper hat die frühe Erde sehr stark erhitzt. Das ursprüngliche Materiegemisch war vermutlich weitgehend homogen, doch die Hitze der Akkretion führte zu Aufschmelzungen, und die entstandenen Flüssigkeiten trennten sich unter dem Einfluß der Schwerkraft von den ungeschmolzenen Feststoffen. Insbesondere Eisen, das bei niedrigeren Temperaturen schmilzt als viele andere Bestandteile der Erde, muß früh geschmolzen sein und sank aufgrund seiner hohen Dichte rasch durch die heiße Masse ins Zentrum, wo es den Kern bildete.

Die globale chemische Differentiation der Erde in einen metallischen Kern und einen darüberliegenden felsigen Mantel muß sich kurz vor dem eigentlichen Beginn der Erdgeschichte vollzogen haben. Die Entstehung der Erdkruste nahm einen ganz anderen Verlauf. Wir wissen, daß sie ebenfalls durch Aufschmelzung entstanden ist, doch anders als bei der Entstehung des Erdkerns waren in diesem Fall die geschmolzenen Materialien weniger dicht als der umliegende Mantel und stiegen daher an die Oberfläche auf. Dieser Prozeß dauert noch an: Lavaströme, die heute von Vulkanen ausgestoßen werden, sind das Produkt von Schmelzvorgängen im Mantel und bilden neues Krustenmaterial. Die Kruste, insbesondere die kontinentale Kruste, ist während der gesamten Erdgeschichte gewachsen, auch wenn unter den Geowissenschaftlern umstritten ist, ob die Zunahme kontinuierlich oder in mehreren Phasen verlaufen ist und ob die Wachstumsrate sich im Laufe der Zeit verändert hat.

Die Geologie ist eine alte Wissenschaft. Bereits die ersten Menschen wandten sie in einer rudimentären Form an, um Lagerstätten von Feuerstein oder Obsidian aufzuspüren. Diese Gesteine ließen sich zu scharfkantigen Werkzeugen für die Jagd und die Bearbeitung anderer Stoffe behauen. Das Aufspüren von Mineral- und Rohstoffvorkommen ist noch heute eine wichtige Aufgabe der Geologen. Ebenso bedeutend ist die Suche nach einem besseren Verständnis der Funktionsweise der Erde, ohne auf die unmittelbare praktische Anwendbarkeit der Erkenntnisse zu achten. Im Grunde begegnet uns Geologie auf Schritt und Tritt, auch wenn es vielleicht schwerfällt, sich dies vorzustellen, wenn man im Herzen einer Großstadt lebt. Doch ein Besuch des Grand Canyon oder des Yosemite-Nationalparks ist ein viel eindrucksvolleres Erlebnis, wenn man ein wenig Bescheid über Geologie weiß. Für die meisten Menschen gibt es kaum etwas Befriedigenderes als das Wissen darüber, daß beispielsweise die Schönheit des Yosemite-Nationalparks mit seinen hohen kaskadenartigen Wasserfällen zum großen Teil das Werk gewaltiger Gletscher war, welche in der jüngsten Eiszeit die Felsen der Sierra Nevada ausgewaschen haben, oder die Einsicht, daß die Meere mit ihrem Kommen und Gehen in vielen Millionen Jahren Schicht für Schicht der Sedimente abgelagert haben, die heute an den Wänden des Grand Canyon zutage treten.

Um zum heutigen Verständnis der Erde und ihrer Geschichte zu gelangen, mußten Geologen zugleich Historiker, Kriminologen, Forscher und Ingenieure, vor allem aber scharfe Beobachter sein. In zunehmendem Maße müssen sie sich auch als gute Biologen, Chemiker, Physiker und Mathematiker erweisen, weil die Erforschung der Erde all diese Kenntnisse erfordert. In den Geowissenschaften werden bei der Suche nach Antworten wahrhaft alle Hebel in Bewegung gesetzt.

2

Erste Tage

Nach dem Schöpfungsbericht im Alten Testament wurde die Erde in sieben Tagen erschaffen. Die meisten Geologen sind der Ansicht, daß nicht einmal Gott diese Aufgabe so rasch bewältigen konnte. Immerhin muß die Erschaffung, nach geologischen Maßstäben, sehr rasch vor sich gegangen sein. Genau zu wissen, wie schnell sich der Vorgang abspielte, ist aber sehr wichtig: Die Materieteilchen, die sich bei der Entstehung der Erde zusammenballten, führten kinetische Energie mit sich, und diese Energie wandelte sich bei der Kollision der Teilchen mit der Erde in Wärmeenergie um. Der rasch wachsenden Erde wurde somit ständig neue Energie zugeführt, ohne daß sie von der Oberfläche ins All abgestrahlt werden konnte. Das Ausmaß der Wärmeenergie wiederum bestimmte, wie heiß die Erde am Ende dieser Akkretion war. Je rascher der Akkretionsprozeß vor sich ging, desto mehr Energie wurde gespeichert, und desto heißer wurde die neuentstandene Erde. Sie war zweifellos sehr heiß, auch wenn zu dieser Frage nur spärliche Informationen vorliegen. War der äußere Bereich vollständig geschmolzen? Gab es auf der Erde ein Meer aus Magma, analog zu dem, das nach Ansicht vieler Geologen auf dem Mond existierte? War die gesamte Erde geschmolzen?

Alle diese Hypothesen werden von Wissenschaftlern vertreten, allerdings gibt es für keine einzige einen stichhaltigen Beweis. Unglücklicherweise werden die geologischen Anhaltspunkte für die Erdgeschichte zwangsläufig immer spärlicher und sind schwieriger zu deuten, je weiter man in der geologischen Zeit zurückgeht. Wie im vorigen Kapitel ausgeführt, entstanden die Erde und andere Planeten unseres Sonnensystems ursprünglich aus Materiebrocken und

-teilchen, die um die frühe Sonne kreisten. Die Erde wuchs, indem sie die gesamte Materie in ihrem Umkreis aufnahm, und erreichte im Verlauf von einigen, kaum mehr als zehn Millionen Jahren annähernd ihre heutige Größe. Die genaue Dauer des Wachstumsvorgangs ist nicht bekannt, statt dessen gibt es einige Fingerzeige über die Art der Materie, aus der die Erde entstand. Diese Informationen wurden durch die Erforschung von Meteoriten gewonnen.

Meteoriten und die Erde

Meteoriten sind weit häufiger, als gemeinhin angenommen wird. Die Zahl der Exemplare in privaten und öffentlichen Sammlungen geht in die Tausende und nimmt ständig zu. Die meisten kurz am Nachthimmel aufleuchtenden Sternschnuppen sind Meteoriten, die durch die Reibung weißglühend erhitzt werden und verbrennen, während sie durch die Erdatmosphäre sausen. Einige wenige überleben die Reise und erreichen die Erdoberfläche. Zehntausende Meteoriten, wenn nicht gar über 100 000, fallen jedes Jahr auf die Kontinente der Erde und weit mehr in die Ozeane. Die meisten sind sehr klein und werden überhaupt nicht wahrgenommen. Gefunden und gesammelt wurden Objekte von der Größe einer Erbse, in selteneren Fällen so groß wie ein Basketball oder gar noch größer. Da die Erde heute dichter bevölkert ist als früher, wird ein größerer Teil der niedergegangenen Meteoriten sofort als solche erkannt und aufgesammelt. Einige haben sogar Autos und Häuser getroffen.

Vor einigen Jahren ist die Antarktis als überaus ergiebiger Fundort für die wissenschaftliche Erforschung von Meteoriten ausgemacht worden. Auf die Eisdecke gefallene Meteoriten werden von Schnee und Eis begraben und später von den Eismassen, die sich langsam vom Pol nach außen bewegen, zum Meer befördert. Diese «Strömung» führt die Meteoriten tief unter die Oberfläche; wo das Eis aber auf verborgene Gebirgszüge trifft, werden sie nach oben gelenkt. In solchen Gegenden tragen die kalten, trockenen Winde der Antarktis das Eis ebenso rasch ab, wie es nachrückt. Die mitgeführten Meteoriten bleiben jedoch liegen. Der Meteoriteneinschlag von Tausenden Jahren kann sich durch diesen Vorgang in einem kleinen Bereich angesammelt haben, und die Stellen sind leicht auszumachen, da es in diesem Eismeer wenige andere Felsen gibt. Geologen aus mehreren Ländern rüsten heutzutage alljährlich im Sommer der Südhalbkugel Expeditionen in die Antarktis aus, um in Frage kommende Gebiete mit Schneemobil und Hubschrauber nach solchen Meteoritenfundgruben zu durchkämmen.

In alten Zeiten wurden den Meteoriten häufig besondere Kräfte zugesprochen, weil sie vom Himmel kamen und man möglicherweise glaubte, sie seien von den Göttern gesandt. Vor kurzem wurde aber erkannt, daß sie regelrechte Steine der Weisen sind, die Informationen über die früheste Geschichte des Sonnensystems enthalten. Es gibt eine Vielzahl verschiedener Meteoriten, und einige scheinen seit ihrer Entstehung vor 4,5 Milliarden Jahren, etwa zu derselben Zeit wie die Erde, im wesentlichen unverändert. Tatsächlich ähneln sie vermutlich sehr stark der Urmaterie, aus der die Erde entstand. Wenn Sie das nächste Mal in ein naturhistorisches Museum gehen, sehen Sie sich die Meteoriten einmal genauer an. Rein äußerlich sehen sie vielleicht wie gewöhnliche Steine aus, doch in Wahrheit sind sie etwas ganz anderes: Es handelt sich hier um Boten aus der Vergangenheit, die uns sensationelle Erkenntnisse über die Zeit der Bildung des Sonnensystems vermitteln.

Chondrite, wie die meisten Meteoriten genannt werden, sind nach Ansicht der Wissenschaftler Bruchstücke aus dem Asteroidengürtel zwischen Mars und Jupiter. Größtenteils bestehen Chondrite aus Mineralien, die auch in Gesteinen der Erde vorkommen, darüber hinaus enthalten sie aber metallisches Eisen, das nur selten als natürliche Substanz an der Erdoberfläche anzutreffen ist. Wie bereits im vorigen Kapitel erwähnt, schmilzt Eisen bei einer niedrigeren Temperatur als zahlreiche andere Mineralien. Der größte Teil des metallischen Eisens, das in chondritähnlicher Form die Erde erreichte, schmolz während des Akkretionsprozesses und sank ins Innere des Planeten: Der Erdkern bildete sich heraus.

Die Bestimmung der chemischen Zusammensetzung unseres Planeten ist ein schwieriges Unterfangen gewesen, weil die Erde aus so unterschiedlichen Bereichen wie dem Kern, dem Mantel und der Kruste besteht und nur dem äußersten Teil dieser Bereiche aussagekräftige Proben entnommen werden können. Die Chondrite hingegen können im Labor analysiert werden. Wenn sie tatsächlich Repräsentanten desselben Materials sind, aus dem die Erde entstanden ist, so könnte allein durch Analyse der Chondrite die chemische Zusammensetzung der gesamten Erde bestimmt werden – eine wahrhaft faszinierende Aussicht. Sind sie aber auch wirklich repräsentativ für die durchschnittliche Materie des Sonnensystems, die vermutlich den Hauptbestandteil der Erde ausmacht? Vieles weist darauf hin, daß dem so ist. Dies wurde aus Untersuchungen der Sonne geschlossen, die per definitionem, da sie ja beinahe die gesamte Masse des Sonnensystems enthält, aus der durchschnittlichen Materie des Sonnensystems besteht. Durch die Analyse des von der Sonne abgestrahlten Lichtes wurden zahlreiche Informationen über ihre chemische Zusammensetzung gewonnen. Abgesehen von einer kleinen Zahl Elemente, den Gasen, stimmt das Verhältnis der in den Chondriten vorkommenden Elemente genau mit dem der Sonne überein, ein wichtiger Hinweis darauf, daß diese Materialien nur geringfügig chemisch fraktioniert, das heißt aufgespalten wurden. Nimmt man nun die Informationen, die aus den Meteoriten gewonnen wurden, zusammen mit dem Wissen über die Dichte des Erdinneren aus seismischen Untersuchungen, so ist es nicht nur möglich, die chemische Zusammensetzung der gesamten Erde zu veranschlagen, sondern auch die Beschaffenheit der Bestandteile zu bestimmen, denen nie Proben entnommen wurden, wie dem Mantel und dem Kern.

Wie alt ist unser Planet?

Daß die Erde Milliarden Jahre alt ist, wurde bereits erwähnt. Das ist die heutige Ansicht; die Auffassung des Theologen James Ussher, der aufgrund der Angaben in der Bibel errechnet hatte, daß die Erde im Jahr 4004 v. Chr. erschaffen worden sei, galt bis weit ins 19. Jahrhundert. Ja sogar heute noch leugnen einige die überwältigende Beweiskraft der wissenschaftlichen Erkenntnisse und behaupten, die biblische Schöpfungsgeschichte sei die einzig zutreffende Darstellung der Entstehung der Erde und ihrer Geschichte.

Erst Mitte der fünfziger Jahre wurde das heute allgemein anerkannte Alter von 4,5 Milliarden Jahren bestätigt. Die genaue Bestimmung des Alters der Erde ist eine höchst komplizierte Angelegenheit: Im wesentlichen beruht sie auf dem Umstand, daß bestimmte, in der Natur vorkommende, radioaktive Isotope mit einer konstanten

Wahrscheinlichkeit zerfallen. Ist diese Konstante genau bekannt, so läßt sich die Menge an Zerfallsprodukten messen, die sich in einer Probe im Laufe der Zeit angesammelt haben, und das Alter auf relativ einfache Weise bestimmen. Der radioaktive Zerfall und seine Nutzung für die Altersbestimmung geologischer Proben wird ausführlicher in Kapitel 6 erörtert werden, bereits hier sei aber erwähnt, daß in gewöhnlichen Gesteinen mehrere Isotope vorkommen, die sich für die Altersbestimmung eignen. Isotope eines Elements haben die gleichen chemischen Eigenschaften wie das eigentliche Element, aber eine leicht abweichende Kernstruktur. Nicht alle Isotope sind radioaktiv, die radioaktiven aber zerfallen mit der Zeit zu einem neuen Isotop eines völlig anderen Elements. Zwei der bekanntesten Elemente mit radioaktiven Isotopen sind Thorium und Uran. Während des Zerfalls wandeln sie sich zu Isotopen von Blei um. Ein Teil des Bleis der Erde, ja des Sonnensystems, existierte somit bei Entstehung der Erde noch nicht, sondern bildete sich erst im Laufe der geologischen Zeit durch den allmählichen Zerfall von Thorium und Uran.

Da jedes Isotop von Thorium und Uran mit einer anderen Geschwindigkeit zu Blei zerfällt, enthalten Proben mit diesen Elementen mehrere, voneinander unabhängige, geologische «Uhren», mit deren Hilfe sich das Alter bestimmen läßt. Das bedeutet aber auch, daß die genaue Zusammensetzung der Blei-Isotope in jedem Material sehr spezifisch ist und von seinem Alter wie auch von dem Gehalt an Thorium und Uran abhängt. In den fünfziger Jahren entdeckte Clair Patterson vom California Institute of Technology in Pasadena bei Los Angeles, daß Meteoriten und Proben aus der Erde in ihrem Gehalt an Blei-Isotopen dieselben Merkmale aufweisen. Sorgfältig wurden Proben ausgewählt, die dem durchschnittlichen Gehalt von Blei-Isotopen in Erdgesteinen am nächsten lagen. Patterson verglich diese Proben mit einer Reihe von Proben aus Chondriten und entdeckte systematische Beziehungen, die darauf hinweisen, daß all diese Körper – die Erde und die verschiedenen Chondrite – vor 4,5 bis 4,6 Milliarden Jahren aus einer gemeinsamen Urmaterie entstanden sein müssen.

Pattersons Erkenntnis war eine überaus bedeutende Entdeckung in den Annalen der Geologie. Nicht nur, daß sie eine zuverlässige Angabe zum Alter der Erde machte, sie schlug auch eine Brücke von der Entstehung unseres Planeten zum Ursprung anderer Materie des Sonnensystems. Ein früherer Forscher, der bemerkenswerte schottische Geologe und Gentleman des 18. Jahrhunderts James Hutton, hat einmal über die Erdgeschichte gesagt, daß er «keine Spur eines Anfangs, kein Anzeichen eines Endes entdeckt» habe. Ungeachtet dieses lyrischen Zitats von Hutton legte Pattersons Arbeit jedoch den Zeitpunkt des Anfangs genau fest. Auch wenn seit den fünfziger Jahren auf Pattersons Gebiet der Isotopenmessung große technische Fortschritte erzielt wurden, gelten seine grundlegenden Schlüsse noch immer.

Die Zahl 4,5 Milliarden geht einem recht leicht von der Zunge. Studenten und Professoren der Geologie ist sie nur zu geläufig. Aber es ist eine gewaltige Zahl, viel zu groß, um mit menschlichen Maßstäben erfaßt zu werden. Fügen Sie die Nullen ein, und das Alter der Erde wird etwas anschaulicher: 4 500 000 000 Jahre. 4,5 Milliarden Pennystücke würden einen Stapel von etwa 6,5 *tausend* Kilometer Höhe ergeben, das ist etwas mehr als die Entfernung von der Oberfläche der Erde bis zu ihrem Mittelpunkt.

Die ersten 600 Millionen Jahre

Wann die Erde entstand, ist zwar bekannt, doch das folgende Kapitel der Erdgeschichte ist im wesentlichen leer. Für beinahe 600 Millionen Jahre nach der Entstehung unseres Planeten fehlt jegliche Spur von Steinen. Die bislang ältesten Gesteinsproben der Erde stammen aus den Nordwestterritorien in Kanada. Nach der Analyse ihrer Blei-Isotope sind sie etwas über 3,9 Milliarden Jahre alt. Diese Gesteine waren einer sehr starken Metamorphose ausgesetzt, daher ist es schwierig, etwas über ihren Ursprung in Erfahrung zu bringen. Immerhin unterscheiden sie sich nicht allzu sehr von zahlreichen anderen, typischen Kontinentalgesteinen, die deutlich jünger sind. Somit wissen wir, daß vor 3,9 Milliarden Jahren zumindest einige Teile der kontinentalen Kruste existierten.

Die Frage, wann sich erste Kontinente bildeten, hat die Geologen lange beschäftigt, weil die kontinentale Kruste augenscheinlich gewachsen und im Verlauf geologischer Zeiträume entstanden ist. Vermutlich gab es bereits vor der Entstehung der 3,9 Milliarden Jahre alten Gesteine kleine Kontinente. Sehr spärliche und schwache Fingerzeige haben uns zu dieser Vermutung gebracht; sie waren beinahe ebenso schwer aufzuspüren wie die sprichwörtliche Nadel im Heuhaufen. Wo sind solche Hinweise aber am ehesten zu finden? Die Antwort auf diese Frage liefert ein gutes Beispiel für eine häufig von Geologen angewandte Vorgehensweise: Die Gegenwart wird als Fenster für die Vergangenheit genutzt. Bekanntermaßen lagern sich die Produkte der Erosion heute an den Rändern der Kontinente ab, und es gibt keinen Grund, anzunehmen, daß dies in der Vergangenheit anders war. Auch die ersten Kontinente müssen Strände gehabt haben. Sollten sich einige dieser sehr alten Sedimente erhalten haben, bestünde die Möglichkeit, daß sie Mineralkörner enthalten, die von noch älteren Kontinenten erodiert wurden.

Geologen durchforschten folglich auf der Suche nach besonders witterungsbeständigen Mineralkörnern einige der ältesten bekannten Sandsteine, die sich vermutlich ursprünglich entlang der Küstenlinie uralter Kontinente abgelagert hatten. Die Suche in einem 3,6 Milliarden Jahre alten Sandstein von Westaustralien machte sich bezahlt. Einige Körner in dem Gestein waren wesentlich älter als der Sandstein selbst und hatten offenbar mehrere Zyklen der Erosion, Ablagerung, Verfestigung zu festem Gestein, Hebung und neuerlichen Erosion überdauert. William Compston und seine Kollegen an der Australian National University in Canberra haben herausgefunden, daß einige Körner des witterungsbeständigen Minerals Zirkon aus den alten Sandsteinen ein Alter von 4,1 bis 4,3 Milliarden Jahre haben.

Zirkonkristalle sind kleine, aber häufig vorkommende Bestandteile zahlreicher magmatischer Gesteine. Nehmen Sie eine Handvoll Sand oder Erde auf, und Sie halten möglicherweise einige Zirkonkörner in Händen, denn die Verwitterungs- und Erosionsvorgänge, die ihr Muttergestein zerstören, richten bei den trägen Zirkonkristallen wenig aus. Da sie hart und resistent sind, werden große, durchsichtige Zirkonkristalle häufig als Halbedelsteine verkauft. Für Geologen sind jedoch die kleinen Körner am nützlichsten, die von Flüssen oder vom Wind über weite Entfernungen hinweg transportiert worden sind. Sie liefern Hinweise auf die ursprüngliche Quelle des Sedimentmaterials, in dem sie nunmehr liegen.

Wie der Name schon sagt, enthält das Mineral Zirkon große Mengen des Elements Zirkonium. Es schließt aber bei der Bildung auch beträchtliche Mengen Uran ein: Wie bereits erwähnt, zerfällt ein Teil der Uranisotope zu Blei-Isotopen, und deren Anteil wiederum läßt sich zur Bestimmung des Alters der Körner verwenden. Moderne Geräte sind mittlerweile so raffiniert, daß selbst eine winzige Menge Blei in einem einzigen kleinen Zirkonkorn exakt gemessen und somit sein Alter bestimmt werden kann. Auch die Körner aus dem australischen Sandstein wurden auf diese Weise datiert.

Über die Gesteinsarten, aus denen das uralte Zirkon ursprünglich erodiert wurde, läßt sich aber kaum etwas sagen, weil lediglich einzelne Körner gefunden wurden und keine Gesteinsstücke. Jedenfalls ist Zirkon in Kontinentalgesteinen wie Granit weit verbreitet, während es in den Basalten der Meeresböden praktisch nicht vorkommt. Daraus folgt, daß diese Körner von kontinentalen Gesteinen stammen müssen. Wenn dies aber tatsächlich der Fall ist, kann die Existenz von Kontinenten auf die Zeit vor 4,3 Milliarden Jahren zurückverlegt werden, lediglich einige hundert Millionen Jahre nach Entstehung der Erde. Diese ältesten Teile der Erdkruste können aber ganz anders als die heutigen Kontinente ausgesehen haben, mit Sicherheit waren sie wesentlich kleiner.

Aber selbst wenn die Bildung der Erdkruste bereits sehr früh begonnen hat, können sich aus verschiedenen Gründen praktisch keine Spuren aus den ersten 600 Millionen Jahren der Existenz unseres Planeten erhalten haben. Zum einen war die Erde während eines großen Teils dieser Zeitspanne einem schweren Bombardement aus dem All ausgesetzt, da die nach der Akkretion verbliebene Materie durch die Schwerkraft der Erde angezogen wurde. Zum anderen war die frühe Erde sehr heiß. Die nachhaltige Konvektion in dieser heißen Erde hat womöglich einen Großteil der früh gebildeten Erdkruste schlichtweg zerstört. Auch wenn ein großer Teil der Hitze von dem Akkretionsprozeß selbst herrührte, wurde sie vermutlich zumindest teilweise von dem bedeutendsten Ereignis der frühen Erdgeschichte erzeugt: der Entstehung des Erdkerns.

Mit zunehmender Erhitzung unseres Planeten bei seiner Entstehung begann das enthaltene metallische Eisen zu schmelzen, kleine Mengen geschmolzenen Eisens vereinigten sich und erreichten schließlich beachtliche Größen. Da diese Massen wesentlich dichter waren als das umliegende Material, sanken sie zum Erdmittelpunkt.

Das Absinken wurde durch den Umstand beschleunigt, daß die umliegenden Mineralien zwar nicht geschmolzen, aber sehr heiß und fließfähig waren. Eine ein Kilometer dicke Kugel geschmolzenes Eisen bewältigte die Strecke von der Oberfläche zum Zentrum der heißen frühen Erde schätzungsweise in weniger als einer Million Jahre.

Die Bildung des metallischen Erdkerns durch das Schmelzen, Vermengen und Absinken des Eisens vollzog sich sehr früh, vermutlich bereits während und möglicherweise noch kurz nach der Hauptphase der Akkretion. Somit war die Erde bestenfalls einige Dutzend Millionen Jahre nach ihrer Entstehung ein chemisch differenzierter Planet mit einem metallischen Kern und einem felsigen äußeren Teil. Diese umfassende chemische Reorganisation eines anfangs wesentlich homogeneren Stadiums wurde auch *iron catastrophe* (Eisenkatastrophe) genannt, weil einige Analysen darauf schließen lassen, daß es sich um einen ungeheuren Vorgang handelte, der dem Schmelzen der Brennstäbe eines Kernreaktors ähnelt. Dabei wurden gewaltige Mengen Energie freigesetzt, womöglich genug, um die gesamte Erde zu schmelzen. In einer veröffentlichten Darstellung dieses Ereignisses wurde die These aufgestellt, daß ein großer Teil des heute im Kern befindlichen Metalls sich in einem Ring oder einer Hülle aus geschmolzenem Material um einen kühleren, zentralen Teil der neugebildeten Erde ansammelte. Gigantische Tropfen geschmolzenes Metall aus dieser Hülle begannen zum Mittelpunkt abzusinken und lösten durch die Veränderung der Massenverteilung innerhalb des rotierenden Planeten enorme Spannungen aus, die noch feste Bestandteile des Inneren gewaltsam aufbrachen und durch geschmolzenes Eisen ersetzten. Ob der tatsächliche Ablauf damit zutreffend wiedergegeben wird, ist ungewiß. Doch gleich, auf welche Weise das Eisen zum Erdmittelpunkt gelangte, eine riesige Menge Energie wurde freigesetzt und heizte die Erde weiter auf.

Somit müssen die ersten Tage der Erdgeschichte sehr chaotisch gewesen sein, mit ausgedehntem Vulkanismus und womöglich einem Ozean aus geschmolzenem Gestein an der Oberfläche. Anfangs gab es keine Atmosphäre. Allerdings waren verschiedene chemische Verbindungen wie Wasser, Kohlendioxid und mehrere flüchtige Elemente in gebundener Form mit der Urmaterie zur Erde gelangt. Sie wurden nach und nach als vulkanische Gase aus dem heißen Inneren freigesetzt und bildeten eine frühe Atmosphäre. Ein ständiger Hagel großer und kleiner Objekte aus dem All durchdrang diese Gashülle und schlug in der Oberfläche ein, als die Akkretion allmählich nachließ. Noch mehrere hundert Millionen Jahre nach ihrer Entstehung wäre die Erde einem menschlichen Zeitreisenden sehr fremd und ungastlich erschienen. Um diese Zeit gab es vermutlich flüssiges Wasser an der Oberfläche, aber kein sichtbares Leben – keine Pflanzen oder Tiere –, und die Atmosphäre konnte nicht veratmet werden, da sie keinen Sauerstoff enthielt. Es existierten keine großen Kontinente wie heutzutage und keine weiträumigen Gebirgszüge wie die Rocky Mountains oder die Alpen, obwohl es mit großer Wahrscheinlichkeit zahlreiche Vulkane gab.

Durchaus möglich ist auch, daß sich die Erde während eines Teils ihrer frühen Geschichte periodisch in einem tiefgefrorenen Zustand befand und gefrorene Ozeane den größten Teil der Oberfläche bedeckten. Die Sonne war nämlich, wenn sie der üblichen Entwicklung von Sternen ihrer Größe folgte, in der ersten Phase ihres Daseins deutlich schwächer und setzte weit weniger Energie frei als heute. Ungeachtet der von Vulkanen und Einschlägen erzeugten Hitze bestimmt das Ausmaß der Sonnenenergie letztlich die Temperatur an der Erdoberfläche. Nach dem anfänglichen, heißen Stadium, das einige hundert Millionen Jahre gedauert haben kann, kühlte sich die Erdoberfläche ab. Bei der Schwäche der Sonne könnten die Temperaturen durchaus so tief gefallen sein, daß alle bestehenden Ozeane gefroren waren. Einige Wissenschaftler haben dem wiederum entgegengehalten, daß die Erde, wenn sie von stark reflektierendem Schnee und Eis bedeckt gewesen wäre, so viel Sonnenenergie ins All zurückgestrahlt hätte, daß die Oberfläche nie wieder getaut wäre, selbst als die Stärke der Sonne zunahm. Mit diesem Argument und der Tatsache, daß die Erde heute an den meisten Orten schön warm ist, wollten sie nachweisen, daß es nie ein gefrorenes Stadium der Erde gegeben hat. Allerdings kann das Eis auch auf andere Weise geschmolzen sein, wie wir im nächsten Kapitel sehen werden.

Das Archaikum

Der erste größere Abschnitt der geologischen Zeitrechnung ist der Äon Archaikum (siehe Abb. 1.1). Er währt von der Entstehung der Erde bis vor etwa 2,5 Milliarden Jahren und umfaßt somit etwa 44 Prozent der Erdgeschichte. Die geologische Zeitskala ist natürlich nur ein künstliches Gebilde der Wissenschaftler; während des Archaikums müssen sich zahlreiche Vorgänge abgespielt haben, die wiederum, würden wir sie kennen, eine weitere Unterteilung ermöglichen würden. Ungeachtet der Länge des Zeitraums wissen wir aber sehr wenig über die Geschichte des Archaikums. Zumindest teilweise liegt dies daran, daß lediglich ein Teil der heutigen Erdoberfläche aus Gesteinen besteht, die tatsächlich in dieser Zeit entstanden sind. Wie soeben gezeigt, ist von den Gesteinen der ersten annähernd 600 Millionen Jahre praktisch nichts erhalten.

Auch wenn (oder vielleicht gerade weil) archaische Gesteine sehr selten sind, waren sie der Gegenstand intensiver Forschungen. Beispielsweise ist heute bekannt, daß sie – in geringen Mengen – in allen größeren Kontinenten vorkommen. Sie liegen gelegentlich in der Nähe des Zentrums und sind stets von jüngeren Gesteinen umgeben – ein Umstand, der Rückschlüsse zuläßt über die Art und Weise, wie die Kontinente wuchsen. Die Alter der Gesteine lassen darauf schließen, daß die Kontinente während dieses Äons in mehreren Phasen wuchsen, allerdings ist dies wegen des geringen Vorkommens archaischer Gesteine ungewiß. Außerdem besteht die Möglichkeit einer selektiven Konservierung, daß also nur bestimmte Gesteine erhalten blieben. Einige Fossilien wurden in Sedimenten des Archaikums entdeckt, die Überbleibsel uralter einzelliger Bakterien. Sorgfältige Studien in den letzten Jahren haben gezeigt, daß sie zahlreicher vorkommen, als früher angenommen wurde, dennoch sind sie vergleichsweise selten. Immerhin weisen sie darauf hin, daß um die Mitte des Archaikums erste Lebensformen bereits weit verbreitet waren.

Die in Australien entdeckten Zirkonkristalle brachten die Erkenntnis, daß möglicherweise bereits vor 4,2 oder 4,3 Milliarden Jahren kleine Kontinente existierten. Die ganze geologische Zeitrechnung über, vom Archaikum bis in die Gegenwart, ist durch Umschmelzungen im Inneren der Erde und den Transport geschmolzenen Materials an die Oberfläche neue kontinentale Kruste entstanden. Dennoch bildet der kontinentale Teil der Erdkruste auch heute noch einen sehr kleinen Teil der Erde als Ganzes, wie aus Abbildung 1.2 ersichtlich ist. Ferner weicht seine chemische Zusammensetzung stark von der Zusammensetzung der übrigen Erde ab. Auch andere Planeten unseres Sonnensystems verfügen über eine Kruste, Kontinente gibt es aber offenbar nur auf der Erde. Die Mineralvorkommen unserer Kontinente, die den größten Teil des Materials für eine moderne Zivilisation liefern, sind folglich, wenn überhaupt, nur in geringem Umfang auf anderen Planeten zu erwarten. Warum gibt es aber auf anderen Planeten keine Kontinente? Die Antwort darauf hängt vermutlich damit zusammen, daß auf der Erde flüssiges Wasser vorkommt.

Fügt man Gesteinen Wasser zu, so verringert sich ihre Schmelztemperatur, genau wie bei Eis, dem Salz hinzugefügt wurde. Dadurch wird auch die Zusammensetzung des Magmas verändert, das bei der Aufschmelzung entsteht. Auf der Erde sorgt der Vorgang der Plattentektonik dafür, daß dem heißen Inneren Wasser hinzugefügt wird; neue Schmelzprozesse werden ausgelöst. Die stark wasserhaltige ozeanische Kruste wird entlang der großen Tiefseegräben in den Mantel hinabgezogen, und das Wasser wird mit der Zunahme der Temperatur herausgelöst. Durch diesen Vorgang entstand der sogenannte Feuergürtel rund um den Pazifik: Die Vulkane der Bundesstaaten Washington und Alaska, von Chile und Japan liegen alle oberhalb von Regionen, in denen der Meeresboden des Pazifiks ins Erdinnere geschoben, Wasser freigesetzt und Aufschmelzung ausgelöst wird. Das entstandene geschmolzene Material ist weniger dicht als seine Umgebung und steigt an die Oberfläche – den Kontinenten wird frisches Material aus dem Erdinneren zugefügt. Die Geologen streiten sich zwar immer noch, wann der Vorgang, den wir Plattentektonik nennen, begonnen hat, doch die Existenz einer archaischen kontinentalen Kruste weist darauf hin, daß bereits sehr früh in der Erdgeschichte Wasser von der Oberfläche ins Innere transportiert wurde, vermutlich auf ganz ähnliche Weise wie heute.

Das Archaikum ging vor 2,5 Milliarden Jahren zu Ende. Der Übergang zum Proterozoikum ist die einzige Grenze in Abbildung 1.1, die nicht in erster Linie auf der Grundlage einer Veränderung des Fossilinhalts in Gesteinen festgelegt wurde. Auch wenn sich zu der Zeit erste Lebensformen auf der Erde bereits fest etabliert hatten, verfügten die archaischen Bakterien über kein Skelett oder eine Hülle, die sich zur Versteinerung eignen, und sind nur in geringen Mengen erhalten. Ferner kam ihre Evolution nur sehr langsam voran, daher sind sie als Zeitmarken ungeeignet. Erst mit Beginn des Kambriums, als die Blütezeit verschiedener Organismen mit sogenannten Hartteilen begann, werden Fossilien überaus nützliche Indikatoren für die geologische Zeitrechnung. Als Folge davon ist das Alter des Übergangs vom Archaikum zum Proterozoikum, 2,5 Milliarden Jahre, in gewisser Weise eine willkürliche Jahreszahl. Gewiß, sie wurde aufgrund allgemeiner Beobachtungen nach jahrelangen Studien gewählt, die ergeben haben, daß sich um diese Zeit vieles in den geologischen Urkunden verändert hat: beispielsweise die chemische Zusammensetzung der um diese Zeit entstandenen Gesteine und, soweit sich dies feststellen läßt, die Art der wenigen fossilen Überbleibsel, die sich bestimmen lassen. Doch im Gegensatz zu allen anderen Grenzlinien der geologischen Zeitskala gibt es keinen Ort auf der Welt, wo man diese Grenze in den Gesteinen nachzeichnen könnte.

Die ältesten, als Sedimente erkennbaren archaischen Gesteine sind etwa 3,8 Milliarden Jahre alt. Sie sind im Westen Grönlands zu finden und bestätigen die Vermutung, daß um diese Zeit bereits Kontinente und Ozeane existierten und Erosion und Sedimentation auf ganz ähnliche Weise verliefen wie heute. Doch selbst 800 Millionen Jahre nach ihrer Entstehung war die Erde noch ein öder Ort, und die Atmosphäre enthielt keinen Sauerstoff. Dennoch existierte vermutlich bereits Leben in Form von Mikroben oder einzelligen Organismen, auch wenn die Gesteine dieser Zeit nur indirekte Hinweise darauf geben. Wie früh das erste Leben entstanden sein kann und wie es sich vermutlich entwickelt hat, sind Themen des folgenden Kapitels.

3

Wunder des Lebens

Wonderful Life, zu deutsch etwa Wunder des Lebens, ist der Titel eines Buches des Paläontologen Stephen Jay Gould von der Harvard-Universität über die Evolution des Lebens auf der Erde. Der Titel ist in der Tat gut gewählt. Gould beschreibt in dem Buch die verblüffende Vielfalt des Lebens, die in der sogenannten «kambrischen Explosion», der sprunghaften Entwicklung neuer Lebensformen im Kambrium, aufgetreten war, und zeichnet die chaotische Entwicklung nach, die das Leben von da an genommen hat. Urplötzlich sind die Sedimentgesteine geradezu übervoll von konservierten Lebewesen, während bis dahin von einer Fossilüberlieferung kaum die Rede sein konnte. Manche Fossilien sind so bizarr, daß sie uns ein gehöriges Maß an Phantasie abverlangen. Wie bewegten sie sich fort? Welche Funktion hatten die unglaublichen Körperfortsätze überhaupt? Was fraßen sie? Einige dieser herrlichen Geschöpfe sind auf Abbildung 7.3 zu sehen. Doch ungeachtet der gewaltigen Artenvielfalt im Kambrium hatte das Leben auf der Erde schon lange vorher begonnen, vermutlich vor über zwei Milliarden Jahren. Diesen äußerst nebulösen Anfängen, irgendwann im Archaikum, wenden wir uns zuerst zu.

Am Anfang

Philosophen und Denker streiten seit Jahrtausenden über die Frage, wie das Leben entstanden ist. Manche nahmen an, das Leben sei ewig und es habe keinen Anfang gegeben. Aristoteles, der das Denken zweitausend Jahre lang nachhaltig beeinflußte, war der Ansicht, daß manche Lebensformen, wenn nicht alle, von selbst entstehen würden. Mit dieser Vorstellung war er keineswegs allein, sie beruhte auf genauer Beobachtung: Pflanzen sprießen nach einem Regenschauer plötzlich aus fruchtbaren Böden, und Maden tauchen unvermutet in verwesendem Fleisch auf.

In den zwanziger Jahren stellte der russische Biochemiker Aleksandr Oparin die Theorie auf, daß das Leben in der erwärmten, wasserhaltigen Umgebung der Oberfläche der frühen Erde entstanden ist, in einer Atmosphäre, die größtenteils aus Methan bestand – dem Hauptbestandteil von Erdgas. Oparins Ansicht nach waren die frühen Meere reich an einfachen organischen Molekülen; diese Moleküle reagierten miteinander, bildeten komplexere Gefüge und brachten schließlich Proteine und Lebensformen hervor. Beinahe dreißig Jahre nach Veröffentlichung dieser Hypothese wies Stanley Miller, damals noch Student an der Universität Chicago, gemeinsam mit Nobelpreisträger Harold Urey nach, daß sich Aminosäuren – die Grundsubstanzen von Proteinen, die Leben erst ermöglichen – unter den Bedingungen entwickeln konnten, die vermutlich auf der frühen Erde geherrscht hatten. Millers Experiment war geradezu genial: Er schickte Stromstöße durch ein Gemisch aus Methan, Wasserstoff, Ammoniak und Dampf und entdeckte bei der Untersuchung des Ergebnisses, daß er Aminosäuren hergestellt hatte. Die Stromstöße sollten Blitze darstellen, die Gasmischung ein nach damaligem Kenntnisstand nicht ganz von der Hand zu weisendes Modell für die frühe Atmosphäre auf der Erde. Aminosäuren allein können sich nicht fortpflanzen und sind noch nicht lebendig. Dennoch galt dieses Experiment lange als Meilenstein auf dem Weg zum Verständnis eines Vorgangs, der einer der größten Schritte bei der Entstehung des Lebens gewesen sein muß: der natürlichen Synthese von Aminosäuren. Wie aber noch gezeigt wird, läßt sich das Experiment von Miller und Urey mit großer Wahrscheinlichkeit nicht unmittelbar auf die Geschehnisse im frühen Archaikum übertragen.

Es fällt schwer, den Ursprung des Lebens nachzuvollziehen, weil die Umweltbedingungen auf der frühen Erde nicht genau bekannt sind. Es lassen sich lediglich einige begründete Überlegungen anstellen. Beispielsweise muß die Oberfläche noch sehr lange nach Entstehung der Erde, womöglich mehrere hundert Millionen Jahre, wesentlich heißer gewesen sein als heutzutage. Fortwährende Einschläge von großen und kleinen Meteoriten führten weitere Wärmeenergie hinzu, und in den Anfängen der Erdgeschichte haben womöglich größere Körper die sich abkühlende Kruste durchschlagen und darunterliegendes geschmolzenes Material freigelegt. Bei dem Ausstoß von Laven an die Oberfläche gelangten vermutlich große Mengen Vulkangase in die Atmosphäre und verursachten einen Treibhauseffekt, der wesentlich stärker war als irgend etwas Vergleichbares, das jemals von menschlicher Hand verursacht wurde. Es ist durchaus möglich, daß die frühe Atmosphäre um ein Vielfaches dichter war als die heutige und die Ozeane heiß waren. Manche Wissenschaftler haben gar vermutet, daß die Temperatur der Ozeane wegen des hohen atmosphärischen Drucks noch über dem heutigen Siedepunkt von Wasser lag. Die uns bekannten Lebensformen sind aber sehr empfindlich gegen hohe Temperaturen, und kein modernes Lebewesen kann Temperaturen von über 100° Celsius überleben. Daß sich Leben gebildet hat, bevor die Oberflächentemperatur auf dieses Niveau oder noch weiter abgesunken war, ist unwahrscheinlich.

Über die genaue Zusammensetzung der frühen Atmosphäre ist zwar immer noch wenig bekannt, aber in den letzten Jahren wurden in dieser Frage einige Fortschritte erzielt. Inzwischen läßt sich mit einiger Gewißheit sagen, daß vermutlich weder Oparins Vorstellung von einer methanreichen Zusammensetzung noch das von Miller in seinen Experimenten benutzte Gemisch aus Methan, Ammoniak, Wasserstoff und Wasser der Realität sehr nahe kam. Studien unserer nächsten Nachbarplaneten Mars und Venus und der Spuren in den Sedimentgesteinen der Erde legen die Vermutung nahe, daß die frühe Atmosphäre der Erde reich an Kohlendioxid (CO_2) war und nicht an Methan. Auf dem Mars wie auf der Venus ist CO_2 das weitaus häufigste Gas der Atmosphäre. Auf der Erde macht es nur einen kleinen Anteil aus. Allerdings wird eine gewaltige Menge dieser Verbindung in den Sedimentgesteinen der Erdkruste aufbewahrt, genug, um die Atmosphäre der Erde wesentlich stärker an die unserer Nachbarplaneten anzugleichen, wenn dieses CO_2 je freigesetzt würde.

Wie gelangte das Kohlendioxid in die Erdkruste? Die Antwort darauf gibt der Vorgang, den Geologen Kohlenstoffkreislauf nennen. Über eine Reihe chemischer Reaktionen gelangt Kohlendioxid aus der Atmosphäre in gelöster Form in die Ozeane. Im Meerwasser verbindet es sich mit Kalzium und bildet Kalziumkarbonat, den Hauptbestandteil von Kalkstein und das gleiche Material, das Wasserrohre verstopft oder sich in Teekesseln ablagert. In den geologischen Zeiträumen ist soviel CO_2 aus der Atmosphäre zu Kalkstein umgewandelt worden, daß in Form von Kalkstein über hunderttausendmal soviel CO_2 vorkommt wie in der Atmosphäre. Eine beträchtliche Menge Kohlendioxid haben Pflanzen der Atmosphäre über die Photosynthese entzogen und in organisches Material umgewandelt. Dieses wiederum ist versenkt worden und hat sich zu Kohle, Erdöl oder Erdgas weiterentwickelt. Beim Verbrennen dieser fossilen Brennstoffe gelangt das Kohlendioxid wieder in die Atmosphäre und ist mitverantwortlich für den vieldiskutierten Treibhauseffekt und die globale Erwärmung des Klimas.

In einer kohlendioxidreichen Atmosphäre aber funktioniert die Methode von Miller und Urey nicht, mit Hilfe von Stromstößen Aminosäuren herzustellen. Sollte die frühe Atmosphäre tatsächlich reich an CO_2 gewesen sein, so muß die Bildung organischer Verbindungen, die für die Existenz von Leben unerläßlich sind, auf andere Weise verlaufen sein. Da uns keine geologischen Zeugnisse von den ersten Geschehnissen auf unserem Planeten vorliegen, sind die Einzelheiten dieses Vorgangs unbekannt und werden wohl auch nie geklärt werden. Immerhin sind zahlreiche plausible Theorien aufgestellt worden. Vermutlich gab es wie heute auf der Erde eine Unzahl Mikromilieus mit unterschiedlichen Temperaturen und chemischen Zusammensetzungen und unterschiedlicher Energieversorgung. Ferner sind zahlreiche organische Verbindungen, auch Aminosäuren, in Meteoriten gefunden worden. Radioastronomen haben sogar im interstellaren Raum organische Verbindungen identifiziert, und Untersuchungen des Halleyschen Kometen während seiner letzten Annäherung an die Erde haben gezeigt, daß er eine große Menge organisches Material enthält. Unweigerlich gelangten zusammen mit den einschlagenden Objekten im frühen Archaikum organische Verbindungen aus dem All auf die Erde und waren vermutlich über die ganze Oberfläche verstreut. Voll entwickeltes Leben entsteht aber nicht aus so einfachen Molekülen, und von diesen Verbindungen bis zur Bildung komplexer, sogenannt polymerisierter Makromoleküle und fortpflanzungsfähiger chemischer Systeme ist es immer noch ein großer Schritt. Es gibt verschiedene Theorien darüber, wie Leben entstanden sein könnte: Eine Forschungsrichtung etwa macht darauf aufmerksam, daß die chemische Zusammensetzung der Oberflächen eine Rolle gespielt haben kann. Möglicherweise übernahmen die Oberflächen des natürlich vorkommenden Materials, wie Mineralkristalle, die Funktion eines Katalysators bei der Bildung und vielleicht sogar der Vervielfältigung komplexer Moleküle. Ohne genauere Hinweise kann man jedenfalls lediglich mutmaßen, daß im Laufe einer längeren Zeit Reaktionen unter einer Vielzahl zunehmend komplexer organischer Moleküle schließlich Verbindungen und Strukturen hervorbrachten, die fortpflanzungsfähig waren – an diesem Punkt hat das erste Leben begonnen.

In einem sehr frühen Stadium dieses Prozesses bildete sich eine Membran heraus, die einige organische Moleküle befähigte, sich abzusondern und sich in einer Umgebung zu vermehren, die von der außerhalb der Membranwand leicht abwich – mit einem Wort: Primitive Zellen entstanden. In der Tat handelt es sich bei den ältesten Fossilien, dem allerersten konkreten Beweis für die Existenz von Leben, um winzige konservierte Zellen, die einigen modernen Bakterien ähneln. Diese Objekte kommen in archaischen Sedimentgesteinen mit einem Alter von etwa 3,5 Milliarden Jahren vor.

Warum hat es so lange gedauert?

Dreieinhalb Milliarden Jahre sind sicherlich nach jedem Maßstab eine sehr lange Zeit, allerdings muß daran erinnert werden, daß seit Entstehung der Erde bereits eine Milliarde Jahre vergangen sind, also über ein Fünftel der Erdgeschichte. Daß es keine erkennbaren Fossilien gibt, die älter als 3,5 Milliarden Jahre sind, kann schlicht und einfach daran liegen, daß sehr wenig so altes Gestein erhalten ist und kein einziges älter als 3,9 Milliarden Jahre ist. Darüber hinaus haben sämtliche erhaltenen früharchaischen Gesteine mehrere Metamorphosen durchlaufen, die jegliche ursprünglich in ihnen enthaltenen Hinweise auf Lebensformen zerstört haben können. Einiges deutet jedoch darauf hin, daß bereits beträchtlich früher als vor 3,5 Milliarden Jahren lebende Organismen existierten. Entsprechende Anhaltspunkte liefern die 3,8 Milliarden Jahre alten Sedimentgesteine aus Westgrönland, die im vorigen Kapitel bereits erwähnt wurden. In ihrem langen Leben sind diese Sedimente tief versenkt worden und haben eine starke Erhitzung und Metamorphose durchgemacht. Schließlich sind sie gehoben und freigelegt worden, so daß sie heute wieder an der Erdoberfläche zutage treten. Ihre ursprünglichen Merkmale sind weitgehend zerstört worden, und sie enthalten augenfällig keine Fossilien. Aber sie enthalten Ansammlungen von Graphit – reinem Kohlenstoff, dem Stoff des Lebens. Der Kohlenstoff kann auch auf anorganische Weise entstanden sein, wahrscheinlich handelt es sich aber um ein chemisches Fossil, einen Überrest organischer Verbindungen, die von Organismen gebildet wurden. Das Vorkommen in Grönland ist kein Einzelfall; Graphit findet sich ebenso an zahlreichen anderen Stellen der Welt in archaischen Gesteinen.

Allerdings sind auch bis zur Zeit vor 3,8 Milliarden Jahren bereits mehr als 700 Millionen Jahre seit Entstehung der Erde vergangen. Zum Vergleich: Im Laufe der letzten 700 Millionen Jahre der Erdgeschichte hat sich praktisch die gesamte Evolution abgespielt, vom Einzeller bis hin zum Wal, Känguruh oder Mensch. Viele Wissenschaftler sind der Ansicht, daß sich sämtliche für die Entstehung des Lebens nötigen Schritte – die Bildung einfacher organischer Moleküle aus den Bestandteilen der frühen Ozeane und der Atmosphäre, die Polymerisation dieser Moleküle und die Herausbildung komplexerer Formen durch Reaktionen unter ihnen und schließlich der Beginn der Fortpflanzung – in einer vergleichsweise kurzen Zeitspanne abgespielt haben könnten: in vielleicht zehn Millionen Jahren oder weniger. Wenn dem so ist, warum gibt es dann keine älteren Anzeichen für die Existenz von Leben? War tatsächlich mehr als eine halbe Milliarde Jahre für die Entstehung nötig?

Wie bereits erwähnt, sind die ältesten Gesteine in ihrer langen Geschichte unablässig stark erhitzt und verformt worden, so daß die meisten Spuren ihres Urzustands verwischt worden sind und sich möglicherweise keine Spur von Leben erhalten konnte, selbst wenn bereits kurz nach Entstehung der Erde Lebewesen existiert hätten. Einiges spricht aber für die Vermutung, daß sich das Leben nur langsam entwickelte. Das hängt damit zusammen, daß die junge Erde von Objekten aus dem All bombardiert wurde.

Jedes Jahr fallen zwar Zehntausende kleine Meteoriten auf die

Kontinente, aber nur selten schlägt ein größerer Körper ein. Der Meteoritenkrater in Arizona, mit seinem Durchmesser von anderthalb Kilometern bei klarem Himmel ein imposanter Anblick für Fluggäste von und nach Südkalifornien, entstand durch einen mittelgroßen Meteoriten, der vor etwa 25 000 Jahren in die Erde einschlug. Im Jahre 1908 explodierte ein Himmelskörper, womöglich ein kleiner Komet, über einem entlegenen Teil Sibiriens; er legte ganze Wälder um und löste eine Druckwelle aus, die noch in Westeuropa, Tausende Kilometer entfernt, von den Seismographen wahrgenommen wurde. Rein gefühlsmäßig leuchtet ohne weiteres ein, daß das Bombardement solch natürlicher Trümmer aus dem All in den ersten Tagen der Erde wesentlich stärker gewesen sein muß. Unser Planet wurde ja im Grunde durch die Ansammlung von Materie gebildet, die um die Sonne kreiste. Selbst als er bereits annähernd seine jetzige Größe erreicht hatte, befand sich vermutlich noch eine große Menge an potentiellen Einschlagobjekten in seiner Umgebung. Trotz dieser leidlich einleuchtenden Begründung bekamen die Geologen erst dann einen Eindruck von der überaus bedeutenden Rolle, welche die Einschläge gespielt haben müssen, als die konkreten Fakten der Apollo-Missionen zum Mond veröffentlicht wurden. Die spektakulären Aufnahmen von den Trümmern des Kometen Shoemaker-Levy 9 haben diese Bedeutung lediglich noch unterstrichen: Im Sommer 1994 stieß der Komet mit Jupiter zusammen und löste in einigen Regionen des Planeten, so groß wie die ganze Erde, gewaltige Turbulenzen aus.

Wie schon mit einem guten Hochleistungsfernglas zu erkennen ist, hat der Mond eine genarbte Oberfläche. Früher wurde angenommen, daß zahlreiche Vertiefungen vulkanischen Ursprungs seien, doch inzwischen ist bekannt, daß nahezu alle das Ergebnis von Einschlägen sind. Die Größe der Krater reicht von riesigen, kreisförmigen Becken mit 1000 oder mehr Kilometer Durchmesser – diese Becken bilden die dunkelgefärbten Maria, fälschlich so benannt nach dem lateinischen Wort für Meere – bis hin zu mikroskopisch kleinen Löchern auf Steinen, die von den Astronauten mitgebracht worden waren. Ein wichtiges Ergebnis der Erforschung des Mondes war die Bestimmung der Häufigkeit, mit der solche Krater entstanden sind. Wie erwartet, lag diese Häufigkeit in der frühen Geschichte des Mondes deutlich höher als heutzutage. Die größten Krater, eben jene

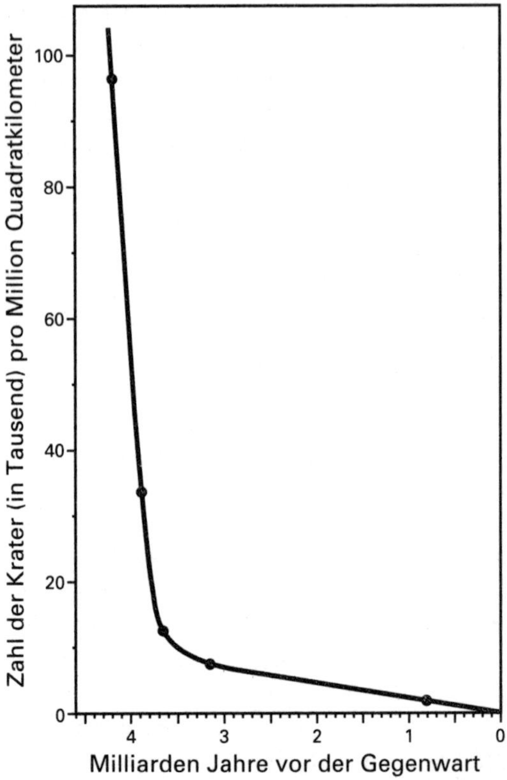

Abb. 3.1 Die Dichte der Krater auf verschiedenen Teilen der Mondoberfläche ist anhand von Fotos errechnet worden, die unseren Trabanten umkreisende Raumschiffe aufgenommen haben. Einige Gegenden wurden während der Mondlandungen der Apollo-Kapsel aufgesucht; Proben wurden auf die Erde mitgenommen und datiert. Dieses Diagramm ist anhand der gewonnenen Erkenntnisse erstellt worden und zeigt, daß der frühe Mond – und somit auch die nahegelegene Erde – einem sehr starken Bombardement ausgesetzt war. Die Punkte entlang der Kurve stellen tatsächlich gemessene Daten dar.

Maria, sind die ältesten. Abbildung 3.1 zeigt, wie rapide die Einschlaghäufigkeit seit der Entstehung des Mondes abgenommen hat.

Der Mond ist ein kleiner Himmelskörper, der sich rasch abkühlte und sich seit Milliarden Jahren aus geologischer Sicht ruhig verhalten hat. Es gibt keine Vulkane oder Erdbeben, und es gibt keine Atmosphäre, die Verwitterung oder Erosion verursachen könnte. Genaugenommen spielt sich dort kein einziger der geologischen Prozesse ab, die auf der Erde ständig die Spuren in den Steinen verwischen. Als Folge birgt der Mond eine Vielzahl an Hinweisen über seine Frühgeschichte. Aus diesen Hinweisen läßt sich schließen, daß der Mond etwa zur selben Zeit wie die Erde entstanden ist und daß sich praktisch alle Mondgesteine älter als 3,9 Milliarden Jahre und auch einige jüngere durch die heftigen Prozesse im Zuge von Einschlägen stark verändert haben. Die ältesten Teile der Mondoberfläche sind geradezu durchlöchert von Kratern. Betrachtet man die Kurve in Abbildung 3.1 auf die Frühgeschichte des Mondes hin, so zeigt sich, daß unser nächster Nachbar einem unablässigen Bombardement aus dem All ausgesetzt war. Trommelten schon auf den Mond einschlagende Körper ein, so wurde die nahegelegene Erde mit ihrer um ein Vielfaches höheren Anziehungskraft ohne Zweifel wesentlich stärker in Mitleidenschaft gezogen.

Welche Auswirkungen muß dies auf das erste Leben gehabt haben, das soeben auf der Erde entstand? Über die wahrscheinlichen Auswirkungen der größten «Geschosse» lassen sich nur Szenarien im Stil von Science-fiction-Romanen aufstellen, aber in den ersten hundert Millionen Jahren der Erdgeschichte kam es möglicherweise tatsächlich mehrmals zu solchen Zusammenstößen. Ein einschlagender Körper von etwa 400 Kilometer Durchmesser, was ungefähr den größten heutigen Asteroiden im Asteroidengürtel entspricht, hätte sich gemeinsam mit einem beträchtlichen Teil der Erdoberfläche vaporisiert. Eine gigantische Wolke aus vaporisiertem (das heißt verdampftem) und geschmolzenem Gestein wäre in die Atmosphäre aufgestiegen. Einige Trümmer wären wohl ins All geschleudert worden, doch der größte Teil hätte sich über den Globus ausgebreitet und die Atmosphäre wie die Gesteine an der Oberfläche sehr stark erhitzt. Vermutlich wäre der gesamte bestehende Ozean unter einer solchen Wärmeeinwirkung verdampft. Daraufhin wäre eine gewaltige Menge Wasserdampf in die Atmosphäre aufgestiegen und hätte die Abkühlung nach dem Einschlag drastisch verlangsamt, da Wasser einen weit stärkeren Treibhauseffekt verursacht als Kohlendioxid. Die Erdoberfläche wäre sterilisiert worden, und mit größter Wahrscheinlichkeit hätte keine primitive Lebensform überlebt, die vor dem Einschlag existierte.

Schon deutlich kleinere Einschläge hätten dramatische Folgen. Der größte sichtbare Einschlag, der auf der Mondoberfläche auszumachen ist, das Mare Imbrium, entstand durch einen Körper mit schätzungsweise 100 Kilometer Durchmesser. Das Becken ist teilweise von fünf Kilometer hohen Bergen umringt; die Mondfähre Apollo 15 landete am Fuß der Apenninen, einem Teil dieses Rings. Proben, die von den Astronauten zur Erde gebracht wurden, zeigen gemeinsam mit anderen Hinweisen, daß die Apenninen keinem Gebirgszug der Erde gleichen. Es handelt sich einfach um Schutthalden, einen Teil der Trümmer, die beim Einschlag in das Becken emporgeschleudert wurden. Ein vergleichbarer Einschlag auf der Erde würde Steine vaporisieren, einen riesigen Krater hinterlassen, gigantische Meereswellen auslösen, die Atmosphäre aufheizen und vermutlich zumindest die oberen Wasserschichten der Meere verdampfen lassen. Lebensformen auf dem Land oder an der Oberfläche der Ozeane würden aussterben.

Neben dem Körper, der das Mare Imbrium geschaffen hat, ist zumindest ein weiteres Objekt mit einem Durchmesser von etwa 100 Kilometer bekannt, das in den ersten 600 bis 700 Millionen Jahren auf dem Mond eingeschlagen ist. Folglich besteht eine große Wahrscheinlichkeit, daß in derselben Periode mehr und auch größere Objekte die Erde getroffen haben. Damit eröffnet sich also die interessante Möglichkeit, daß sich die Entstehung lebender Organismen aus einfachen organischen Molekülen mehrmals auf der Erde abgespielt hat. Das Ergebnis wurde allerdings durch die sterilisierende Wirkung der gigantischen Einschläge immer wieder zunichte gemacht. Chemiker und Biologen haben Schwierigkeiten genug, die Schritte der Entstehung des Lebens in einer ruhigen Umgebung zu rekonstruieren. In Anbetracht der phasenweise sehr ungestümen Geschehnisse, die mit großer Wahrscheinlichkeit charakteristisch für die frühe Erde waren, kann es nicht verwundern, daß der Prozeß langsam und nur sporadisch vorankam.

Wiederholte heftige Kollisionen könnten auch die Antwort auf ein weiteres Rätsel in dem Puzzle um die Entstehung der Erde liefern. Im vorigen Kapitel wurde erwähnt, daß die Sonne anfangs zu schwach war, um ein Überfrieren der Erdoberfläche zu verhindern, wenn sie sich in der für Sterne ihrer Größe üblichen Weise entwickelt hat. Berechnungen haben aber ergeben, daß die Erde, einmal gefroren,

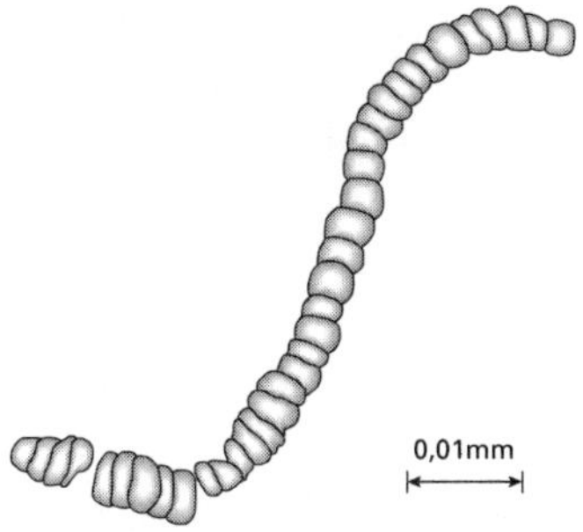

Abb. 3.2 Skizze eines der ältesten je gefundenen Fossilien: eine 3,5 Milliarden Jahre alte, fadenförmige Ansammlung von Bakterien aus Sedimentgesteinen in Nordwestaustralien. Die Skizze wurde nach Aufnahmen angefertigt, die durch ein Mikroskop gemacht wurden. Nach Abbildung 1.5.5 (A_2) von J. W. Schopf, aus J. W. Schopf und C. Klein, Hg., *The Proterozoic Biosphere.* Cambridge University Press 1992, S. 31.

selbst nach Erwärmung der Sonne kaum wieder getaut wäre. Die soeben beschriebenen großen Einschläge hätten die Erde aber immer wieder vom Eis befreit. Ein dauerhaftes Tiefkühlstadium wäre somit verhindert worden, bis die Energieabgabe der Sonne den heutigen Wert erreicht hatte.

Die ältesten Fossilien

Die ersten Fossilien sind 3,5 Milliarden Jahre alt. Sie wurden in Sedimentgesteinen aus Nordwestaustralien entdeckt; es handelt sich um mikroskopische, einzellige, bakterienähnliche Organismen, die offenbar stark der heutigen Gruppe der Cyanobakterien ähneln. Wie in Abbildung 3.2 gezeigt, bestehen die Fossilien aus fadenförmig aneinandergereihten Zellen. Sie kommen in feinschichtigen Sedimentgesteinen vor, die in erster Linie aus Hornstein (feinkörnigem Quarz oder SiO_2) bestehen. Geologen gehen davon aus, daß die Fossilien sich in seichtem Wasser, möglicherweise in einer Lagune, abgelagert haben. Auch wenn sie primitiv sind, weisen sie bereits eine beträchtliche Vielfalt in ihrer Morphologie auf, was darauf hindeutet, daß solche Organismen möglicherweise schon lange vor der Ablagerung dieser Sedimente auf der Erde weilten.

Bakterien waren die unangefochtenen Herrscher des Archaikums. Tatsächlich wurden von ihrem ersten Auftauchen bis zum Ende des archaischen Äons eine Milliarde Jahre später keine anderen Fossilien gefunden. Bekanntermaßen gibt es noch heute Bakterien; sie belegen jedes nur denkbare Plätzchen auf der heutigen Erde. Sie sind um uns, ob wir krank sind oder gesund, sie lösen Infektionen aus und vergären Trauben zu Wein. Eine Welt ohne Bakterien ist kaum vorstellbar.

Bakterien sind einzellige Organismen; ihre Zellen enthalten aber keinen Kern oder andere innere Strukturen, die für spätere, weiter entwickelte Lebensformen charakteristisch sind. Heutzutage sind einige Bakterien über die Sonnenenergie zur Photosynthese fähig. Andere Bakterien wachsen und vermehren sich durch völlig verschiedenartige chemische Reaktionen. Der genaue Zeitpunkt, wann sich in der Geschichte des Lebens die Photosynthese entwickelte, ist umstritten. Dieser Frage kommt aber einige Bedeutung zu, weil sie in unmittelbarem Zusammenhang steht mit der Entwicklung der frühen, kohlendioxidreichen Atmosphäre hin zu einer atembaren, sauerstoffreichen, die der heutigen mehr ähnelt.

In Gesteinen, die nicht ganz 100 Millionen Jahre jünger sind als die Gesteine mit den mikroskopischen ersten Fossilien, finden sich wesentlich größere Überbleibsel lebender Organismen, Fossilien, die ohne weiteres mit bloßem Auge zu erkennen sind. Es handelt sich um besondere, knollenartige Strukturen, die ein wenig wie große, schichtförmig angeordnete Kohlköpfe aussehen und mehrere Meter Höhe erreichen können. Doch der Schein trügt. Diese sogenannten Stromatolithen sind keine Einzelorganismen, sondern im wesentlichen Bakterienkolonien. Sie setzen sich aus einzelnen Zellen der Cyanobakterien zusammen, die den ersten Fossilien ähneln.

Die Häufigkeit fossiler Stromatolithen nimmt in jüngeren Sedimentgesteinen deutlich zu. Am Ende des Archaikums und im folgenden Proterozoikum sind Stromatolithen sehr verbreitet und auffällig. Ihre besondere Form ergibt sich aus dem Umstand, daß sie aus schichtweise aufeinanderliegenden Matten aus Bakterien gebildet werden, in deren klebrigen Fasern sich Sand und allerlei Partikel verfangen. Obwohl Stromatolithen zu den ältesten bekannten Fossilien gehören, sind sie auch heute noch als Kolonien lebender Organismen anzutreffen, allerdings sind sie nicht annähernd so weit verbreitet wie im Proterozoikum. Sie wachsen in seichten Gewässern in tropischen Regionen. Das weist darauf hin, daß die Exemplare, die in versteinerter Form in archaischen Gesteinen gefunden wurden, ebenfalls in den Küstenregionen archaischer Kontinente wuchsen.

Die Kolonien der Cyanobakterien, die heute Stromatolithen bilden, leben von der Photosynthese. Dies beweist zwar noch lange nicht, daß ihre archaischen Gegenstücke ebenfalls zur Photosynthese fähig waren, aber es legt die Vermutung nahe, daß der Prozeß der Photosynthese bereits vor 3,5 Milliarden Jahren auf der Erde eingeführt war. Dennoch gibt es kaum Hinweise darauf, daß die Atmosphäre am Ende des Archaikums bereits einen größeren Anteil Sauerstoff enthalten hätte. Wie im folgenden Kapitel gezeigt wird, änderte sich dies aber bereits zu Beginn des Proterozoikums.

4

Das Proterozoikum

Wie das Archaikum dauerte auch das Proterozoikum fast zwei Milliarden Jahre. Am Ende des Äons waren nahezu neun Zehntel der 4,5 Milliarden Jahre alten Erdgeschichte vergangen. Wenn auch über das Proterozoikum wesentlich mehr bekannt ist als über das Archaikum, sind die Belege doch sehr lückenhaft, insbesondere was die frühen Zeitabschnitte betrifft. Proterozoische Gesteine sind jedoch – verglichen mit ihren archaischen Gegenstücken – häufig zu finden. Durch sie wissen wir, daß die Stromatolithen sehr weit verbreitet waren, daß der Sauerstoffanteil der Atmosphäre zunahm und daß Gebirgszüge, die im großen und ganzen den heutigen ähnelten, gebildet und wieder zerstört wurden. Auch über das Klima ist einiges bekannt. Welche Hinweise liefern diese Informationen? An dieser Stelle sollten vielleicht einige Methoden untersucht werden, die Geologen anwenden, um die Spuren in den Gesteinen zu lesen. Die Beispiele hierfür stammen aus dem Proterozoikum.

Ein grundlegender Begriff in den Geowissenschaften ist das Prinzip des Aktualismus. Dieser Begriff ist wörtlich zu verstehen. In Lehrbüchern findet sich häufig die Wendung: «Die Gegenwart ist das Fenster zur Vergangenheit.» Im Grunde ist dieses Konzept für die Geowissenschaften nichts Außergewöhnliches; es betont lediglich, daß geologische Prozesse von den gleichen physikalischen und chemischen Gesetzen gesteuert werden und daß sie auf die gleiche Weise mathematisch beschrieben werden können wie alle anderen Phänomene in der Natur. Wenn ein 300 Millionen Jahre alter Sandstein Riffelungen aufweist, die denjenigen ähneln, die sich heute im Sand eines geschützten Strandes bilden, wurde er aller Wahrscheinlichkeit

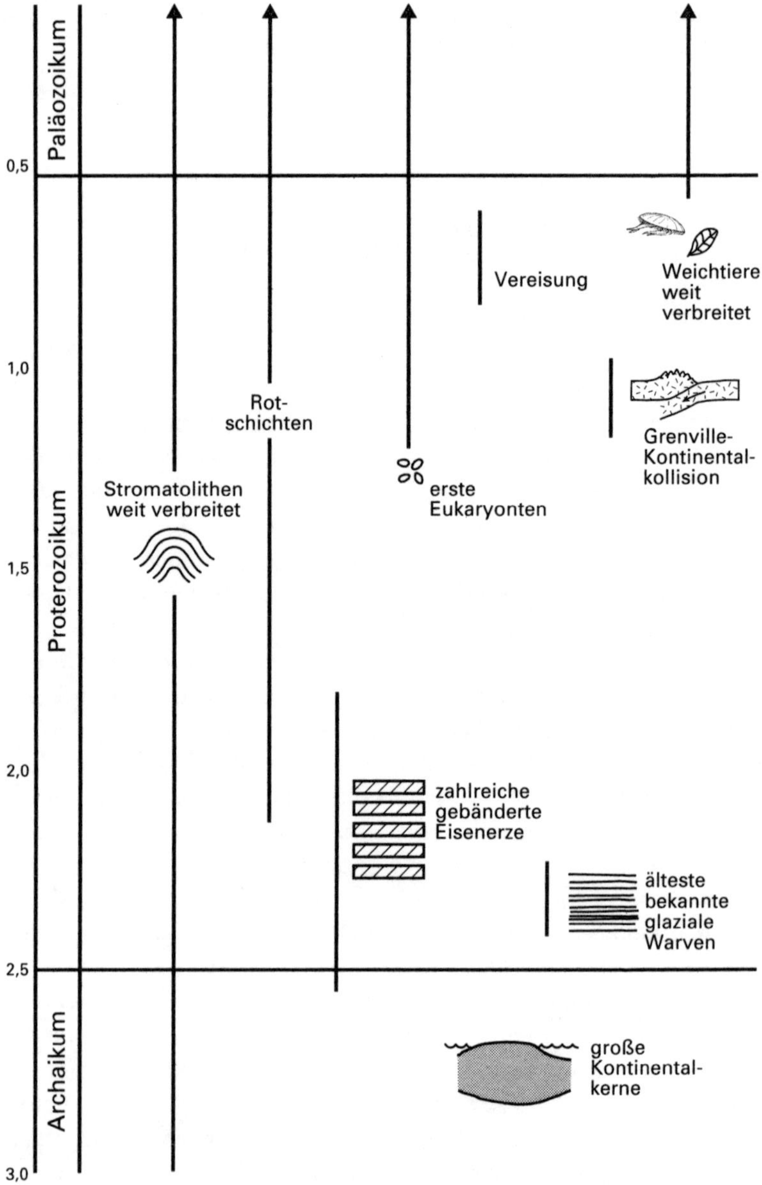

Einige wichtige Ereignisse des Proterozoikums. Zeitangaben in Milliarden Jahren vor der Gegenwart.

nach in einer ebensolchen Umgebung abgelagert. Obgleich das Konzept des Aktualismus offensichtlich erscheinen mag, war die Vorstellung zu ihrer Zeit geradezu revolutionär. Der schottische Geologe Hutton wandte als erster das Prinzip systematisch auf geowissenschaftliche Untersuchungen an. Der Aktualismus ist keineswegs unumstritten, doch wenn er mit gesundem Menschenverstand angewandt wird und die entsprechenden, sehr langen Zeitspannen berücksichtigt werden, ist er der Geologie überaus nützlich. Selbst Ereignisse, die aus menschlicher Sicht selten sind und katastrophale Ausmaße hatten, beispielsweise ein Jahrhunderthochwasser, ein verheerendes Erdbeben oder sogar ein großer Meteoriteneinschlag, sind in Wirklichkeit regelmäßige, periodisch auftretende und bis zu einem gewissen Grad voraussagbare Ereignisse auf der geologischen Zeitskala.

Es wurde bereits erwähnt, daß die Atmosphäre in ihrem frühesten Stadium reich an CO_2 war und daß sie selbst am Ende des Archaikums wahrscheinlich sehr wenig Sauerstoff enthielt. Doch aus den proterozoischen Gesteinen läßt sich eine andere, überaus faszinierende Geschichte herauslesen. Durch detaillierte Untersuchungen dieser Gesteine und gleichzeitige Berücksichtigung des Aktualismus können die Geologen zumindest einige Entwicklungsschritte zur heutigen Atmosphäre rekonstruieren.

Die Entwicklung der Atmosphäre

Die Hinweise in den proterozoischen Gesteinen bezüglich der Veränderung der Atmosphäre lassen darauf schließen, daß die Sauerstoffkonzentration während dieses Äons rasant zugenommen hat. Der heutige Anteil, der durch die Photosynthese der Pflanzen konstant gehalten wird, beträgt bekanntlich etwa 21 Volumenprozent, und Veränderungen des atmosphärischen Sauerstoffgehalts in der Vergangenheit waren eindeutig untrennbar mit der Geschichte des Lebens auf der Erde verbunden. Ein sich verändernder Sauerstoffgehalt in der Atmosphäre hat einige interessante und unerwartete Konsequenzen, die im folgenden untersucht werden. Nehmen wir als Beispiel die Frage, woher das Eisenerz für unsere Stahlgießereien stammt.

Eine Besonderheit einiger früher Sedimentgesteine des Proterozoikums, älter als etwa zwei Milliarden Jahre, ist der Umstand, daß sie die Mineralien Pyrit (auch als «Katzengold» bekannt) und Uraninit enthalten. Die chemische Bezeichnung von Pyrit lautet Eisensulfid, FeS_2, und Uraninit ist ein Uranmineral. In einigen Regionen der Welt ist die Uraninitkonzentration der proterozoischen Gesteine hoch genug, um daraus Uranerz zu gewinnen. An und für sich ist das Vorkommen dieser beiden Mineralien nicht besonders ungewöhnlich, sie sind auch in Gesteinen anderer Zeitalter anzutreffen. Einzigartig an dem frühen proterozoischen Pyrit und Uraninit ist jedoch, daß sie in Sedimenten vorkommen, die ursprünglich in Regionen wie Flußbetten und Stränden abgelagert wurden. Sorgfältige Untersuchungen haben gezeigt, daß die Mineralien selbst Geröllschutt sind, der aus einem Muttergestein erodiert und von fließendem Wasser zum Ablagerungsort transportiert wurde. Heute kommt in solchen Regionen jedoch weder Uraninit noch Pyrit vor, weil sie im Kontakt mit Sauerstoff chemisch instabil sind und binnen kürzester Zeit oxidieren und sich auflösen. Vermutlich bestand zwischen den Flüssen oder Bächen, in denen diese Gesteinskörner während des Proterozoikums transportiert wurden, und der Atmosphäre ebenso eine Verbindung, wie es bei den heutigen Wasserläufen der Fall ist. Das Prinzip des Aktualismus läßt also darauf schließen, daß im frühen Proterozoikum irgend etwas völlig anders war als heute. Die naheliegende Antwort lautet, daß die Atmosphäre so wenig Sauerstoff enthielt, daß sowohl Uraninit wie auch Pyrit als Gesteinsschutt erhalten blieben, ohne oxidiert zu werden. Diese Mineralien sind aber in Flußsedimenten, die jünger als etwa zwei Milliarden Jahre sind, nicht anzutreffen, was ein Hinweis darauf ist, daß der atmosphärische Sauerstoff um diese Zeit allmählich zunahm.

Wenn es auch unwahrscheinlich ist, so läßt sich nicht ausschließen, daß die Uraninit- und Pyritkörner durch einen bislang unbekannten Mechanismus vor der Oxidation bewahrt wurden. Doch in den proterozoischen Gesteinen finden sich noch mindestens zwei weitere Hinweise, die nahelegen, daß die Atmosphäre bis vor etwa zwei Milliarden Jahren einen niedrigen Sauerstoffgehalt aufwies. Einer davon hängt mit der Eisengewinnung zusammen.

Ein Großteil des auf der Erde vorkommenden Eisenerzes stammt aus Ablagerungen, die als «gebänderte Eisenerze» bekannt sind. Das

Erz kommt in Sedimentgesteinen vor, und die Ablagerungen sind gebändert: Schichten von Gesteinen, die jeweils reich an Eisen beziehungsweise an Kieselerde sind, wechseln sich typischerweise ab. Die eisenhaltigen Schichten sind sehr viel dunkler als die an Kieselerde reichen Schichten, was den Ablagerungen ihr auffälliges gebändertes Aussehen verleiht. Die meisten gebänderten Eisenerze kommen in der Frühphase des Proterozoikums vor und sind älter als etwa 1,8 Milliarden Jahre.

Um zu verstehen, welche Bedeutung die gebänderten Eisenerze als Indikatoren des atmosphärischen Sauerstoffanteils haben, sollte man ein wenig über das chemische Verhalten von Eisen wissen, das ganz vom Sauerstoffgehalt seiner Umgebung abhängt. Metallisches Eisen verbindet sich sehr schnell mit Sauerstoff – Rost bildet sich. Doch das Eisen in den gewöhnlichen Gesteinen der Erdkruste liegt nicht als Metall vor. Vielmehr kommt es in einer der beiden sogenannten Wertigkeitsstufen (auch «Oxidationsstufen» genannt) Fe^{2+} oder Fe^{3+} vor und verbindet sich mit anderen Elementen zu den charakteristischen Mineralien, die in häufig anzutreffenden Gesteinen enthalten sind. In Eruptivgesteinen, die meist durch das Aufschmelzen des Erdmantels entstehen, liegt ein großer Teil des Eisens in der niedrigeren Oxidationsstufe, Fe^{2+}, vor. Wenn die Gesteine durch Regenwasser verwittern, löst sich ein Teil des Eisens auf und wird aufgrund des hohen Sauerstoffgehalts der Atmosphäre sehr schnell zu Fe^{3+} oxidiert. Fe^{3+} wiederum ist sehr schlecht löslich, und das Eisen schlägt sich somit sehr schnell als eine feinkörnige, rostähnliche Substanz nieder. Sie hinterläßt somit beispielsweise auf dem Grund der Flüsse rötliche Flecken. Folglich enthalten die natürlichen Gewässer der Erde heute sehr wenig Eisen in gelöster Form. Bei einem deutlich niedrigeren Sauerstoffanteil der Atmosphäre würde das Fe^{2+} jedoch nicht oxidieren, und die gleichen Gewässer könnten eine viel größere Menge an gelöstem Eisen enthalten, da Fe^{2+} sich wesentlich leichter löst als Fe^{3+}.

Die gebänderten Eisenerze wurden im Wasser abgelagert, und die geologische Beschaffenheit der meisten von ihnen läßt darauf schließen, daß sie in Meeren, relativ nahe am Festland, wenn auch in verschiedenen Wassertiefen entstanden sind. Das Eisen in diesen Sedimenten liegt in oxidiertem Zustand als Fe^{3+} vor, das aus dem darüberliegenden Wasser ausgefällt wurde. Da bewiesen ist, daß der

Sauerstoffgehalt der Atmosphäre noch niedrig war, als die Ablagerungen entstanden, schlossen die Wissenschaftler, daß der für diesen Prozeß notwendige Sauerstoff von Algen erzeugt wurde, die im Oberflächenwasser der Meere lebten und Photosynthese betrieben. Die entscheidende und für die Zusammensetzung der Atmosphäre relevante Frage lautet aber: Wie gelangten die riesigen Eisenmengen in diesen Ablagerungen überhaupt zu ihrem Ablagerungsort? Wie oben angedeutet, wird unter heutigen Bedingungen nur ein sehr geringer Teil des Eisens, das aus Festlandsgestein herausgelöst wurde, in die Meere transportiert. Statt dessen wird es rasch oxidiert und als Eisenoxid ausgefällt. Das gleiche gilt für Eisen, das vom zirkulierenden Wasser der unterseeischen heißen Quellen aus den basaltischen Gesteinen des Meeresbodens herausgelöst wurde. Auch das ist ein Hinweis darauf, daß im frühen Proterozoikum andere Bedingungen herrschten. Bei einem niedrigen Sauerstoffanteil der Atmosphäre konnten relativ große Mengen an Eisen als Fe^{2+} transportiert werden. Sobald es in Bereiche des Oberflächenwassers gelangte, die durch photosynthetische Algen mit relativ viel Sauerstoff angereichert waren, wurde es als Eisenoxid aus der Lösung ausgefällt. Die meisten bekannten gebänderten Eisenerze sind auf jenen Abschnitt der geologischen Zeitskala beschränkt, der in die Zeit bis vor etwa 1,8 Milliarden Jahren reicht. Das läßt darauf schließen, daß der Sauerstoffgehalt der Atmosphäre zu diesem Zeitpunkt so stark zugenommen hatte, daß keine größeren Mengen gelösten Eisens mehr transportiert werden konnten.

Der dritte für den atmosphärischen Sauerstoff relevante Hinweis hängt ebenfalls mit der Eisenoxidation zusammen. In den geologischen Urkunden finden sich sehr häufig Anreicherungen von Sedimenten, zumeist Sandstein, die eine charakteristische rötliche Färbung aufweisen. Geologen haben diese Gesteine daher als «Rotschichten» bezeichnet. Die rote Farbe stammt von feinkörnigem, oxidiertem Eisen, das in Form des Minerals Hämatit vorliegt. Hämatit umgibt in der Regel die einzelnen Körner des Sandsteins und fungiert gelegentlich auch als Bindemittel zwischen ihnen. Rotschichten werden häufig abgebaut, um sie als Baumaterial zu verwenden. Wer das «Rote Fort» in Alt-Delhi oder die Kathedralen von Chester und Carlisle im Nordwesten Englands gesehen hat, kann dies bezeugen.

Es sind keine Rotschichten bekannt, die älter als etwa 2,2 oder 2,3 Milliarden Jahre alt sind, wahrscheinlich weil die Atmosphäre vor dieser Zeit zu wenig Sauerstoff enthielt, als daß das Bindemittel Hämatit hätte entstehen können. Einmal mehr muß eingeräumt werden, daß dieser Mangel andere Ursachen haben könnte. Beispielsweise haben einige Geologen darauf hingewiesen, daß es im Archaikum oder im frühen Proterozoikum möglicherweise wenige Regionen gab, in denen Rotschichten abgelagert wurden. Viele Rotschichten bestehen aus nichtmarinen Sedimenten, die innerhalb großer Kontinente unter trockenen Klimabedingungen abgelagert wurden, und die kleinen Kontinente, die für den frühesten Teil der geologischen Urkunden charakteristisch sind, waren möglicherweise für diese Ablagerungen ungeeignet. Es gibt jedoch tatsächlich Sedimente, die älter als zwei Milliarden Jahre sind und offenkundig unter Bedingungen entstanden, die heute zur Bildung von Rotschichten führen würden. Diese Sedimente sind aber nicht mit Hämatit verfestigt. Solche aussagekräftigen Hinweise lassen vermuten, daß die Existenz atmosphärischen Sauerstoffs der ausschlaggebende Faktor für das Vorkommen der roten Sedimente ist.

Somit vermitteln selbst die unvollständigen geologischen Urkunden des Proterozoikums einige profunde Kenntnisse über die Art und Weise, wie sich die Erdatmosphäre entwickelt hat. Diese Zeugnisse legen die Vermutung nahe, daß der Sauerstoffgehalt vor etwa zwei Milliarden Jahren – ein paar hundert Millionen Jahre mehr oder weniger – deutlich zugenommen hat. Nach dieser Zeit konnten sich Uraninit- und Pyritkörner nicht mehr als Geröllschutt in Flüssen oder an Stränden ansammeln; sie wurden oxidiert und lösten sich auf. Eisen, das aus kontinentalen oder ozeanischen Gesteinen herausgelöst war, wurde rasch oxidiert und ausgefällt, und die gewaltigen Mengen, die zur Bildung von gebänderten Eisenerzen nötig waren, konnten nicht mehr zum Meer, ja nicht einmal mehr innerhalb des Meeres transportiert werden. Aus dem gleichen Grund konnte sich Hämatit aus dem Wasser zwischen den Körnern in Sandsteinen niederschlagen, Beläge und zementartige Bindemittel sowie während der restlichen, in den geologischen Urkunden dokumentierten Zeit ausgedehnte Rotschichten bilden. Obwohl die einzelnen Hinweise in keinem Fall eindeutig sind, überzeugen sie in ihrer Gesamtmenge. In Detektivmanier haben die Geologen scheinbar grundverschiedene

Informationen Stück für Stück gesammelt, die zusammengenommen mit an Sicherheit grenzender Wahrscheinlichkeit Einzelheiten von Ereignissen aufzeigen, die mehr als *zwei Milliarden Jahre* zurückliegen!

Obwohl der Fossilinhalt in den proterozoischen Gesteinen sehr dürftig ist, untermauert er die Schlußfolgerungen, die bezüglich des atmosphärischen Sauerstoffs aus anderen Hinweisen gezogen wurden. Aus der Fossilüberlieferung geht hervor, daß sich erst spät im Proterozoikum komplexe, mehrzellige Organismen entwickelten, doch es wird ebenfalls deutlich, daß in der Frühphase dieses Äons die Stromatolithen sehr an Bedeutung gewannen. Heutige Stromatolithen leben in tropischen Gezeitenzonen und sind im wesentlichen Kolonien von Sauerstoff erzeugenden, photosynthetischen Algen. Möglicherweise lieferten seichte Küstenmeere oder Binnengewässer auf den relativ großen Kontinenten, die sich im späten Archaikum und im frühen Proterozoikum bildeten, genau die richtige Umgebung für das Gedeihen der Stromatolithen. Das könnte wiederum zu einer deutlich höheren Sauerstoffproduktion als zuvor geführt haben. Da reiner Sauerstoff jedoch eine so reaktive, das heißt «reaktionsfreudige» Substanz ist, hätte sich der Großteil davon nach der Freisetzung durch Photosynthese in chemischen Reaktionen rasch verbraucht. Denn sowohl die Bestandteile der Oberflächengesteine als auch zahlreiche Komponenten der Atmosphäre selbst wurden oxidiert. Als die Photosynthese aber immer größere Ausmaße annahm, begann sich endlich Sauerstoff in der Atmosphäre anzureichern.

Das proterozoische Klima

In den Spuren der Gesteine sind nur wenige Hinweise auf das Klima im Proterozoikum zu finden. Ein großer Teil der Informationen über das Klima in den jüngeren Abschnitten der Erdgeschichte stammt aus der Fossilüberlieferung. Denn die verschiedenen Regionen, in denen viele fossil erhaltene Organismen gediehen, sind vergleichsweise gut bekannt. Die spärlichen Fossilien des Proterozoikums, zumeist einzellige Bakterien, liefern diesbezüglich wenige Hinweise; die Gesteine hingegen enthalten die frühesten Beweise für eine Vereisung, wahrscheinlich eine globale Eiszeit.

Die Schlußfolgerung, daß einige Typen von Sedimentgesteinen das Ergebnis einer Gletschertätigkeit sind, basiert auf dem Prinzip des Aktualismus. Die mit heutigen Gletschern in Zusammenhang gebrachten Ablagerungen wurden gründlich untersucht, und einige ihrer Eigenschaften sind sehr spezifisch. In 2,3 Milliarden Jahre alten Gesteinen in Kanada, nahe des Huronsees, finden sich dünne Schichten feinkörniger Sedimente, die an Warven erinnern, die innerhalb eines Jahres in Gletscherseen abgelagerten Sedimentschichten. Heutige Warven weisen einen charakteristischen, zweischichtigen Jahreszyklus auf, wobei eine Schicht dem raschen Schmelzen des Eises und dem Sedimenttransport im Sommer entspricht und die andere, feinkörnigere, der langsamer verlaufenden Ablagerung im Winter. Obwohl es schwierig ist, diese Details in den proterozoischen Belegstükken nachzuweisen, handelt es sich bei ihnen mit einiger Sicherheit um glaziale Warven. Diese feinkörnigen, geschichteten Sedimente enthalten sogar vereinzelt große Kiesel oder «Tropfsteine», ein charakteristisches Merkmal eiszeitlicher Umgebung, in der grobkörniges Material bisweilen auf Treibeis transportiert wird und weit von seinem Ursprung entfernt in ansonsten sehr feinkörnige Sedimente gerät. Glaziale Sedimente etwa desselben Alters wie jene in Kanada wurden auch in anderen Teilen Nordamerikas sowie in Afrika, Indien und Europa gefunden. Das weist darauf hin, daß es sich um eine globale Vereisung handelte und daß auf der Erde für einen bestimmten Zeitraum während des frühen Proterozoikums (über die Dauer ist nichts Näheres bekannt) eine Eiszeit herrschte.

In vielen Teilen der Erdkruste finden sich Gesteine, die älter als 2,3 Milliarden Jahre sind, aber kein einziges liefert einen eindeutigen Hinweis auf frühere Vereisungsperioden. Das bedeutet nicht, daß es keine gab, denn die Belege sind sehr lückenhaft, und die meisten älteren Gesteine sind in hohem Grade metamorphisiert, so daß ihre geschichtliche Entwicklung schwer nachzuvollziehen ist. Dennoch lassen die Indizien darauf schließen, daß die Vereisung vor 2,3 Milliarden Jahren eine der ersten größeren Perioden tiefen Frostes war, die die Erde erlebte, zumindest seitdem sich vor etwa 3,9 Milliarden Jahren die ersten Spuren in den Gesteinen ansammelten. (Die in Kapitel 2 erwähnte mögliche Überfrierung der Ozeane ist ein Ereignis, welches sich in der Größenordnung wie in den Ursachen von den hier genannten Vereisungen völlig unterscheidet, und wenn es überhaupt zu einer Überfrierung kam, ereignete sie sich auf jeden Fall, lange bevor die ersten Spuren in den Gesteinen auftauchten.) Im Anschluß an diese frühe proterozoische Vereisung war das Klima jedoch anscheinend für eine sehr lange Zeit recht mild. Nichts deutet in den nächsten etwa 1,5 Milliarden Jahren auf eine Vereisung hin. Danach lassen die Spuren in den Gesteinen plötzlich auf eine Reihe von Vereisungsperioden schließen, die vor etwa 850 bis 600 Millionen Jahren, also gegen Ende des Proterozoikums, stattfanden. Bei diesen späteren Perioden handelte es sich ebenfalls um globale Phänomene, denn alle heutigen Kontinente (möglicherweise mit Ausnahme der Antarktis, die heute größtenteils unter Eis begraben und somit der Forschung nicht zugänglich ist) weisen Indizien auf, die auf eine Vereisung während dieser Zeit hindeuten. Obgleich die Kontinente im späten Proterozoikum völlig anders verteilt waren, legen die weitverbreiteten Anzeichen einer Vereisung die Vermutung nahe, daß auf einem großen Teil des Planeten Kälte herrschte, selbst in niedrigen Breitengraden, das heißt in der Nähe des Äquators.

Die Entwicklung der Kontinente

Wie sahen denn nun die Kontinente im Proterozoikum aus? Es wurde bereits darauf hingewiesen, daß sie im frühen Archaikum meist klein waren und ihren heutigen Entsprechungen wahrscheinlich nicht sehr ähnlich sahen. Gegen Ende des Archaikums gab es größere Kontinente, und im ausgehenden Proterozoikum glichen sie den heutigen Kontinenten wesentlich stärker in ihrer Größe und physischen Beschaffenheit. Während der langen Zeitspanne der proterozoischen Geschichte finden sich zahlreiche Hinweise auf kontinentbildende Ereignisse, die darauf hindeuten, daß sich diese Vorgänge von denen der Gegenwart nicht allzu sehr unterscheiden. Ein sehr gut dokumentiertes Beispiel liefert ein Gebiet im Norden Kanadas, das Paul Hoffman vom Geological Survey of Canada (dem kanadischen Amt für geologische Aufnahmen) erforschte.

Hoffman verbrachte ganze Sommer damit, die in den Nordwestterritorien zutage tretenden Gesteine zu kartieren. Über ein riesiges Gebiet hinweg, das am nördlichen Polarkreis liegt und sich von den Nordküsten des kanadischen Festlands bis zum Großen Sklavensee im Süden erstreckt, identifizierte er die Überbleibsel eines proterozoischen Kreislaufs der Erosion, Sedimentation und Gebirgsbildung (siehe Abb. 4.2). Die proterozoischen Gebirge sind längst vollständig erodiert, und die Landschaft ist heute flach und öde. Dennoch ist sie von eigentümlicher, betörender Schönheit, und – worüber sich die Geologen am allermeisten freuen – sie weist größtenteils eine sehr spärliche Vegetation auf. Die Gesteine sind nackt und liegen frei, bereit, ihre Geschichte zu erzählen.

Aber wie ist es möglich, allein anhand der Gesteine eine Geschichte der Ereignisse vor mehr als zwei Milliarden Jahren zu rekonstruieren? Die Erörterung zu der Zunahme des atmosphärischen Sauerstoffs gewährte bereits einen kurzen Einblick in diese Methode, doch um dem Thema gerecht zu werden, bräuchte es ein ganzes Buch. Für die Deutung der Zeugnisse ist ein profundes geologisches Wissen erforderlich, zusammen mit viel praktischer Erfahrung mit den Gesteinen. Einige grundlegende Regeln sind jedoch relativ simpel und setzen eigentlich nichts weiter voraus als die Anwendung des gesunden Menschenverstands. Nehmen wir beispielsweise den Faktor Zeit. In einem späteren Kapitel wird ausführlicher darauf eingegangen, doch es leuchtet ein, daß die Zeit, vor allem als Alter der Gesteine und als Dauer diverser geologischer Prozesse, für das Verständnis der geologischen Entwicklung einer Region entscheidend ist. Und zumindest die relative Zeit, das heißt, ob ein Gestein oder eine Gesteinsformation älter oder jünger als die Nachbargesteine ist, läßt sich oftmals sehr leicht ermitteln. In Sedimentfolgen liegen zum Beispiel die ältesten Ablagerungen im allgemeinen ganz unten in der Schichtenfolge, die jüngsten dagegen oben. Bei anderen Gesteinen liefert ein Vergleich der jeweiligen Querschnitte oft den entscheidenden Hinweis: Wenn ein magmatisches Gestein oder eine Verwerfung eine andere Gesteinsformation durchschneidet, ist der quer verlaufende Gesteinskörper eindeutig jünger als die Formation. Beispiele dieser Art erscheinen vielleicht stark vereinfacht, doch gerade durch die Anwendung dieser Vorgehensweise ist es oftmals möglich, selbst in sehr komplexen Situationen die relative Altersstruktur zu ermitteln (siehe Abb. 4.1). Erst wenn diese Aufgabe vollbracht ist, lassen sich die geologischen Ereignisse in ihrem genauen Ablauf rekonstruieren.

Doch zurück zu den proterozoischen Gesteinen im nördlichen

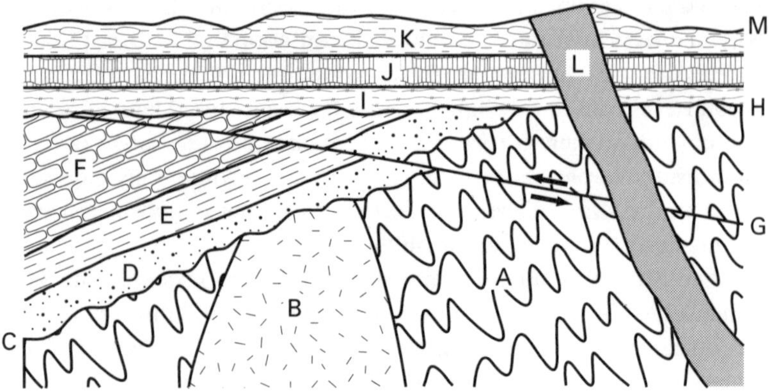

Abb. 4.1 Geologische Querschnitte können eine ungeheure Menge an Informationen enthalten, auch wenn die Ermittlung der zeitlichen Beziehungen zwischen den verschiedenen Gesteinseinheiten der Lösung eines Puzzles gleichkommen kann. Können Sie dieses lösen? Die tatsächliche Abfolge der Ereignisse wird durch die Buchstaben angezeigt wie folgt: A, Ablagerung der Sedimente, dann Metamorphose und Faltung; B, Eindringen von Granitmagma in die metamorphen Sedimente; C, Bildung einer Erosionsfläche auf den Einheiten A und B durch Verwitterung auf der Erdoberfläche (das deutet darauf hin, daß bei A und B eine Hebung stattgefunden haben muß, denn sowohl die Metamorphose von A als auch das Eindringen von B gingen tief in der Kruste vor sich); D-F, Ablagerung von Sedimentschichten in einem stehenden Gewässer; G, Bildung einer Verwerfung (beachten Sie, daß die Verwerfung keine Einheiten durchschneidet, die jünger als F sind, und daß sie nun inaktiv ist); H, eine weitere Erosionsfläche (beachten Sie, daß sich das gesamte Gebiet vor der Erosionsbildung geneigt haben muß, da die Einheiten D, E und F, wie alle Sedimente, bei ihrer Ablagerung horizontal lagen; zwischen F und I könnte eine sehr große zeitliche Lücke liegen); I-K, weitere Ablagerung sedimentärer Einheiten; L, Eindringen eines Intrusivkörpers, wahrscheinlich speiste er auf der Erdoberfläche Lavaströme, die seitdem vollständig erodiert wurden; M, die heutige, durch Erosion hervorgebrachte Erdoberfläche.

Kanada. Hoffman entdeckte, daß das von ihm erforschte Gebiet im frühen Proterozoikum der Rand eines Kontinents gewesen war und daß Sedimente, die reich an Quarz waren, zum Meer hin abgelagert wurden (siehe Abb. 4.2). Quarzsand ist ein guter Indikator für Kontinente: Man braucht nur einen Granitbrocken, das charakteristische Gestein der kontinentalen Kruste, verwittern zu lassen, um große Mengen an Quarz zu erhalten. Die meisten anderen Mineralien des Granits lösen sich auf oder werden in etwas anderes, beispielsweise Ton, umgewandelt. Die weißen Sandstrände der tropischen Inseln (von denen die meisten von Korallen umsäumte Vulkane sind, die sich in ihrer Zusammensetzung stark von den Kontinenten unterscheiden) sehen vielleicht wie die Strände Kaliforniens oder Spaniens aus, doch sie bestehen aus Korallenstücken, nicht aus Quarz. Die proterozoischen, stark quarzhaltigen Sandsteine, die von Hoffman kartiert wurden, lassen erkennen, daß die kontinentalen Sedimente von Osten kamen und daß sich der Ozean nach Westen erstreckte – zumindest nach der heutigen Geographie. Die tatsächliche Lage des Kontinents war im Proterozoikum möglicherweise ganz anders. Doch weiter oben in der Schichtenfolge der Sedimente – und daher zu einem späteren Zeitpunkt – tauchen andersartige Sedimente auf, die vulkanisches Material enthalten. Und im Gegensatz zum Quarzsand kamen die vulkanischen Sedimente von Westen, von der Seeseite des Kontinents. Wie ist das möglich? Bevor die Theorie der Plattentektonik aufkam, wurden Rätsel wie diese gelöst, indem darauf verwiesen wurde, daß es irgendwo draußen im Meer eine «fehlende» Landmasse gegeben haben muß. Heute gilt als allgemein anerkannt, daß es seewärts des Kontinentalsaums tatsächlich Land gab. Aus dem Wissen über die heutigen geologischen Abläufe läßt sich jedoch schließen, daß es sich wahrscheinlich um eine Gruppe von Vulkanen handelte, im wesentlichen wie die Aleuten oder die Marianen, die in Richtung des Kontinents drifteten und schließlich mit ihm kollidierten. In den Nordwestterritorien gibt es heute kein Äquivalent des proterozoischen Ozeans; der westliche Kontinentalrand ist mehr als 1000 Kilometer weit entfernt.

Dieses Beispiel ist keineswegs einzigartig. Während des gesamten geologischen Zeitraums fanden Kollisionen von Landmassen statt, wodurch diese entlang von Gebirgszügen aneinandergeschweißt wurden. Hin und wieder kam es auch zum umgekehrten Prozeß, der

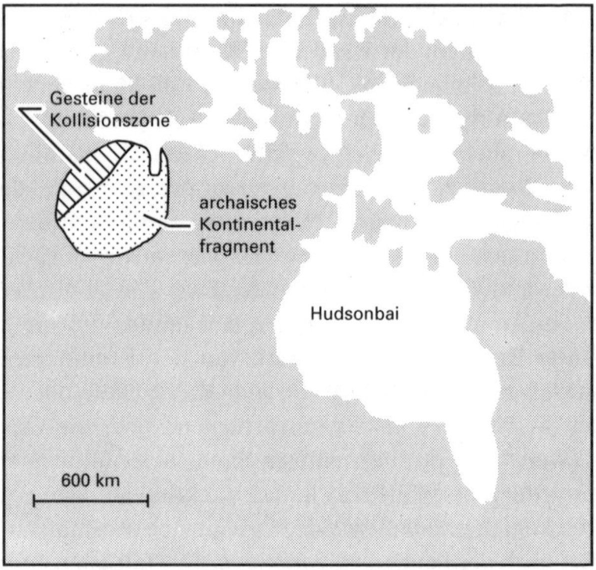

Gesteine der Kollisionszone
archaisches Kontinentalfragment
Hudsonbai
600 km

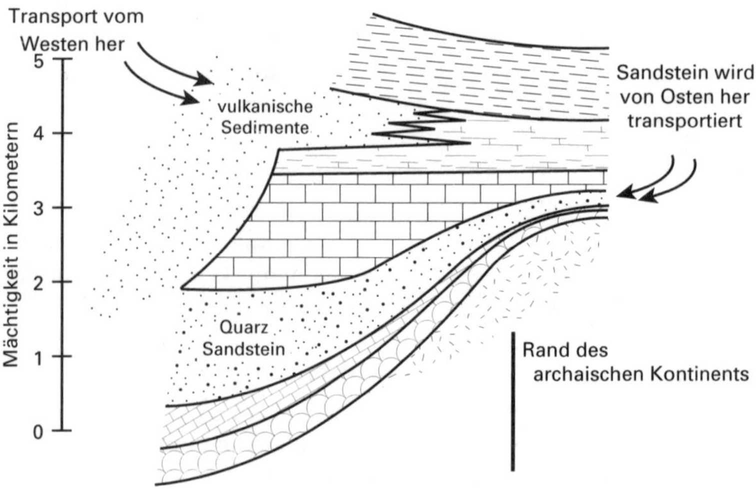

Transport vom Westen her
5
4
3
2
1
0
Mächtigkeit in Kilometern
vulkanische Sedimente
Quarz Sandstein
Sandstein wird von Osten her transportiert
Rand des archaischen Kontinents

Auflösung von Kontinenten. Beide Vorgänge führten zu der heutigen Anordnung von Festland und Meer. Nordamerika, einer der größten Kontinente, gibt ein typisches Beispiel ab: In vieler Hinsicht ähnelt er einem riesigen Flickenteppich, der aus Fragmenten grundverschiedenen Materials zusammengesetzt ist.

Das Bild, das oben für die Gesteine der Nordwestterritorien gezeichnet wurde – zunächst Sandstein, der entlang eines Kontinentalrands abgelagert wurde und von Osten kam, dann vulkanische Sedimente aus dem Westen –, ist stark vereinfacht. In Wirklichkeit wurden die Gesteine metamorphisiert, gefaltet und durch zahlreiche Verwerfungen verschoben, was die Aufgabe, ihre ursprüngliche Anordnung zu rekonstruieren, äußerst schwierig macht. Die Faltungen, Verwerfungen sowie die Metamorphose sind mit ziemlicher Sicherheit die Folge von Kollisionen kontinentaler und vulkanischer Blöcke sowie der damit verbundenen Gebirgsbildung. In jeder Hinsicht – sei es in der Art der Verwerfungen, in den Schichten metamorpher Gesteine, die parallel zur ehemaligen Küstenlinie verlaufen, oder in den Gesteinstypen und deren Schichtenfolgen – ähnelt diese Region moderneren Kollisions- und Gebirgsbildungszonen. Doch, wie bereits erwähnt, weist das Gebiet heute keine Berge, sondern nur eine tiefliegende, flache Topographie auf. Einmal mehr werden wir daran erinnert, daß die Erde nach geologischen Maßstäben ein sehr dynamischer Ort ist.

In Gebirgsregionen wird alle tausend Jahre 1 bis 1,5 Meter Material durch Erosion abgetragen. Unter diesen Umständen wäre selbst

Abb. 4.2 Paul Hoffman vom Geological Survey of Canada kartierte die proterozoischen Gesteinseinheiten, die entlang des westlichen Randes eines archaischen Kontinentalfragments im nördlichen Kanada gefunden wurden (oben). Obwohl die Sedimentgesteine nun durch Verwerfung und Metamorphose in veränderter Form vorliegen, gelang es Hoffman, die Sedimentfolge zu rekonstruieren (unten), die darauf hindeutet, daß sich Sedimente, die vom Kontinent im Osten erodierten, am Kontinentalsaum ansammelten und daß daraufhin zu einem späteren Zeitpunkt von Westen her allmählich vulkanisches Material herantransportiert wurde. Das war ein Indiz für das Herannahen (und die spätere Kollision) eines anderen Kontinents und/oder eines Inselbogens. Modifiziert nach Abb. 10.1 und 10.4 in S. M. Stanley, *Historische Geologie. Eine Einführung in die Geschichte der Erde und des Lebens*. Spektrum Akademischer Verlag 1994.

der Mount Everest in fünf bis acht Millionen Jahren bis auf das Niveau des Meeresspiegels abgetragen. Ganz so einfach ist die Rechnung jedoch nicht, denn während ein Gebirge erodiert und seine Hänge flacher werden, verringert sich auch die Erosionsgeschwindigkeit. Schon aus diesem Grund wird der Mount Everest sowie der Rest des Himalaja noch erheblich länger existieren (wenn auch in viel abgeflachterer Form), als es die heutigen Erosionsgeschwindigkeiten vermuten lassen würden. Noch wichtiger ist jedoch die Tatsache, daß sich Gebirge ein wenig wie auf dem Meer treibende Schiffe verhalten: Wird ein Teil der Fracht über Bord geworfen, so liegt das Schiff höher im Wasser. In ähnlicher Weise wird die Erdkruste, wenn von einem Berggipfel Material durch Erosion abgetragen wird, ein wenig höher auf dem darunterliegenden Mantel «treiben». Wenn 1 Meter Gestein erodiert wird, reagiert die Erde auf das reduzierte Gewicht mit einer Hebung, und die tatsächliche Höhenverringerung beträgt lediglich etwa 20 Zentimeter. Aus diesem Grund dauert es wahrscheinlich 50 bis 60 Millionen Jahre – geologisch betrachtet noch immer kein besonders langer Zeitraum –, bis ein typischer Hochgebirgszug beinahe bis auf das Niveau des Meeresspiegels abgetragen wird. Die Rocky Mountains, die Alpen, der Himalaja, alle werden sie schließlich verschwinden, doch sie werden in den Gesteinen, die erhalten bleiben, ein beredtes Zeugnis ihrer Entstehung hinterlassen.

Das Ereignis, welches den heute nicht mehr existierenden Gebirgszug in den kanadischen Nordwestterritorien hervorbrachte, fand vor etwa 1,9 Milliarden Jahren statt. Doch dies war nur eine von vielen solchen Kollisionen. Vor 1,6 Milliarden Jahren, etwa in der Mitte des Proterozoikums, war ein großer Teil des heutigen Nordamerika aus kleineren Fragmenten zu einem Superkontinent zusammengefügt worden, den die Geologen, die sich mit diesen Gesteinen beschäftigen, «Laurentia» nennen. Paul Hoffman verfaßte eine Abhandlung über den Vorgang und gab ihr den Titel «The United Plates of America» (Die Vereinigten Platten von Amerika). Der riesige Kontinent des mittleren Proterozoikums umfaßte auch Grönland und die nördlichen Gebiete der Britischen Inseln, sowie Teile Skandinaviens und Nordrußlands.

In anderen Teilen der Welt spielten sich ähnliche Ereignisse ab. Die meisten heutigen Kontinente enthalten kleine Stücke archaischer Kruste, die an Kollisionszonen mit anderen archaischen oder proterozoischen Fragmenten zusammengeschweißt wurden. Und es ist möglich, wenn auch noch nicht bewiesen, daß praktisch alle heutigen Kontinente gegen Ende des Proterozoikums in einem wahrhaft gigantischen Kontinent vereint waren. Davon zeugt unter anderem ein Gürtel metamorpher Gesteine, der sich im Osten Nordamerikas von Labrador bis hinunter zum Golf von Mexiko erstreckt. Diese Gesteine sind zwischen 1,2 und 1 Milliarde Jahre alt und bilden zusammengenommen die sogenannte Grenville-Region (siehe Abb. 4.3). Sie liegen im östlichen Kanada und in den Adirondacks im Bundesstaat New York an der Oberfläche, kommen jedoch auch in einem Großteil der östlichen Vereinigten Staaten überall vor, wenngleich sie dort unter dem Erdboden begraben sind. Die Gesteine der Grenville-Region sind ein Überbleibsel einer heftigen Kollision zwischen zwei großen Kontinenten, und zwar zwischen dem heutigen Nordamerika im Westen und möglicherweise Südamerika im Osten, das seinerseits mit den meisten anderen Kontinenten verbunden war. Die Vereinigung zwischen dem nordamerikanischen und einem weiteren großen Kontinent hielt einige hundert Millionen Jahre, bis sie sich vor etwa 800 Millionen Jahren – noch immer im Proterozoikum – wieder zu spalten begannen. Diese Aufspaltung hinterließ entlang des östlichen Kontinentalrands Nordamerikas einen Streifen von Grenville-Gesteinen. Wie in Kapitel 8 gezeigt wird, wurde dem östlichen Rand Nordamerikas später ein weiterer Kontinentalstreifen hinzugefügt, in einem Prozeß, der im großen und ganzen mit jenem identisch war, der die Grenville-Region hervorgebracht hatte. Dieser Streifen ist als die Appalachen bekannt. Die verschiedenen Krustenfragmente, die heute den nordamerikanischen Kontinent umgeben, werden in Abbildung 4.3 dargestellt.

Tatsächlich hat der aus verschiedenen Fragmenten zusammengesetzte nordamerikanische Kontinent das Proterozoikum nicht völlig unversehrt überstanden. Eine große, hufeisenförmige Narbe in der kontinentalen Kruste zieht sich bogenförmig durch das Gebiet des Oberen Sees; zwei Arme erstrecken sich südlich in die Mitte des Kontinents hinein (siehe Abb. 4.3). Es handelt sich um ein Rift, eine verkümmerte kontinentale Bruchspalte, die vor 1,3 bis 1,2 Milliarden Jahren entstanden ist. Obwohl das Rift mittlerweile verfüllt ist, kann es anhand der darin vorkommenden Gesteinstypen identifiziert werden: Basalte, die bezeichnenderweise dort ausbrechen, wo die Kru-

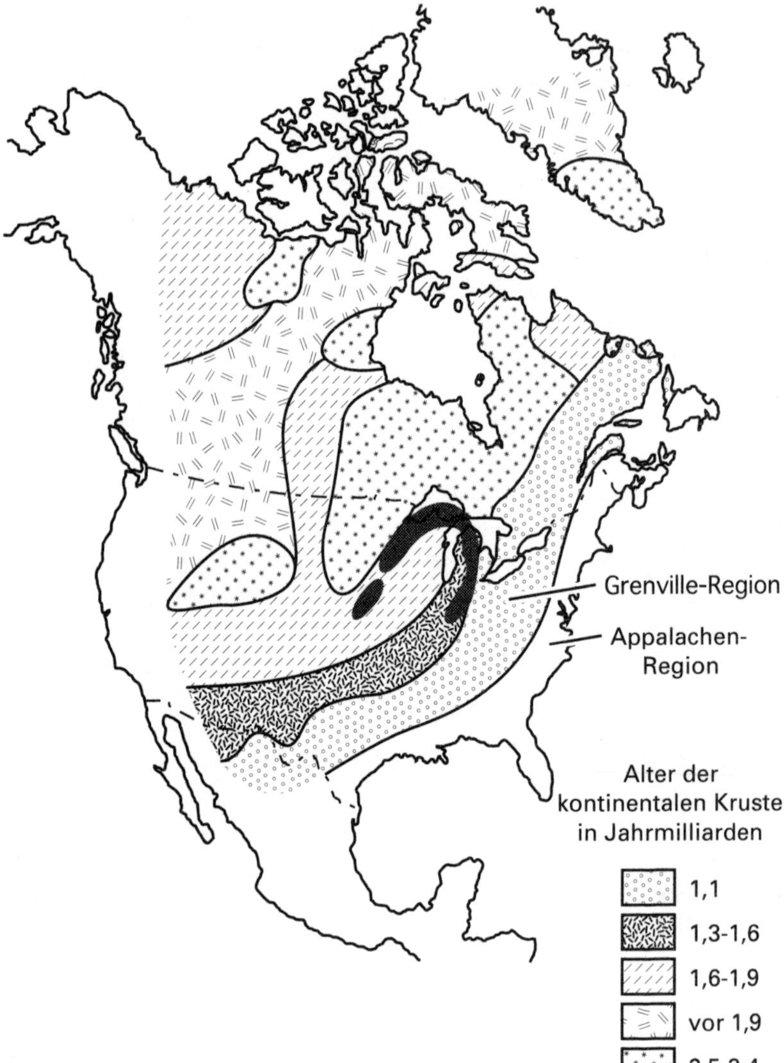
Grenville-Region
Appalachen-Region
Alter der kontinentalen Kruste in Jahrmilliarden
1,1
1,3-1,6
1,6-1,9
vor 1,9
2,5-3,4

ste auseinandergezogen wird, sowie Sedimente, die für Verfüllungen von Grabenbrüchen typisch sind. An einigen Stellen, beispielsweise um den Oberen See herum, liegen diese Gesteine an der Oberfläche, an anderen wiederum sind sie begraben und konnten nur in Bohrkernen identifiziert werden. Außerdem weisen die basaltischen Gesteine des Rifts hohe Dichten und einen hohen Eisengehalt auf, was sowohl auf das Gravitationsfeld als auch auf die Magnetstruktur der Region große Auswirkungen hat. Die Lage des Rifts kann somit durch geophysikalische Messungen, die mit Instrumenten an der Oberfläche durchgeführt werden, ermittelt werden – selbst an Stellen, wo das Rift von späteren Sedimenten vollständig überdeckt wurde. Was könnte zur Entstehung dieses riesigen Rifts geführt haben, das beinahe 2000 Kilometer lang und stellenweise mehr als 100 Kilometer breit ist und gewaltige Mengen basaltischer Laven enthält? Mit großer Wahrscheinlichkeit war es die Folge eines sogenannten Diapirs, in dem heißes Material durch den Mantel aufstieg und auf den nordamerikanischen Kontinent auftraf. Solche Formationen, die unter den Ozeanen aufdringen, sind heute für den ausgedehnten Vulkanismus auf Hawaii und Island verantwortlich. Sie werden im nächsten Kapitel ausführlicher behandelt. Nordamerika

Abb. 4.3 Diese verallgemeinerte Karte der Altersstruktur Nordamerikas, die auf vielen hundert einzelnen Altersbestimmungen basiert, läßt erkennen, daß der Kontinent aus mehreren großen Krustenstücken besteht und daß er im allgemeinen nach außen hin jünger wird. Sowohl die Grenville- als auch die Appalachen-Region zeugen von Gebirgsbildungsepisoden, die der Entstehung des Himalaja ähneln und in denen große Kontinente des Ostens mit Nordamerika kollidierten, nur um sich zu einem späteren Zeitpunkt wieder abzuspalten. Der Großteil des während dieser Kollisionen hinzugefügten Materials lag in Form von Sedimentgesteinen, Fragmenten vulkanischer Inselbögen oder Teilen des Meeresbodens vor, der ursprünglich die Kontinente getrennt hatte. In manchen Fällen wurden aber auch Teile der kollidierenden Landmassen zurückgelassen, als sie sich später spalteten. (Abbildung 8.2 zeigt, wie der Prozeß während der Bildung der Appalachen vor sich gegangen sein könnte.) Bei der dunkelgrauen, hufeisenförmigen Formation, die sich durch den Großteil des Oberen Sees zieht, handelt es sich um das verkümmerte kontinentale Rift des Proterozoikums, das im Text behandelt wird.

erwies sich jedoch als zu robust, um sich von einem Manteldiapir spalten zu lassen, und hielt der Fragmentierung stand, wenn auch Narben zurückblieben.

Das Tier- und Pflanzenreich im Proterozoikum

Nach heutigem Wissensstand fanden während eines Großteils des Proterozoikums, als ganze Kontinente sich bildeten, kollidierten und sich wieder spalteten, in der Biosphäre – dem Reich der Lebewesen – auffallend wenige Veränderungen statt. Die biologische Aktivität entfaltete sich im wesentlichen in den Ozeanen, größtenteils gegen Ende des Proterozoikums. Selbst zu Beginn des Kambriums boten die Kontinente noch immer keinen Lebensraum für Pflanzen und Tiere. Wenn auch möglicherweise Algen und vielleicht sogar ein paar primitive mehrzellige Organismen auf den Kontinenten lebten, war das Festland verglichen mit heute dennoch ein sehr öder Ort.

Im vorigen Kapitel wurde erwähnt, daß es seltene archaische Fossilien gibt, die auf einzellige Organismen hindeuten. Offenbar handelt es sich bei ihnen um Bakterien und Cyanobakterien (auch als Blaualgen bekannt), also um Zellen, die keine Kerne oder andere wichtige Innenstrukturen enthalten, die für die fortgeschritteneren Lebensformen kennzeichnend sind. Sie werden Prokaryonten genannt. Stromatolithen werden von Prokaryonten hervorgebracht, und es wurde bereits erwähnt, daß sie möglicherweise die charakteristischsten Fossilien des Proterozoikums sind. Die Prokaryonten scheinen etwa bis in die Mitte des Äons die einzigen Bewohner der proterozoischen Meere gewesen zu sein. Doch dann geschah etwas Außergewöhnliches: Der nächste Schritt zur Komplexität, nämlich die Herausbildung eukaryontischer Zellen, die verschiedene innere Strukturen aufweisen, fand statt – so wird heute gemeinhin angenommen –, als eine prokaryontische Zelle eine andere umschloß, wahrscheinlich um sie zu vertilgen. Statt dessen existierte die umschlossene Zelle jedoch weiter, und beide Zellen lebten in einer friedlichen Symbiose zusammen, wobei sie sich im Lauf der Zeit modifizierten. Ein gutes Beispiel ist der Chloroplast, jene Struktur in einzelnen Eukaryonten und höher entwickelten Pflanzen, in der die Photosynthese stattfindet. Am allermeisten ähneln die Chloroplasten leicht abgewandelten

Cyanobakterien. Zellen mit innerer Struktur – mit ziemlicher Sicherheit Eukaryonten – treten erstmals vor etwa 1,4 Milliarden Jahren in der Fossilüberlieferung auf.

Überraschenderweise gab es selbst nach der Entwicklung eukaryontischer Zellen nicht sofort eine explosionsartige Entfaltung mehrzelliger Tiere. Das dauerte viele hundert Millionen Jahre – viel länger als die Zeitspanne vom ersten Erscheinen der Dinosaurier auf der Erde bis zur Gegenwart. In Gesteinen, die 1,3 Milliarden Jahre alt sind, kommen tatsächlich einige Fossilien vor, die auf mehrzellige Algen hinzuweisen scheinen, doch von mehrzelligen Tieren war in Gesteinen älter als 1 Milliarde Jahre nicht die geringste Spur zu entdecken. Und selbst danach verlief die weitere Entwicklung bis unmittelbar vor der «kambrischen Explosion», auf die in einem späteren Kapitel eingegangen wird, sehr langsam. Warum dauerte es so lange, bis sich komplexe Lebensformen auf der Erde entwickeln konnten? Das ist eine Frage, die Darwin größtes Kopfzerbrechen bereitete. Allerdings machte er sich nicht klar, wie wahrhaft unermeßlich die Zeitspanne vor dem Kambrium war. Die Frage beschäftigt auch heute noch die Wissenschaftler, die sich mit der Evolution des Lebens befassen. Sicherlich könnte die Antwort zum Teil in der Unvollständigkeit der Fossilüberlieferung vor dem Kambrium liegen. Bis zu diesem Zeitpunkt hatten die Organismen noch keine festen, mineralisierten Körperteile – Zähne, Außenpanzer und Skelette – ausgebildet, die Angriffen von Raubtieren standhielten und somit in den Gesteinen relativ gut erhalten sind. Alle Exemplare der präkambrischen Lebewesen sind sogenannte Weichtiere. In der Tat hatten die Paläontologen trotz größter Bemühungen bis zu den fünfziger Jahren keinen einzigen unumstrittenen Beweis für Lebensformen vor dem Kambrium erbracht. Möglicherweise fehlen noch immer einige entscheidende Schritte in der Evolution der höher entwickelten Lebewesen. Doch selbst wenn dem so wäre, war die frühe Entwicklung des Lebens – verglichen mit der späteren Evolutionsgeschwindigkeit – zweifellos ein sehr langsamer Prozeß. Der Grund dafür liegt noch immer im dunkeln. Es ist nur eines der vielen Rätsel, die das Studium der Erdgeschichte so faszinierend machen.

5

Tanz der Platten

Vor dreißig oder vierzig Jahren wären einige der Ideen, die im vorigen Kapitel zum Ausdruck gebracht wurden, insbesondere die Vorstellung, daß sich Kontinente während des Proterozoikums spalteten und wieder zusammenfügten, den meisten Geologen geradezu ungeheuerlich erschienen. Heutzutage werden solche Darstellungen als selbstverständlich betrachtet. Die Entwicklung der Plattentektonik in den dazwischenliegenden Jahren hat die Betrachtungsweise der Geologen bezüglich der Erde von Grund auf verändert. Vor der Fortsetzung unserer Reise durch die Erdgeschichte lohnt sich ein kurzer Blick darauf, wie sich die Theorie der Plattentektonik entwikkelte, und eine Untersuchung des derzeitigen Kenntnisstandes bezüglich der Kontinentalbewegungen, die auf der Erdoberfläche stattfinden.

Betrachtet man aufmerksam eine Weltkarte, die, wie so oft, den Atlantik als Mittelpunkt hat, so fällt den meisten auf, daß die Küstenlinien Afrikas und Südamerikas aussehen, als ob sie genau ineinanderpaßten, wenn der Atlantik entfernt würde. Obwohl Tausende Menschen diese Beobachtung gemacht haben müssen, wurde den damit verbundenen Implikationen erst zu Beginn dieses Jahrhunderts ernsthaft nachgegangen. Damals begann Alfred Wegener, ein deutscher Geophysiker und Meteorologe, Informationen über die Flora und Fauna der Kontinente zu sammeln und zu vergleichen. Ferner prüfte er sorgfältig, was über ihre Geologie und Paläontologie oder ihre Fossilüberlieferung bekannt war. So kam Wegener zu dem zwangsläufigen Schluß, daß verschiedene Kontinente, einschließlich Südamerika und Afrika, in der Vergangenheit einmal vereint waren.

Er entdeckte beispielsweise, daß einige geologische Formationen, die an der Küste Südamerikas abrupt zu enden scheinen, in Afrika ihre Entsprechungen haben, und daß die Formationen kontinuierlich weiterliefen, wenn er die Kontinente wie Teile eines Puzzlespiels zusammensetzte. Er fand auch geologische Beweise für eine vorzeitliche Vereisung, die etwa zur gleichen Zeit in Australien, Indien und Südafrika stattgefunden haben mußte. Erneut stellte er fest, daß er die Kontinente so zusammensetzen konnte, daß sich die vergletscherten Gebiete lückenlos aneinanderfügten. Im Jahr 1915 veröffentlichte er ein Buch mit dem Titel *Die Entstehung der Kontinente und Ozeane*, in dem er diese Beweise sehr ausführlich erörterte und seine Theorie der «Kontinentalverschiebung» darlegte. Wegener ließ jedoch trotz der riesigen Menge an geologischen Daten, die er zusammengetragen hatte, viele wichtige Details beiseite und war sehr wählerisch bei der Auswahl der Beweise, die seine Thesen stützen sollten. Das war teilweise der Grund, warum seine Hypothese nicht ernst genommen wurde. Zudem verkündeten damals prominente Physiker, daß der äußere Teil der Erde viel zu starr sei, als daß Kontinente wie Schiffe auf dem Meer umhertreiben könnten. Vor allem wiesen sie darauf hin, daß die Kräfte, auf die sich Wegener berief und die ihm zufolge die Kontinente bewegten – die durch die Erdumdrehung bedingten Zentrifugalkräfte –, viel zu schwach für diese Aufgabe seien. Wegeners Ideen scheiterten an dem fehlenden Antrieb: Ohne eine treibende Kraft, hieß es, könne keine Kontinentalverschiebung stattfinden.

Wegener war jedoch auf dem richtigen Weg. Die Kontinentalverschiebung gibt es wirklich, auch wenn sie nicht genau so abläuft, wie er es sich vorstellte. Wie Wegener es dargelegt hatte, waren Afrika und Südamerika in der Vergangenheit tatsächlich vereint. Mindestens einmal in der Erdgeschichte waren *alle* heutigen Kontinente zu einem Superkontinent zusammengeschlossen, der sich von einem Pol zum anderen erstreckte. Wegeners Theorie der Kontinentalverschiebung wird in Lehrbüchern behandelt und an Gymnasien gelehrt. Sie bildet zum großen Teil den Unterbau unseres Wissens über die Funktionsweise der Erde. Heute spricht man allerdings von Plattentektonik.

Beweise vom Meeresgrund

Die Wiedergeburt der Ideen Wegeners als Theorie der Plattentektonik war größtenteils eine Folge der Untersuchungen des Meeresbodens, die in den fünfziger und sechziger Jahren durchgeführt wurden. Während des Zweiten Weltkrieges und danach wollte die US-Marine unbedingt soviel wie möglich über die Ozeane in Erfahrung bringen. Viele Geologen und Geophysiker meldeten sich freiwillig, weil das Interesse der Marine eine einmalige Gelegenheit war, den Meeresboden zu erforschen. Dieser war damals ein wissenschaftlicher Grenzbereich und praktisch unerforscht. Noch lange Zeit später pflegten viele Geologen gerne den Spruch, daß wir über die Mondoberfläche mehr wüßten als über den Meeresgrund. Die Marine war großzügig, und die ozeanographische Forschung weitete sich rasch aus. Ein großer Teil davon war nicht geheim, und die Entdeckungen, die gemacht wurden, ermöglichten den Geowissenschaftlern schlagartig ein neues und genaueres Verständnis der Erde.

Ein sehr bemerkenswertes Ergebnis der intensiven Untersuchungen des Meeresbodens war eine verbesserte Kenntnis seiner Topographie. Einige Informationen, die während der langen Geschichte der Seefahrt zusammengetragen worden waren, lagen natürlich bereits vor. Die ersten Messungen wurden auf sehr simple Weise durchgeführt, nämlich indem man eine Lotleine über die Reling warf und die ausgeworfene Länge maß. Solche Daten waren jedoch auf seichte, küstennahe Regionen beschränkt, in denen viel Schiffsverkehr herrschte. Die Echolote wurden erstmals in den zwanziger Jahren auf Schiffen eingesetzt; sie waren jedoch erst sehr viel später technisch so ausgereift, daß sie in einem größeren Rahmen verwendet werden konnten. Mit ihrer Hilfe wurde in den fünfziger und sechziger Jahren eine Fülle von Informationen gesammelt. Diese Instrumente messen relativ genau, wie lange ein Schallimpuls vom Schiff bis zum Meeresboden und wieder zurück braucht. Da die Schallgeschwindigkeit in Meerwasser weithin bekannt ist, läßt sich die Tiefe leicht errechnen. Das Beste an den Echoloten war, daß sie Tag und Nacht in Betrieb sein konnten, unabhängig von den Manövern, die das Schiff ausführte. Jede ozeanographische Expedition hatte ihr Echolot im Dauereinsatz, und so kamen allmählich die Einzelheiten des Meeresbodens zum Vorschein.

Heutzutage ist es sogar noch einfacher, den Meeresboden zu erfassen, ohne jemals in See stechen zu müssen: Man benutzt Satelliten. Diese messen die «Höhe» der Meeresoberfläche mit großer Genauigkeit. Wenn die durch Gezeiten und Wellen verursachten Schwankungen genau aufgeschlüsselt werden, ergibt sich ein verblüffendes Bild. Die von einer Stelle zur anderen verschiedenen Höhen der Meeresoberfläche spiegeln in Wirklichkeit die Topographie des Meeresbodens wider. Der Grund ist, daß sich geringe, durch Formationen auf dem Meeresboden verursachte Abweichungen in der Schwerkraft – beispielsweise durch die zusätzliche Masse eines großen Vulkans oder durch das Massendefizit eines tiefen Grabens – auf die Höhe des darüberliegenden Meeresspiegels auswirken. Die relativ neue Satellitentechnologie hat einige Eigentümlichkeiten aufgezeigt, die mit den von Schiffen aus durchgeführten Messungen nie wahrgenommen worden waren.

Doch zurück zu den Informationen, die in den fünfziger und sechziger Jahren von Forschungsschiffen bezüglich der Topographie des Meeresbodens gesammelt wurden: Es wurde bald offensichtlich, daß der Grund des Ozeans nicht so eintönig war, wie viele ihn sich vorgestellt hatten. Bisher waren die tiefen Ozeane für geologisch ruhige, unveränderliche Regionen gehalten worden, an denen sich seit Urzeiten feiner Schlamm und Treibsand, der von den Kontinenten ins Meer geschwemmt wurde, schichtweise angehäuft habe. Kaum jemand hatte darüber eingehender nachgedacht, denn die Menge an Meeressedimenten wäre geradezu ungeheuer, wenn dies wirklich der Fall wäre. Als jedoch die Daten bezüglich des Meeresbodens bekannt wurden, wurde sehr schnell klar, daß der Tiefseeboden keineswegs flach, von Sedimenten verdeckt und ohne jegliche Formationen war, sondern daß er statt dessen riesige ozeanische Rükken, tiefe Gräben, große Vulkane und lange Steilhänge aufwies. Damit stellte sich die unmittelbare Herausforderung, die Entstehung solcher Formationen zu erklären.

Viele Menschen haben die Weltkarten gesehen, die erstmals von der National Geographic Society herausgegeben wurden und auf denen die Erdoberfläche mit Ozeanen ohne Wasser dargestellt ist. Obwohl diese Karten etwas idealisiert sind, springen die ausgedehnten ozeanischen Rücken oder Erhebungen, die auf dem Meeresboden erscheinen, sogleich ins Auge. Es hieß, diese Formationen seien, wenn man die Ozeane leerte, das augenfälligste Merkmal der Erdtopographie, das aus dem Weltraum wahrgenommen würde. Der ozeanische Rücken im Atlantik tritt auf den Karten besonders deutlich hervor, wiederum zumindest teilweise aus dem Grund, weil der Atlantische Ozean in der Regel den Mittelpunkt der Karten bildet. Der Mittelatlantische Rücken teilt den Ozean ziemlich genau in der Mitte, wobei er den Ein- und Ausbuchtungen der Küsten auf beiden Seiten folgt. Somit verläuft er auch etwa in der Mitte der Karte. Im Durchschnitt liegt der Rücken etwa 2,5 Kilometer über den tieferen Teilen des Meeresbodens im Osten und Westen, und an den meisten Stellen weist er im Zentrum einen Grabenspalt auf. Im Nordatlantik erhebt sich der Rücken als die Insel Island über den Meeresspiegel.

Der in der Mitte des Atlantiks verlaufende Rücken gehört in Wirklichkeit zu einem mehr oder weniger durchgehenden Rückensystem, das alle Ozeane umfaßt. Es verläuft kreisförmig um den antarktischen Kontinent und erstreckt sich in einigen Ausläufern in den Indischen Ozean und bis hinauf ins Arabische Meer. Das System verläuft zum östlichen Pazifik hinauf und bricht in der Nähe von Niederkalifornien (Baja California) in Mexiko anscheinend ab. Doch dann taucht vor der Küste des Nordwestens der USA und Britisch-Kolumbiens wieder ein kleines Rückensegment auf. Wie ist dieses Rückensystem, ein so auffälliges Charakteristikum der Erde, entstanden? Warum ist es nicht unter kontinentalen Sedimenten begraben? Und was hat es mit Kontinentalverschiebung und Plattentektonik zu tun?

Eine besondere Beobachtung wird in der Regel als Auslöser für die Eingebung angeführt, welche die Entstehung des Rückensystems erklärte und schließlich zur Theorie der Plattentektonik führte; diese Beobachtung hat einen merkwürdigen Ursprung: die magnetischen Eigenschaften des Meeresbodens. Bei den Bemühungen, soviel wie möglich über den Meeresboden zu erfahren, maßen die Geophysiker unter anderem auch über weite Flächen des Meeresbodens das lokale Magnetfeld. Es war bereits bekannt, daß Gesteine, die magnetische Mineralien enthalten, das lokale Magnetfeld der Erde geringfügig verändern können, und auf den Kontinenten wurden magnetische Messungen zu Schürfzwecken verwendet. Viele ökonomisch wichtige Mineralablagerungen enthalten in bestimmten Konzentrationen magnetische Mineralien, und diese rufen im lokalen Magnetfeld charakteristische Anomalien hervor. In der Tat sind die Variationsmuster der Magnetfelder auf den Kontinenten sehr komplex, was im Einklang mit der komplizierten geologischen Beschaffenheit der Kontinente steht.

Als dagegen erstmals Magnetometer hinter den Schiffen hergezogen wurden, stellte sich heraus, daß die Magnetisierungsmuster, die von den Gesteinen des Meeresbodens ausgehen, sehr regelmäßig sind. Diese Beobachtung wurde zum ersten Mal von Wissenschaftlern der Scripps Institution of Oceanography gemacht und verwirrte sie. In den fünfziger Jahren führten die Wissenschaftler vor der Nordwestküste der Vereinigten Staaten geomagnetische Vermessungen durch, und die Streifenmuster, die sie kartierten, unterschieden sich grundlegend von allen Mustern, die jemals auf Kontinenten festgestellt worden waren. Schließlich kamen sie zu dem Schluß, daß die regelmäßigen Variationsmuster des lokalen Magnetfelds wahrscheinlich auf irgendeine Weise mit der in dieser Region vergleichsweise regelmäßigen Topographie des Meeresbodens mit seinen sanften Hügeln und Vertiefungen zusammenhingen. Doch diese Hypothese hatte nur kurze Zeit Bestand. In den sechziger Jahren wurden im Nordatlantik, südlich von Island, vom Flugzeug aus geomagnetische Vermessungen durchgeführt, die zu verblüffenden und mittlerweile klassischen Ergebnissen führten. In mehreren Überquerungen des Mittelatlantischen Rückens fanden Wissenschaftler des Lamont Geological Observatory der Columbia-Universität heraus, daß sich das Magnetfeld des Meeresbodens um die exakte Achse des Rückens herum gleichmäßig verändert. Außerdem entdeckten sie, daß die Variationsmuster des Magnetfelds bei jeder Überquerung des Rückens im wesentlichen

Abb. 5.1 Das magnetische Muster auf dem Ozeanboden südlich von Island (oben) ähnelt einer Reihe von Zebrastreifen mit jeweils abwechselnder normaler (schwarz) und inverser (weiß) Magnetisierung, die parallel zum Mittelatlantischen Rücken angeordnet sind. Während entlang des Rückens Basalt aufsteigt und sich verfestigt, wird er magnetisiert und breitet sich daraufhin seitwärts aus, wie unten schematisch dargestellt wird. Auf der Karte des Ozeanbodens sind lediglich die längeren Polaritätsintervalle zu erkennen, die unten gezeigt werden. Die Position des Rückens, der quer durch Island verläuft, wird durch das getüpfelte Muster andeutungsweise dargestellt. Basiert auf Abb. 1 von J. R. Heirtzler, X. Le Pichon und J. C. Barron, in: *Deep Sea Research*. 13. Jahrgang (1966), S. 428.

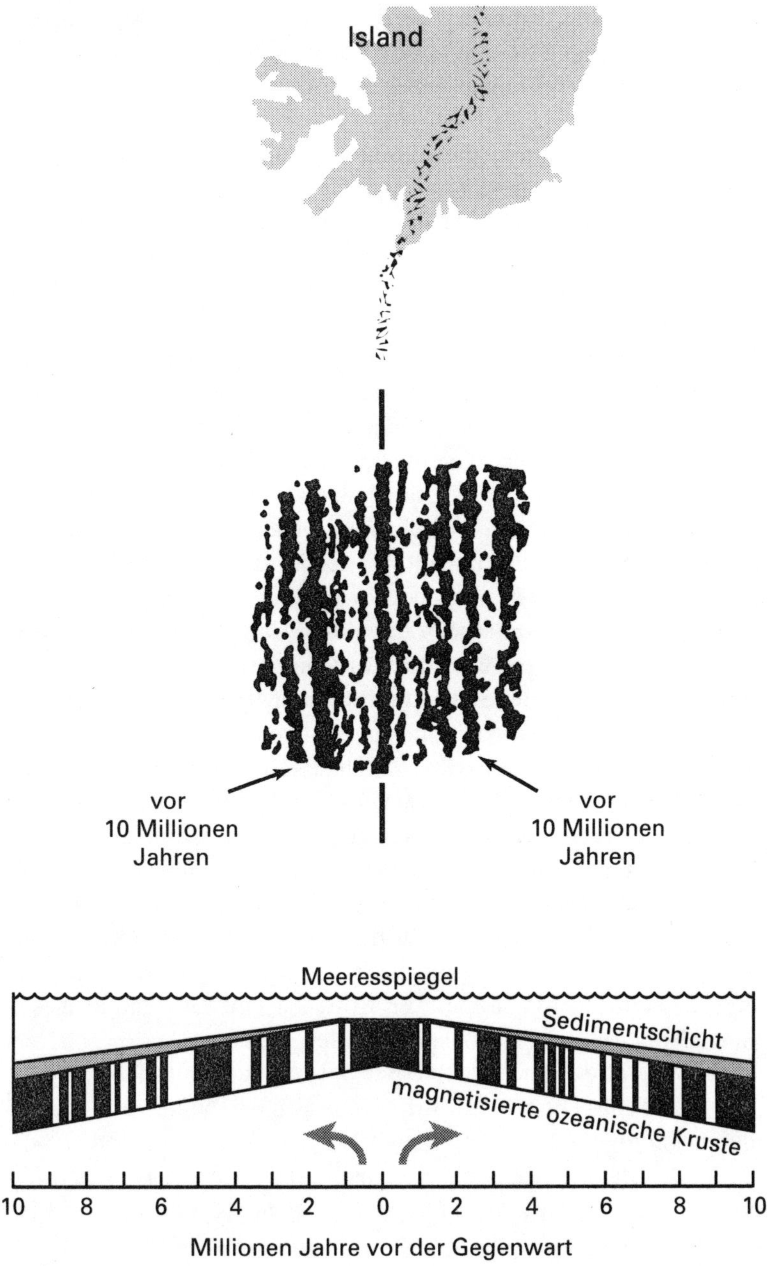
Island
vor
10 Millionen
Jahren
vor
10 Millionen
Jahren
Meeresspiegel
Sedimentschicht
magnetisierte ozeanische Kruste
10 8 6 4 2 0 2 4 6 8 10
Millionen Jahre vor der Gegenwart

identisch waren, unabhängig von der Position. Als die Daten aufgezeichnet und auf eine Karte des Vermessungsgebiets übertragen wurden, ergaben die magnetischen Intensitätsschwankungen ein Zebrastreifenmuster, das an jene Muster erinnerte, die von den Wissenschaftlern der Scripps Institution im nordöstlichen Pazifik entdeckt worden waren. Der entscheidende Unterschied war jedoch, daß die Streifenmuster hier offenbar symmetrisch waren (siehe Abb. 5.1). Wiederum bestand ein auffallender Kontrast zu den typischen magnetischen Befunden der Kontinente. Als weitere Daten zusammengetragen wurden, wurde offensichtlich, daß das gleiche symmetrische Muster *überall* entlang des ozeanischen Rückensystems zu finden ist.

Wenn sich Eruptivgesteine aus ihrem geschmolzenen Zustand abkühlen, werden einige eisenhaltige Mineralien, die sich in ihnen bilden, vom Magnetfeld der Erde magnetisiert. Es ist, als enthielten die Mineralien selbst winzige Stabmagnete – oder Kompaßnadeln –, die sich alle nach dem sie umgebenden Magnetfeld ausrichten. Die Magnetisierung ist dauerhaft und wird somit zu einem fossilen Zeugnis der Merkmale der erdmagnetischen Felder zur Zeit der Gesteinsbildung; sie ist stabil und bleibt über lange Zeiträume hinweg bestehen. Die Vermessungen über dem Mittelatlantischen Rücken haben gezeigt, daß die Gesteine, die unmittelbar am Scheitel des Rückens liegen, sehr stark in die Richtung der heutigen Magnetfelder magnetisiert werden. Doch das symmetrische Zebrastreifenmuster schien darauf hinzuweisen, daß der Ozeanboden in Streifen magnetisiert wird. Einige dieser Streifen wurden, wie die Gesteine am Scheitel des Rückens, normal magnetisiert; sie weisen jene Eigenschaften auf, die man bei Gesteinen erwarten würde, die sich im heutigen Magnetfeld verfestigen. Sie wechseln jedoch mit Streifen ab, die genau in die entgegengesetzte Richtung magnetisiert sind, als ob der nördliche und der südliche Magnetpol der Erde bei der Entstehung dieser Meeresbodensegmente umgepolt worden wären.

Das Magnetfeld der Erde ist ein Dipol, das bedeutet, daß es jenem Feld ähnelt, das entstehen würde, wenn sich im Inneren ein riesiger Stabmagnet befände. Zu der Zeit, als die ersten magnetischen Vermessungen des Ozeanbodens durchgeführt wurden, hatten die meisten Wissenschaftler keinen Grund zur Annahme, daß sich das Magnetfeld in der geologischen Vergangenheit sehr von dem der Gegenwart unterschied. Etwa zur gleichen Zeit hatten jedoch Untersuchungen des Gesteinsmagnetismus auf den Kontinenten ein rätselhaftes Phänomen ans Tageslicht gebracht: In einigen Regionen, in denen sich große Mächtigkeiten basaltischer Ströme angesammelt hatten, waren die meisten der Ströme wie erwartet in die Richtung der erdmagnetischen Felder magnetisiert, die Magnetisierung in anderen Strömen war jedoch umgekehrt (invers) polarisiert. Zunächst nahmen die Wissenschaftler an, daß irgendein sekundärer Vorgang dafür verantwortlich war, doch als sie an mehreren unterschiedlichen Stellen sehr ähnliche Abfolgen invers und normal magnetisierter Lavaströme entdeckten, wurde ihnen klar, daß sich das erdmagnetische Feld im Lauf der Erdgeschichte mehrfach umgepolt haben mußte! Dies war eine sensationelle Schlußfolgerung. Vor diesem Hintergrund kam den regelmäßigen Magnetisierungsstreifen auf dem Ozeanboden eine große Bedeutung zu. Mehrere Forscher – Lawrence Morley in Kanada, Fred Vine und Drummond Matthews in Großbritannien – begriffen nahezu gleichzeitig, daß zwischen den Magnetisierungsstreifen auf dem Ozeanboden, den magnetischen Umpolungen und der Kontinentalverschiebung ein Zusammenhang bestand. Sie erkannten mit einem Mal, daß das magnetische Zebrastreifenmuster auf dem Ozeanboden genau dieselbe Abfolge magnetischer Umpolungen wiedergibt wie die kontinentalen Basalte.

Diese Beobachtungen überzeugten die meisten Geologen davon, daß der Meeresboden sich tatsächlich ausbreitet. Neue ozeanische Kruste wird gebildet, indem im Zentrum der mittelozeanischen Rükken ständig Lava aufsteigt. Das Magnetisierungsmuster ist symmetrisch, weil die Lava magnetisiert wird, während sie zu festem Gestein abkühlt, und sich gleichmäßig nach beiden Seiten ausbreitet. Der Ozeanboden fungiert als eine Art riesiges magnetisches Aufzeichnungsgerät, das zuverlässig die Umpolungen des erdmagnetischen Feldes registriert (siehe Abb. 5.1). Da die Daten der verschiedenen Umpolungen aus Analysen von Festlandsgesteinen bekannt sind, können die magnetischen Streifen auf dem Ozeanboden als Zeitmarken verwendet werden. Die Geschwindigkeit, mit der sich neuer Ozeanboden bildet, läßt sich leicht errechnen, indem die Entfernung vom Zentrum des Rückens, wo das Alter des Ozeanbodens gleich null ist, zu den verschiedenen datierten Umpolungen gemessen wird. Geologen bezeichnen die Magnetisierungsstreifen als Anomalien und haben ihnen Nummern gegeben, damit sie leichter identifiziert werden können. Wer mit ihnen zu tun hat, hat in ihnen gute Freunde: «Aha, das sieht nach Anomalie 29I aus!» (Das «I» steht für «invers», im Gegensatz zu «N» für «normal», das heißt die Richtung des heutigen Magnetfelds.)

Obwohl die Rate der Meeresbodenerzeugung, die aus den Daten der magnetischen Anomalien errechnet wird, von Stelle zu Stelle variiert, beträgt sie in der Regel einige Zentimeter pro Jahr. Das ist ungefähr die gleiche Geschwindigkeit, mit der Fingernägel wachsen. Die Kontinente auf beiden Seiten des Atlantiks bewegen sich mit dieser Geschwindigkeit voneinander fort, was erklärt, warum die Ozeane nicht unter Sedimenten ersticken: Sie sind geologisch jung. Obgleich ein paar Zentimeter pro Jahr in der Tat langsam zu nennen ist, kann der gesamte Atlantik bei dieser Geschwindigkeit in weniger als 200 Millionen Jahren neu geschaffen werden. Das ist geologisch betrachtet nicht sehr lange. Tatsächlich ist kein Meeresboden in irgendeinem Ozean der Welt sehr viel älter. Verglichen mit den Kontinenten sind die Gesteine des Ozeanbodens die reinsten Kinder.

Auf beiden Seiten des Atlantiks sind die Kontinente fest mit den Gesteinen des Meeresbodens verbunden. Sie bewegen sich voneinander fort, mit einer Geschwindigkeit, die von der Rate der Erzeugung neuen Ozeanbodens entlang des Mittelatlantischen Rückens bestimmt wird. Somit haben die Einwände der Physiker gegen Wegeners Version der Kontinentalverschiebung eigentlich keine Gültigkeit. Denn die Kontinente durchpflügen keineswegs die starren Gesteine des Ozeanbodens. Statt dessen bewegen sich die kontinentale und die ozeanische Kruste gemeinsam; beide sind Teile einer Lithosphärenplatte (siehe Abb. 1.2 und 5.2).

Plattentektonik

Die Existenz der magnetischen Streifen auf dem Meeresboden und die Klärung ihrer (oben beschriebenen) Entstehung lieferten den unumstößlichen Beweis für die Kontinentalverschiebung. Der Begriff «Kontinentalverschiebung» wurde rasch durch den ebenso anschaulichen, aber präziseren Ausdruck «Meeresbodenausbreitung» *(seafloor spreading)* ersetzt. Die sechziger Jahre waren für die Geologen eine stürmische Zeit; die Entstehung der Vorstellung einer Meeresbodenausbreitung und ihre Konsequenzen wurden von einigen als «Revolution» bezeichnet und mit dem tiefgreifenden Wandel in der Physik verglichen, der durch die Entwicklung der Relativitätstheorie und der Quantenmechanik ausgelöst wurde. Sowohl Theoretiker, die versuchten, den Prozeß mathematisch zu beschreiben, als auch experimentierfreudige Praktiker, die mit immer komplizierteren Instrumenten Messungen durchführten, um die mathematischen Theorien zu testen, gingen sofort den Auswirkungen der Meeresbodenausbreitung nach. Viele Phänomene, die zuvor nahezu unverständlich waren, schienen im Kontext der Meeresbodenausbreitung plötzlich völlig normal. Schon bald wurden Meeresbodenausbreitung und Kontinentalverschiebung einer umfassenderen Theorie, der Plattentektonik, untergeordnet.

Was genau versteht man unter Plattentektonik, und warum hat sie in den Geowissenschaften eine so große Beachtung erfahren? Vereinfacht ausgedrückt, handelt es sich um ein globales System, das die meisten heute ablaufenden geologischen Prozesse erklären kann sowie jene, die sich während eines Großteils der Erdgeschichte abgespielt haben. Zwar gibt es viele Einzelheiten, die sich nicht unmittelbar mit der Plattentektonik erklären lassen, doch es ist noch offen, ob es sich hier um eine Unzulänglichkeit der Theorie handelt oder schlicht um unser mangelndes Verständnis des Vorgangs. In einem breiten Rahmen ist das Konzept der Plattentektonik jedoch ein sehr nützliches Hilfsmittel, um die Funktionsweise der Erde zu verstehen.

Der Ausdruck «Tektonik» stammt von dem griechischen Wort *tekton*, was soviel heißt wie «Bauhandwerker» oder «Zimmermann». Die «Platten» in der Plattentektonik sind Teile der Lithosphäre, der relativ starren äußeren Erdschale, die sich im Durchschnitt etwa 100 Kilometer tief ins Erdinnere erstreckt (siehe Abb. 1.2). Heute werden ungefähr zehn mittelgroße bis große Platten unterschieden, sowie noch viele weitere «Mikroplatten» (siehe Abb. 5.2). Wie bereits erklärt wurde, bewegen sich im Grunde die Lithosphärenplatten auf der Erdoberfläche hin und her, und nicht die Kontinente; die Kontinente und die Ozeane reisen lediglich mit. Da das Erdinnere heiß ist, können sich die Platten verschieben; sie können sich relativ leicht verformen und «schwimmen». Es fällt schwer, sich vorzustellen, daß gewöhnliche Gesteine so formbar sind; man sollte sich jedoch daran erinnern, daß andere Festkörper, die normalerweise als hart gelten, ebenfalls langsam fließfähig werden, wenn sie über lange Zeiträume gemäßigten Drücken ausgesetzt werden. (Ein Beispiel dafür liefert das Gletschereis.) Der unterste Teil der Platten befindet sich in einer Tiefe, wo die Gesteine des Erdinneren nahe an ihrem Schmelzpunkt sind und wo die Reibung zwischen der relativ starren Lithosphäre und dem darunterliegenden Mantel nahezu minimal ist.

Der Mechanismus der Plattenbewegungen, das heißt die eigentliche Antriebskraft, ist noch immer nicht genau bekannt. Doch das ist nun kein Grund mehr, sich darüber lustig zu machen wie zu Wegeners Zeiten. Wir wissen, daß sich die Platten bewegen; ja, mit Hilfe von Satelliten ist es inzwischen möglich, Veränderungen in der Entfernung zwischen zwei Standorten auf unterschiedlichen Platten so genau zu messen, daß die Bewegung der Platten bewiesen werden kann. Sogar die Geschwindigkeit der Plattenbewegung läßt sich bestimmen. Wir wissen auch, daß die für die Plattenbewegung notwendige Energie letztendlich aus dem Inneren der Erde kommt, und zwar sowohl von ihrer ständigen Abkühlung aus einem ursprünglich heißen Zustand als auch von der Wärme, die durch den radioaktiven Zerfall von Elementen wie Uran und Thorium erzeugt wird, die überall im Erdinneren verbreitet sind. Diese Wärme wird von langsamen, festen Konvektionsströmen an die Oberfläche transportiert und schließlich an die Atmosphäre abgegeben. Die Verbindung zwischen dem heißen, von Konvektionsströmen erfüllten Mantel und der kühleren, starreren Lithosphäre könnte zum Teil für die Plattenbewegung verantwortlich sein.

Die meisten geologischen Vorgänge spielen sich an den Plattengrenzen ab. Dazu gehören Vulkanismus, Erdbeben, Gebirgsbildung, Metamorphose und sogar die Entstehung vieler Arten ökonomisch wertvoller Mineralablagerungen. Doch die Plattenränder sind nicht alle gleich. In Abbildung 5.2 ist zu erkennen, daß die Platten an einigen Stellen auseinanderdriften, an anderen kollidieren und an manchen einfach aneinander vorbeigleiten. Da es für die Untersu-

Abb. 5.2 Eine Weltkarte, auf der die größeren Lithosphärenplatten dargestellt sind. Jede Platte ist von sich ausdehnenden Rücken (dicke Linien), Kollisions- bzw. Subduktionszonen (gezackte Linien) und/oder Transformstörungen (dünne Linien) begrenzt. Einige größere Platten werden namentlich bezeichnet; Pfeile zeigen die relative Bewegung zwischen den Platten an.

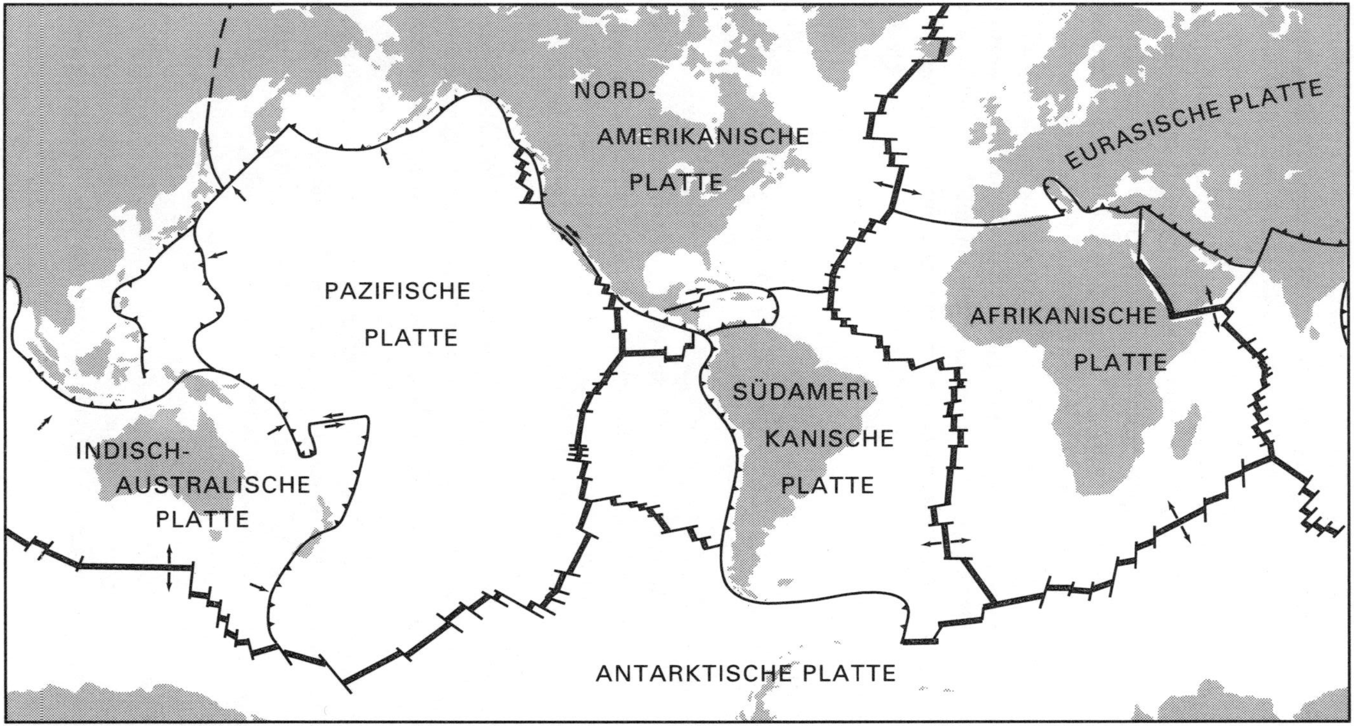
NORD-
AMERIKANISCHE
PLATTE
EURASISCHE PLATTE
PAZIFISCHE
PLATTE
AFRIKANISCHE
PLATTE
SÜDAMERI-
KANISCHE
PLATTE
INDISCH-
AUSTRALISCHE
PLATTE
ANTARKTISCHE PLATTE

chung der Plattenbewegung keinen festen Bezugsrahmen gibt, sind die Bewegungsrichtungen nur in ihrem relativen Wert bekannt. Steht man an einem Plattenrand, so läßt sich feststellen, ob sich eine benachbarte Platte auf uns zu oder von uns fort bewegt, doch die absolute Bewegungsrichtung läßt sich nicht ermitteln.

Die Kategorisierung der Plattengrenzen beruht auf der Art der relativen Bewegung entlang dieser Grenzen. Jede hat ihre eigenen, ganz besonderen Merkmale; so entstehen beispielsweise an den verschiedenen Plattengrenzen jeweils charakteristische Gesteinstypen. Diese zu erkennen ist für Geowissenschaftler, die versuchen, in die Vergangenheit zurückzublicken, ganz besonders wichtig geworden. Denn die vorzeitlichen Entsprechungen heutiger Phänomene können daraufhin anhand der erhaltenen Zeugnisse im Gestein bestimmt werden. Wieder tritt die Nützlichkeit des Prinzips des Aktualismus klar zutage.

Divergierende Platten

Wenn die Platten divergieren, das heißt auseinanderdriften, entstehen in der Erdkruste Rifts. Basalt, das häufigste Produkt von Aufschmelzungen des Erdinneren, dringt nach oben, um diese Spalten zu verfüllen; wie bereits gezeigt, wird auf diese Weise neuer Meeresboden erzeugt. Die meisten divergierenden Plattengrenzen kommen in Ozeanen vor. Paradoxerweise befinden sich die Rifts, die ja Täler oder Vertiefungen sind, oftmals im Zentrum ozeanischer Rücken, welche hingegen breite, topographische Erhebungen darstellen, wie in Abbildung 5.3 zu sehen ist. Die Existenz der Rücken ist eine Folge des aufdringenden Mantelmaterials und der Hitze, die von diesem transportiert wird. Während sich die neugebildete Kruste vom Rükken entfernt, kühlt sie sich ab und zieht sich zusammen; sie verdichtet sich und sinkt ab. Die Tiefe des Ozeans nimmt etwa um den Faktor zwei zu, das heißt von ungefähr zweieinhalb auf fünf Kilometer, vom Scheitel der Rücken bis zu den alten Teilen des Meeresbodens, die weit von der Ausbreitungsregion entfernt sind.

Die meisten der heutigen mittelozeanischen Rücken waren ursprünglich kontinentale Rifts. Der erste Schritt ist die Entstehung eines tiefen, von steilen Wänden umgebenen Tals, das charakteristi-

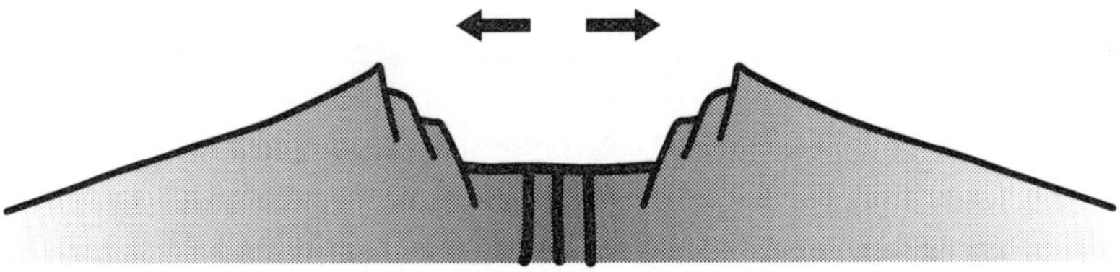

Abb. 5.3 Ein schematischer Querschnitt durch einen mittelozeanischen Rücken, mit einem Grabenbruch im erhöhten Zentrum des Rückens. Die schwarzen, vertikalen Linien sind Kanäle, durch die Magma aus dem Mantel zum Meeresboden fließt.

scherweise von ausgedehntem Vulkanismus geprägt ist. Das war der Ursprung jenes kontinentalen Rifts, das im Proterozoikum beinahe Nordamerika aufgespalten hätte; der Ostafrikanische Grabenbruch ist ein Beispiel aus der heutigen Zeit. Während sich die Ausbreitung fortsetzt, wird die relativ schwimmfähige kontinentale Kruste, die aus Gesteinen mit einer geringeren Dichte als dem im Rift hervorbrechenden Basalt besteht, schließlich aufgebrochen. Meerwasser strömt hinein, und ein Ozeanbecken entsteht. Auf diese Weise muß vor etwa 180 Millionen Jahren die allmähliche Öffnung des Atlantiks vor sich gegangen sein, die Europa und Afrika von Nord- und Südamerika trennte. Heute sind die Frühphasen einer kontinentalen Spaltung im Roten Meer zu beobachten, wo sich Afrika entlang eines Ausläufers des Rückensystems im Indischen Ozean von Saudi-Arabien abspaltet. Alle Ozeanbecken der Welt sind durch Bruchspaltenbildung entstanden, und alle sind auf ihrem Grund mit dichten Basalten bedeckt. Infolge des Kontrastes zwischen der dichten Kruste der Ozeane und der leichteren, schwimmfähigeren Kruste der Kontinente liegen sie unterschiedlich hoch.

Entlang der ozeanischen Rücken wird ständig neuer Meeresboden gebildet, der sich symmetrisch nach beiden Seiten ausbreitet. Während die äußere Form der Kontinente über lange Abschnitte der geologischen Zeit relativ erkennbar bleibt, verändert sich die geographische Beschaffenheit der Ozeanbecken sehr viel schneller. Die gemessenen Ausbreitungsraten entlang der heutigen ozeanischen Rücken reichen von ein oder zwei Zentimetern pro Jahr bis zu sage und schreibe zwanzig. Selbst wenn das untere Ende dieser Skala angenommen wird, kann innerhalb von 100 Millionen Jahren ein 1000 Kilometer breites Ozeanbecken entstehen.

Wenn soviel neuer Meeresboden gebildet wird und die Erde sich nicht ausdehnt (und es gibt etliche Beweise, daß das nicht der Fall ist), dann muß irgendwo auf der Erdkugel Kruste vernichtet werden, um dies auszugleichen. Und genau das geschieht an den Rändern eines Großteils des Pazifiks. Hier konvergieren die Lithosphärenplatten, das heißt bewegen sich aufeinander zu, und an den Grenzen taucht eine der kollidierenden Platten unter die andere ab und wird tief ins Erdinnere hinabgezogen. Derartige Kollisionsgrenzen sind als Subduktionszonen bekannt, und sie sind an der Oberfläche sowohl von tiefen ozeanischen Gräben als auch von aktiven Vulkanen geprägt (siehe Abb. 5.4). Die eindrucksvollen vulkanischen Ketten, die um die Ränder des Pazifiks herum den berühmten Feuergürtel bilden – die Anden, die Aleuten, die Vulkane von Kamtschatka, Japan und die Marianen –, verdanken alle ihre Existenz dem Phänomen der Subduktion.

Niemand weiß genau, wie es zur Subduktion kommt, wenn zwei Platten zu konvergieren beginnen, doch der Schlüssel zu diesem Vorgang scheint in der Dichte zu liegen. Dichte ozeanische Kruste kann subduziert werden und verschwindet ins Erdinnere, wobei sie kaum sichtbare Spuren hinterläßt, während die relativ leichten Kontinente für alle Zeiten an der Oberfläche bleiben. Das erklärt, warum der Ozeanboden jung und die Kontinente alt sind: Ozeanboden wird nicht nur ständig an den Rücken neu gebildet, sondern er wird entlang der Subduktionszonen auch fortwährend vernichtet. Wie gesagt, sind Teile der Kontinente beinahe vier Milliarden Jahre alt, während der älteste Meeresboden lediglich etwa 200 *Millionen* Jahre alt ist.

Der Vorgang der Subduktion wird durch die Erdbeben bestätigt, von denen diese begleitet ist. Obgleich alle Typen von Plattengrenzen seismische Aktivität aufweisen, sind nur die Subduktionszonen von Tiefbeben geprägt, wobei sich einige in einer Tiefe von 600 Kilometern oder mehr ereignen. Tiefbeben waren bereits bekannt, lange bevor die Plattentektonik in Mode kam. Im Jahr 1928 berichtete der japanische Seismologe Kiyoo Wadati von Erdbeben, die sich in Tiefen von mehreren hundert Kilometern unter Japan ereigneten. Etwa zwanzig Jahre später wies der Geophysiker Hugo Benioff darauf hin, daß es auch in anderen Teilen der Welt «große Störungen» gibt, die durch häufige Erdbeben charakterisiert sind und von den ozeanischen Gräben aus tief in den Mantel abtauchen. Er beschrieb diese sowohl entlang der Westküste Südamerikas als auch im südwestlichen Pazifik am Tongagraben. Diese Gebiete waren damals nicht als Subduktionszonen erkannt; erst später wurde klar, daß diese großen plattenförmigen Zonen seismischer Aktivität tatsächlich genau den Weg der in den Mantel hinabgezogenen Platten nachzeichnen (siehe Abb. 5.4). Zu den Erdbeben kommt es deshalb, weil die subduzierten ozeanischen Platten während ihres Abtauchens in das heiße Erdinnere relativ kühl bleiben und weil sie im Gegensatz zu dem sie umgebenden formbaren Mantel selbst in großen Tiefen fest genug sind, um den Brüchen, die Erdbeben verursachen, standzuhalten. Einige der tiefsten Erdbeben ereignen sich möglicherweise auch deshalb, weil Mineralien in der subduzierten Platte unter den großen Drücken, denen sie ausgesetzt sind, instabil werden, sich auflösen und unvermittelt dichtere Mineralien bilden; damit ändert sich das Volumen schlagartig.

Im Gegensatz zu den gemäßigten Basaltausbrüchen an den ozeanischen Ausbreitungszentren ist der Vulkanismus entlang der Subduktionszonen oftmals gewaltig. Dieser Prozeß bringt zwar aufsehenerregend schöne Vulkane wie den Fudschijama in Japan hervor, doch er hat auch etliche Katastrophen verursacht. Zu den weltweit bekanntesten zählen die Verschüttung Pompejis mit heißer Vulkanasche aus dem Vesuv, die große Vernichtung von Leben durch den Ausbruch des Krakatau in Indonesien 1883 und in jüngerer Vergangenheit die weitreichenden Schäden, die 1991 durch den Ausbruch des Pinatubo auf den Philippinen verursacht wurden. Warum tritt an Subduktionszonen Vulkanismus auf? Die Antwort wurde andeutungsweise in Kapitel 2 gegeben: Die ozeanischen Platten sind feucht. Wasser befindet sich in den mächtigen Sedimentschichten, die sich auf dem Meeresboden ansammeln, während sich dieser von seinem Entstehungsort am Rücken zum Ort seiner Vernichtung an der Subduktionszone verlagert. Zudem reagieren während der langen Reise einige der Mineralien der basaltischen Kruste selbst mit Meerwasser und bilden neue, wasserhaltige Mineralien. Ein Teil der Sedimente wird zwar bei der Kollision der Platten abgeschabt und aufs Festland aufgeschoben, andere werden aber bis in beachtliche

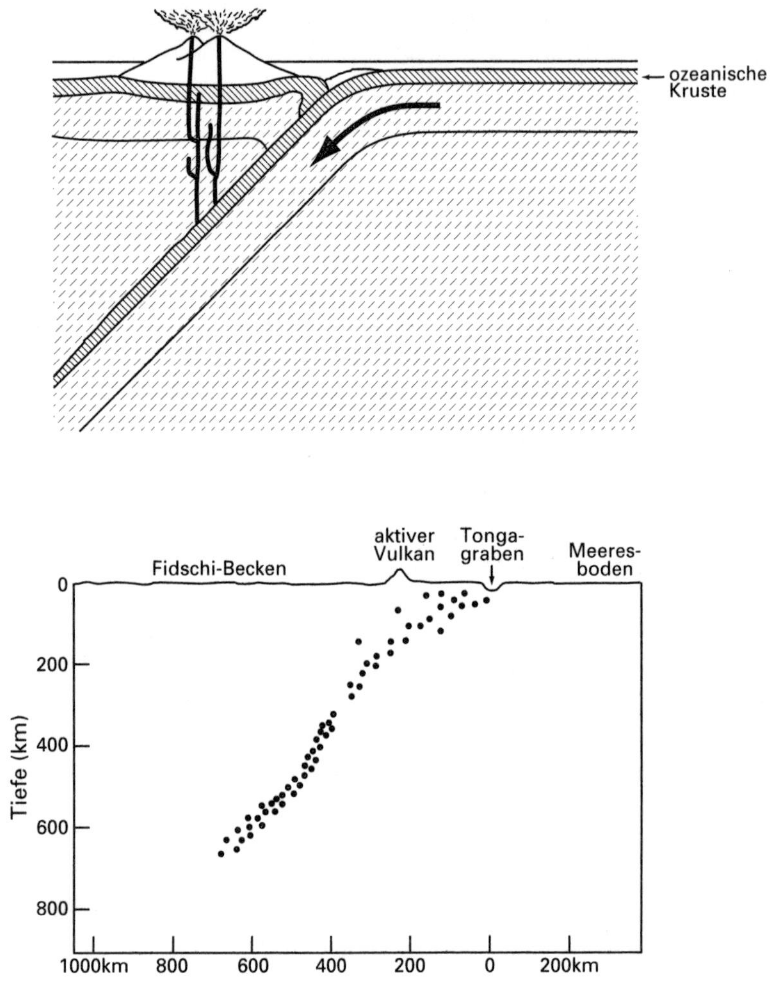

Abb. 5.4 Die Skizze einer Subduktionszone im Querschnitt (oben, nicht maßstabgetreu) zeigt eine Lithosphärenplatte, die in den Mantel hinabtaucht, mit aktiven Vulkanen darüber. Unten werden die tatsächlichen Positionen der Erdbeben, die unter dem Tongagraben im südwestlichen Pazifik registriert wurden, als Punkte dargestellt. Sie lokalisieren die subduzierte Platte klar und deutlich bis in etwa 700 Kilometer Tiefe. Die horizontale Skala gibt die Entfernung zum Graben an. Beruht teilweise auf Abb. 4.10 in P. J. Wyllie, *The Way the Earth Works*. John Wiley & Sons 1976.

Tiefen des Mantels transportiert. Während diese Sedimente entlang der Subduktionszone abtauchen, wird ein Großteil des freien Wassers in den Poren zwischen den Gesteinskörnern durch den erhöhten Druck herausgepreßt und wandert zurück an die Oberfläche. Doch ein Teil bleibt zurück, genau wie das Wasser, das in den Mineralien der Kruste fest gebunden ist. Schließlich wird dieses Wasser jedoch von der Hitze und dem Druck verdrängt und dringt in den Mantel über der subduzierten Platte ein. Dieser Vorgang ist für den Vulkanismus verantwortlich. In den Tiefen, wo das Wasser verdrängt wird, ist der umliegende Mantel bereits sehr heiß, und die Hinzufügung von Wasser verringert die Schmelztemperatur so stark, daß er zu schmelzen beginnt.

An allen Subduktionszonen der Erde tritt der aktive Vulkanismus immer in annähernd gleicher Höhe über der abtauchenden Platte auf, etwa 150 Kilometer darüber. Dies ist ungefähr die Tiefe, in der sich die wasserhaltigen Mineralien auflösen und das Wasser freisetzen, das die Aufschmelzung des Mantels auslöst. Der in diesem Zusammenhang charakteristische Gesteinstyp ist der Andesit, benannt nach einem häufigen Gesteinstyp der Anden. Laborversuche zeigen, daß der Andesit genau jenes Gestein darstellt, das zu erwarten wäre, wenn der Mantel in Anwesenheit von Wasser aus einer subduzierten Platte geschmolzen würde. Das Wasser erklärt auch die Heftigkeit des Vulkanismus an den Subduktionszonen. Während sich das Magma der Oberfläche nähert, dehnen sich das gelöste Wasser und andere darin enthaltene flüchtige Verbindungen als Reaktion auf den verringerten Druck rasch und geradezu explosionsartig aus.

Viele der größten Erdbeben der Welt treten entlang von Subduktionszonen auf. Das ist kaum verwunderlich, wenn man sich vor Augen führt, was in diesen Regionen vor sich geht: Zwei riesige Fragmente der Erdoberfläche, jedes etwa 100 Kilometer dick, kollidieren, wobei eine Platte unter die andere geschoben wird. Leider weisen einige Gebiete in der Nähe von Subduktionszonen eine sehr hohe Bevölkerungsdichte auf. Mit hundertprozentiger Sicherheit läßt sich voraussagen, daß in diesen Gebieten weiterhin schwere, große Schäden anrichtende Erdbeben auftreten werden.

Doch die Erde ist ein dynamischer Planet, und selbst Subduktionszonen sind – zumindest nach geologischen Maßstäben – nicht von ewiger Dauer. Früher oder später stellen sie ihre Tätigkeit ein, und

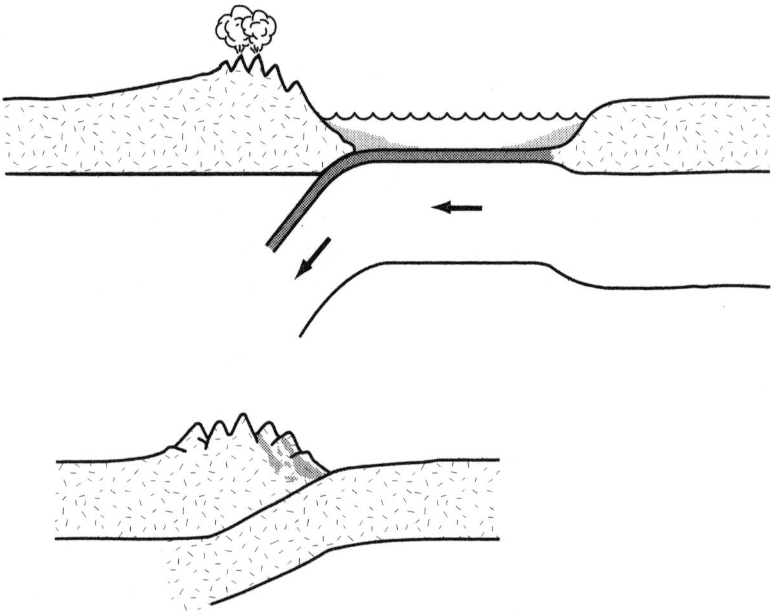

Abb. 5.5 Aus der schematischen Abbildung ist ersichtlich, wie die Subduktion ein Ozeanbecken schließen und Kollisionen zwischen Kontinenten verursachen kann, wobei große Gebirgsketten wie der Himalaja aufgefaltet werden.

eine andere Subduktionszone entsteht irgendwo auf dem Globus. Welche Ereignisse können den Subduktionsprozeß zum Stillstand bringen? In den häufigsten Fällen ist es eine Kollision zwischen Kontinenten, nachdem die ozeanische Kruste zwischen ihnen durch Subduktion vernichtet wurde. Es sei daran erinnert, daß die Platten oftmals sowohl kontinentale als auch ozeanische Kruste enthalten. Wenn auch die Platte selbst beide Bestandteile ohne weiteres trägt, so trennen sich an der Subduktionszone die Wege: Die kontinentale Kruste, die eine geringe Dichte aufweist, kann schlicht nicht geschluckt werden. Schließt sich also ein Ozeanbecken infolge der Subduktion, so kollidieren die beiden Fragmente kontinentaler Kruste und werden zusammengeschweißt; die Subduktion kommt zum Erliegen. Abbildung 5.5 zeigt eine vereinfachte Skizze dieses Vorgangs. Es ist jedoch nicht ganz so einfach, wie diese Darstellung vermuten lassen könnte; normalerweise sind Kollisionen zwischen

Kontinenten mit ausgedehntem Vulkanismus, starker Metamorphose und Gebirgsbildung verbunden und benötigen eine sehr lange Zeit.

Das Paradebeispiel aus der jüngeren Vergangenheit für diesen Vorgang ist die Kollision zwischen Indien und Asien, die zur Entstehung des Himalaja führte. Dieser Prozeß wird in Kapitel 11 ausführlicher beschrieben. Einst befand sich etwa an der Stelle des heutigen Himalaja eine Subduktionszone, die unter Asien nach Norden hin absank, und ein riesiger Ozean erstreckte sich weit nach Süden zwischen Asien und dem indischen Kontinent. Die Gesteine des Himalaja und des Hochlands von Tibet lassen erkennen, daß diese Situation sehr lange Zeit Bestand hatte und daß viele kleine Teile obenauf schwimmender Kruste, die von der ozeanischen Platte transportiert wurden, die Subduktionszone erreichten und an den südlichen Rand Asiens geheftet wurden. Doch nach und nach wurde der Ozeanboden verschluckt, und Indien wurde nach Norden geschoben. Vor etwa 50 oder 60 Millionen Jahren erreichte ein Zipfel des Kontinents die Subduktionszone und kollidierte mit Asien. Von der Wucht der Kollision wurde der Norden Indiens unter das südliche Asien geschoben, dabei bildete sich eine kontinentale Kruste, die nahezu doppelt so dick war wie irgendeine andere auf der Welt. Sedimente, die sich vor der Kollision an den Rändern der beiden Kontinente angesammelt hatten, vulkanische Inseln, die sich entlang ihrer Kontinentalschelfe befanden, und die Gesteine der Kontinente selbst wurden bei dem gewaltigen Zusammenstoß gepreßt, gefaltet, verworfen und metamorphisiert. Das Ergebnis ist die höchste Gebirgskette und das größte Hochlandgebiet der Erde.

Das weite Bergland des Himalaja wird noch heute als Plattengrenze betrachtet, da es zwischen Asien und Indien weiterhin zu Relativbewegungen kommt. Diese Region wird noch immer gehoben und ist von Erdbeben gekennzeichnet. In der Tat treten heute weit von der Kollisionszone entfernt Erdbeben auf, die Spannungen in der Kruste lösen, insbesondere in China. Das ist eine Folge davon, daß Teile Asiens zusammengepreßt wurden und nach Osten rotierten, als sich die beiden Platten ineinander verschoben. Sobald die Relativbewegungen zwischen den beiden ehemals getrennten Kontinenten aufhören, wird der Himalaja als eine inaktive Suturzone in einem kontinentalen Binnenland anerkannt werden. Wenn es aber soweit ist, wird ein anderes Gebiet «nachgeben» und den neuen Meeresboden, der entlang des sich bis weit in den Süden erstreckenden Rückens erzeugt wird, aufnehmen müssen (s. Abb. 5.2). Kürzliche Untersuchungen des Meeresbodens in der Nähe Sri Lankas lassen darauf schließen, daß womöglich im Süden dieses Inselstaates gerade eine neue Subduktionszone entsteht, die jenes geometrische Rätsel lösen würde.

Kollisionen zweier Kontinente wie jene, die den Himalaja aufgefaltet hat, haben sich offenbar die ganze Erdgeschichte hindurch regelmäßig ereignet. Wenn die hohen Gebirge auch längst verschwunden sind, so lassen sich diese Ereignisse in älteren Gesteinen daran erkennen, daß sie in der Regel lange Streifen stark metamorpher Gesteine hervorbringen, die alle ungefähr dasselbe Alter aufweisen. Ein gutes Beispiel ist die Grenville-Region des östlichen Nordamerika (siehe Abb. 4.3), die zweifellos dem heutigen Himalaja einst sehr ähnlich war.

Die San-Andreas-Störung

Wie der Himalaja und die mittelozeanischen Rücken ist auch die San-Andreas-Störung in Kalifornien eine Plattengrenze. Los Angeles und San Diego, beide auf der Westseite der Störung, befinden sich auf der Pazifischen Platte und bewegen sich in die gleiche Richtung wie die Insel Hawaii. Das östlich der Störung liegende Berkeley bewegt sich hingegen gemeinsam mit New York und Miami auf der Nordamerikanischen Platte (siehe Abb. 5.6). Plattengrenzen wie die San-Andreas-Störung werden als Transformstörungen bezeichnet und treten zumeist in den Ozeanen auf, wo sie Segmente der sich ausdehnenden Rücken miteinander verbinden. Sie sind der Grund, weshalb die Plattenränder so gezackt wirken. Entlang dieser Störungen kommt es weder zu Konvergenz noch zu Divergenz, die Platten gleiten einfach aneinander vorbei. Würde man versuchen, die Plattentektonik einzuführen, indem die äußere Umhüllung eines Globus in Stücke gebrochen würde, die an einigen Grenzen subduziert werden und sich an anderen selbst erneuern, so würde man feststellen, daß Vorgänge, die Transformstörungen ähneln, eine geometrische Notwendigkeit wären.

Die berühmteste, oder besser, die berüchtigtste Transformstörung ist die San-Andreas-Störung in Kalifornien. Auch sie verbindet Segmente des ozeanischen Rückensystems miteinander, doch im Gegensatz zu den meisten anderen Transformstörungen durchschneidet sie einen Teil des Kontinents. Die Entwicklung der San-Andreas-Störung ist sehr aufschlußreich (siehe Abb. 5.6). Vor etwa 50 oder 60 Millionen Jahren gab es eine Subduktionszone, die sich entlang der gesamten Westküste Nordamerikas erstreckte. Vor der Küste befand sich ein ozeanischer Rücken, an dem neuer pazifischer Meeresboden erzeugt wurde. Doch die Nordamerikanische Platte bewegte sich schneller nach Westen, als neuer Meeresboden produziert werden konnte, und schließlich schob sich der Kontinent einfach über den Rücken. Das geschah erstmals vor etwa 30 Millionen Jahren, und der Prozeß setzte sich etappenweise fort, während der Plattenstreifen zwischen dem Rücken und der Subduktionszone nach und nach zerstört wurde. Einige kleine Fragmente davon sind erhalten geblieben: vor der mexikanischen Küste im Süden, sowie vor Oregon, Washington und Britisch-Kolumbien im Norden. Doch während diese Platte verschwand, tauchten neue Plattengrenzen auf, an denen sich das globale Wechselspiel der Plattenbewegungen entfalten konnte. Als Reaktion darauf brach die Lithosphäre in der Nähe des Kontinentalrands auf. Ein kleiner Teil Nordamerikas wurde der Pazifischen Platte angefügt, und so entstand die San-Andreas-Störung.

Auf einer Weltkarte mit allen Platten der Erde wie Abbildung 5.2 erscheinen Transformstörungen als gerade, dünne Linien. In Wirklichkeit handelt es sich bei ihnen jedoch um äußerst komplexe Grenzen, insbesondere wenn sie in kontinentaler Kruste vorkommen. Obwohl auf der geologischen Karte lediglich eine einzige große Störung als *die* San-Andreas-Störung identifiziert ist, welche, aus der Luft betrachtet, in der Tat eine auffallend schmale Grenze darstellt, gleiten die Platten in Wirklichkeit in einem sehr weiten Gebiet Kaliforniens aneinander vorbei. Dieses Gebiet ist durch eine Menge Störungen und Deformationen gekennzeichnet. Viele davon verlaufen mehr oder weniger parallel zur San-Andreas-Störung, und ein Großteil der berüchtigten seismischen Aktivität Kaliforniens tritt entlang dieser weniger bekannten Störungen auf.

Um noch einmal kurz zusammenzufassen: Die Platten, aus denen

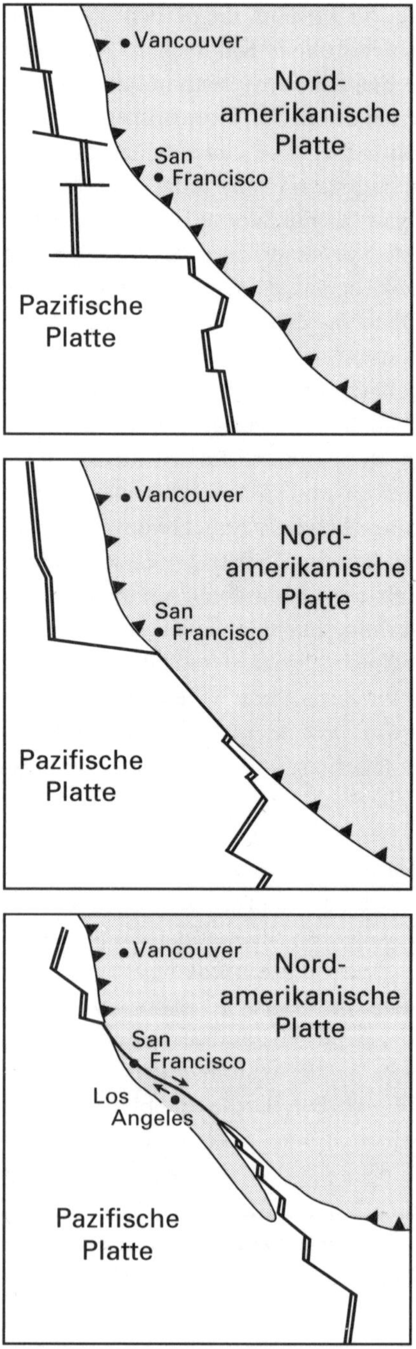
Vancouver
Nord-
amerikanische
Platte
San
Francisco
Pazifische
Platte
Vancouver
Nord-
amerikanische
Platte
San
Francisco
Pazifische
Platte
Vancouver
Nord-
amerikanische
Platte
San
Francisco
Los
Angeles
Pazifische
Platte

sich die Erdoberfläche gleich einem Puzzle zusammensetzt, weisen an den Rändern sich ausdehnende Rücken, Subduktions- und Kollisionszonen oder Transformstörungen auf. Diese Regionen zeichnen sich weltweit am stärksten durch Vulkanismus, Erdbebentätigkeit und Metamorphose aus. Das den ganzen Erdball umspannende ozeanische Rückensystem, die höchsten Gebirge der Welt und die schönsten und gefährlichsten Vulkane sind allesamt an Plattengrenzen zu finden.

Heiße Manteldiapire

Nach dem bisher Gesagten stellt man sich das Innere der Platten vermutlich geologisch ruhig vor, und zumeist ist das auch der Fall. Es gibt jedoch Ausnahmen. Ein Blick auf eine Karte des Pazifiks beispielsweise zeigt, daß innerhalb der Pazifischen Platte, weit von ihren Grenzen entfernt, viele Inseln liegen. Sie alle sind Vulkane. Viele sind zwar nicht mehr aktiv, und einige sind völlig mit Korallen überwachsen, doch alle sind ursprünglich durch Vulkanismus auf dem Meeresboden entstanden.

Wie kann es so weit von einer Plattengrenze entfernt zu vulkanischer Aktivität kommen? Die Hawaii-Inseln liefern eine höchst aufschlußreiche Erklärung. Wie viele andere ozeanische Inselgruppen bilden sie eine Kette. Werden die unterseeischen Vulkane miteinbe-

Abb. 5.6 Die verschiedenen Diagramme zeigen, wie sich der westliche Rand Nordamerikas entwickelte, als der Kontinent den sich ausdehnenden Rücken (Doppellinien) im Pazifik langsam überrollte. Bis weit ins Tertiär hinein existierte entlang der ganzen Küste eine Subduktionszone (gezackte Linien), an der pazifischer Meeresboden unter Nordamerika abtauchte (oben). Heute (unten) verbindet eine Transformstörung, die San-Andreas-Störung, die übrigen Segmente des ozeanischen Rückens im Golf von Kalifornien und vor der Küste des nordwestlichen Pazifiks miteinander. Ein kleiner Kontinentalsplitter, der Niederkalifornien, Los Angeles und die küstennahen Gebiete Kaliforniens bis nach San Francisco im Norden umfaßt, ist heute ein Teil der Pazifischen Platte, die sich, im Vergleich zum Rest des Kontinents, nach Nordwesten bewegt. Nach Abb. 16.24 in B. J. Skinner und S. C. Porter, *The Dynamic Earth*. John Wiley & Sons, 3. Auflage 1995.

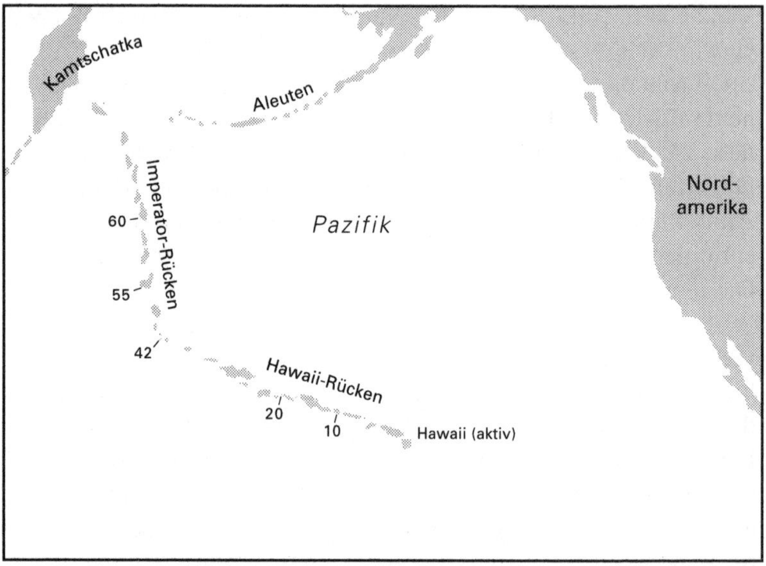

Abb. 5.7 Eine Kette von Inseln und versunkenen, erloschenen Vulkanen erstreckt sich westlich von Hawaii bis zum Aleutengraben. Die Datierung von Gesteinen aus diesen Vulkanen zeigt, daß sie immer älter werden, je mehr sie sich von den heute noch aktiven Vulkanen Hawaiis entfernen (die Zahlen auf dem Diagramm geben das jeweilige Alter in Millionen Jahren an). Die scharfe Kurve in der Kette spiegelt eine Änderung der Bewegungsrichtung der Pazifischen Platte vor etwa 45 Millionen Jahren wider.

zogen, so handelt es sich in der Tat um eine sehr lange und beeindrukkende Kette, die sich von Hawaii bis hin zum Aleutengraben erstreckt (siehe Abb. 5.7). In den vierziger Jahren des 19. Jahrhunderts machte der amerikanische Geologe James Daly die Beobachtung, daß die verschiedenen Hawaii-Inseln offenbar eine ähnliche geologische Entwicklung aufweisen, daß sie jedoch nach Westen hin zunehmend erodiert und somit wahrscheinlich auch älter sind. Im Jahr 1963, als die Entwicklung der Plattentektonik noch in den Kinderschuhen steckte, erkannte dann der kanadische Geophysiker Tuzo Wilson, daß diese Zunahme des Alters dadurch bedingt sein könnte, daß die Inseln auf einer Oberflächenplatte entstanden sind, die sich über eine ortsfeste vulkanische Quelle im Erdinneren schob. Wilson vermutete, daß die lange, nordwestlich von Hawaii sich erstreckende

Vulkankette einfach der sichtbare Ausdruck einer langlebigen, tief verwurzelten Formation des Mantels ist.

Obwohl diese Vorstellung nicht sofort anerkannt wurde, stellt sie heute einen Hauptbestandteil der Plattentektonik dar. Ein wichtiger, diese Hypothese untermauernder Beweis ist die Tatsache, daß die Datierung von Laven in solchen Ketten gezeigt hat, daß ihr jeweiliges Alter zunimmt, je weiter sie sich von dem heute aktiven Vulkan entfernen. Genau das hatte auch Daly festgestellt (siehe Abb. 5.7). Die meisten im Inneren von Platten auftretenden Vulkane werden vermutlich von Manteldiapiren hervorgebracht, ortsfesten Quellen vulkanischen Materials, das aus der Tiefe des Mantels aufdringt. Ihre heutigen Erscheinungsformen, wie beispielsweise auf Hawaii, werden als «Hot Spots» bezeichnet. Die meisten großen, aktiven, im Inneren von Platten auftretenden Vulkane weisen eine Art «Spur» erloschener Vulkane (ehemaliger Hot Spots) zunehmenden Alters auf, die den Weg der Oberflächenplatte über den tiefliegenden Diapir markieren. Die Diapire haben ihren Ursprung offenbar in großen Tiefen, möglicherweise an der Grenze zwischen Erdkern und Mantel, und viele waren sehr lange aktiv. Die ältesten Vulkane der Hawaiischen «Spur» sind etwa 80 Millionen Jahre alt. Tahiti und die Osterinsel im Pazifik, die Inseln Réunion und Mauritius im Indischen Ozean sowie die meisten großen Inseln in den Ozeanen der Welt verdanken ihre Existenz solchen Manteldiapiren.

Wie lange ist die Plattentektonik bereits im Gange?

Die ozeanischen Vulkaninseln und ihre Spuren ehemaliger Hot Spots sind für Geologen besonders nützlich, weil sie die früheren Positionen der Platte über einer ortsfesten Quelle belegen. Sie ermöglichen es deshalb, den Prozeß der Meeresbodenausbreitung zurückzuverfolgen und die geographische Beschaffenheit von Kontinenten und Ozeanbecken in der Vergangenheit zu rekonstruieren. Da die Platten starr sind, kann die Lage der Pazifischen Platte vor 50 Millionen Jahren bestimmt werden, indem sie so gedreht wird, daß sich ein 50 Millionen Jahre alter Vulkan in der Hawaiischen Spur an der Stelle des heutigen Hawaii befindet.

Da die Ozeanbecken jedoch nach geologischen Maßstäben kurzlebige Formationen sind, funktioniert eine solche Rekonstruktion der geographischen Beschaffenheit der Welt lediglich für die letzten etwa fünf Prozent der geologischen Zeit. Das gleiche Problem taucht bei den Bemühungen auf, die Entwicklung der Meeresbodenausbreitung mit Hilfe der inversen Magnetisierungsmuster des Meeresbodens nachzuvollziehen. Wie können Erkenntnisse über die Arbeitsweise der Plattentektonik zu früheren Zeiten gewonnen werden? Jenseits von etwa 200 Millionen Jahren, dem Alter des ältesten Ozeanbodens, stammen die einzigen verfügbaren Hinweise von den Kontinenten, und sie sind sehr viel schwieriger aufzufinden und zu entschlüsseln. Beispielsweise lassen sich bisweilen die magnetischen Eigenschaften kontinentaler Gesteine nutzen, um Informationen über die Lage zu bekommen, die sie bei ihrer Entstehung bezüglich des magnetischen Pols einnahmen. Doch das ist nur möglich, wenn die Gesteine heute in genau der gleichen Ausrichtung vorliegen wie zu der Zeit, als sie ihre magnetischen Eigenschaften erwarben. Wenn sie gefaltet oder gekippt wurden, ist ihre Interpretation sehr viel schwieriger, wenn nicht gar unmöglich. Da die Kontinente während der Erdgeschichte über den ganzen Erdball gewandert sind, läßt sich bei sehr alten Gesteinen möglicherweise nicht einmal feststellen, ob sie auf der nördlichen oder auf der südlichen Halbkugel magnetisiert wurden.

In manchen Fällen liefern uns auch Fossilien Informationen über die frühere Position von Platten. Wegeners Argumente für die Kontinentalverschiebung stützten sich teilweise auf fossiles Material, das darauf hindeutete, daß einige heute weit auseinanderliegende Kontinente einst zusammengeschlossen waren. Fossilien können auch Hinweise auf den entsprechenden Breitengrad geben, oder zumindest lassen sich mit ihrer Hilfe tropische von gemäßigten oder polaren Regionen unterscheiden. Die Fossilüberlieferung kennzeichnet jedoch lediglich die jüngeren Abschnitte der Erdgeschichte; im Präkambrium ist sie nicht sehr hilfreich. Was die Äonen des Proterozoikums und des Archaikums betrifft, weiß man sehr wenig über die relativen Positionen der Platten zu dieser Zeit, ja in einigen Fällen ist nicht einmal bekannt, woraus die Platten bestanden. In der Tat wurde heftig darüber diskutiert, ob die Plattentektonik in der fernen Vergangenheit überhaupt tätig war. Wie in Kapitel 4 erwähnt wurde, liegen jedoch etliche Beweise kontinentaler Suturen während des Präkambriums vor; diese müssen die Lage ehemaliger Subduktionszonen kennzeichnen, an denen Kontinente oder Kontinentalfragmente miteinander kollidierten und gleichzeitig Ozeanbecken sich schlossen. Die Eigenschaften der Gesteine in diesen Zonen ähneln im großen und ganzen jenen, die in jüngeren Exemplaren festgestellt wurden. Ein aufschlußreicher Hinweis in vielen dieser Suturzonen ist das Vorkommen kleiner Splitter aus Meeresboden, die während der Kollision auf den Kontinent aufgeschoben wurden. Das ist ein eindeutiges Indiz dafür, daß sie an einem konvergierenden Plattenrand entstanden sind, wo ständig Meeresboden subduziert wurde. Auch wenn es noch einige Skeptiker gibt, sind somit die meisten Geologen überzeugt davon, daß die Plattentektonik seit Jahrmilliarden, vielleicht sogar seit Beginn der Erdgeschichte, annähernd so funktionierte wie heute.

6

Zeitmesser der Natur

In den vorigen Kapiteln war bereits mehrfach von Zeit die Rede. Die Geologie ist in erster Linie eine historische Wissenschaft, infolgedessen ist Zeit für sie von zentraler Bedeutung. Die Erde entstand vor 4,5 Milliarden Jahren, der Atlantische Ozean öffnete sich vor etwa 200 Millionen Jahren, die Dinosaurier starben vor 65 Millionen Jahren aus. Alle diese Feststellungen liefern exakte Daten zu bedeutenden Ereignissen der Erdgeschichte. Wie können wir sicher sein, daß sie zutreffen?

Die alten Griechen und Römer haben aus der Beobachtung der Natur geschlossen, daß Sedimentgesteine über lange Zeiträume hinweg entstanden sind. Dennoch gelang es in der modernen Zeit erst James Hutton, dem bemerkenswerten schottischen Geologen mit seinen Vorstellungen vom Prinzip des Aktualismus, seine Zeitgenossen zu überzeugen, daß die Urkunden der Gesteine wahrhaft uralt sind. Seine Vorgehensweise war einfach und im klassischen Sinn wissenschaftlich: Er verfolgte die Vorgänge der Sedimentation, die sich in seiner Umgebung abspielten, und erkannte, daß sie in der Regel sehr langsam verlaufen. Daraus schloß er, daß die mächtigen Aufschlüsse bereits verfestigter Sedimentgesteine, die er an Kliffhängen entdeckte, für sehr lange Phasen der Sedimentablagerung stehen mußten. Darwin, dem Huttons Ideen vertraut waren, erkannte ebenfalls die gewaltigen Zeiträume, die erforderlich waren für die in der Fossilüberlieferung dokumentierten Prozesse der biologischen Evolution.

Weder Darwin noch Hutton, noch irgendein Zeitgenosse von ihnen, der von dem hohen Alter der Erde und von dem langsamen

Voranschreiten geologischer Veränderungen überzeugt war, hatte eine Möglichkeit, die geologische Zeit genau zu bestimmen. Dennoch veranschlagten sie Zeitspannen von Hunderten Millionen Jahren, Zahlen, die für ihre Zeit geradezu revolutionär waren. Ein großer Teil der damaligen Eliten war nach den Lehrsätzen der Theologie erzogen worden, und solche Gedanken standen in direktem Widerspruch zur wörtlichen Auslegung der Bibel. Genaugenommen war die christliche Kirche sogar dafür verantwortlich, daß die Vorstellungen der alten Griechen von dem hohen Alter der Sedimente und Fossilien fallengelassen worden waren. Darüber hinaus wurde die Auffassung, die Erde sei so uralt, von anderen Wissenschaftlern angegriffen – wie später Wegeners Theorie der Kontinentalverschiebung. Tonangebend war hier der britische Physiker Lord Kelvin, der Ende des 19. Jahrhunderts argumentierte, daß die Erde nach seinen Berechnungen der Erdabkühlung keinesfalls älter als 40 Millionen Jahre und vermutlich lediglich 20 Millionen Jahre alt sei. Seine Einwände schienen berechtigt, und die Geologen konnten ihnen keine vergleichbaren Zahlen entgegenhalten – aber die geologischen Urkunden stimmten nicht mit ihnen überein.

Ein Schwachpunkt in Lord Kelvins Argumentation ist inzwischen bekannt: der Umstand, daß die Erde eine Reihe natürlich vorkommender radioaktiver Isotope enthält. Sie zerfallen langsam und setzen bei dem Prozeß Wärme frei, wodurch sich die Abkühlung der Erde deutlich verlangsamt. Zu der Zeit, als Lord Kelvin seine Berechnungen anstellte, war die Radioaktivität jedoch unbekannt, also konnte er den Effekt auch nicht berücksichtigen.

Von Ernest Rutherford, einem der Wegbereiter bei der Erforschung der Radioaktivität, kursiert eine amüsante Anekdote im Zusammenhang mit Lord Kelvins Schätzung des Erdalters. Rutherford hielt eine Vorlesung über die Wärme, die beim radioaktiven Zerfall erzeugt wird. Er war allerdings nervös, weil sich Lord Kelvin, damals noch eine mächtige Größe der britischen Wissenschaft, unter seinen Zuhörern befand. In einer eleganten Wendung erklärte er während seines Vortrags, daß Lord Kelvin genaugenommen die Entdeckung der Radioaktivität vorweggenommen habe, weil er seine Berechnungen zum Alter der Erde unter dem Vorbehalt angestellt habe, daß sich das Ergebnis ändere, falls eine neue Quelle innerer Aufheizung entdeckt werde. Es heißt, der inzwischen achtzigjährige

Lord Kelvin sei während der Vorlesung eingenickt, als er aber Rutherfords Erklärung vernommen habe, sei er mit einem zufriedenen Lächeln aufgewacht.

Neben der Wärmeerzeugung im Inneren der Erde bietet die Radioaktivität den Geologen eine ganze Reihe zuverlässiger «Uhren» zur Messung des Gesteinsalters und der Dauer verschiedener geologischer Vorgänge. Vor einer detaillierten Erklärung, wie dies vor sich geht, lohnt sich aber ein Blick auf die Art und Weise, mit der sich Geologen *vor* der Datierung mit Hilfe radioaktiver Isotope der Dimension der Zeit näherten. In Wahrheit waren nämlich die meisten Unterteilungen der letzten 550 Millionen Jahre auf der geologischen Zeitskala in Abbildung 1.1, des gesamten Phanerozoikums, schon lange vor der Bestimmung der genauen Jahreszahlen der Grenzen festgelegt worden. Die Stellung der verschiedenen Unterteilungen zueinander war bekannt, lediglich ihre Dauer war noch ungewiß.

Relative Altersbestimmung

Das Konzept der relativen Altersbestimmung ist eine einfache, aber sehr zweckmäßige Methode zur Bestimmung des relativen Alters verschiedener Gesteinspartien, wie in Kapitel 4 erwähnt und in Abbildung 4.1 illustriert wurde. Die Vorgehensweise ist unkompliziert und läuft häufig auf die einfache Frage hinaus: Ist A älter als B oder umgekehrt? Ein geradezu offensichtlicher Aspekt der relativen Altersbestimmung ist wohl seit Jahrtausenden bekannt gewesen, wurde aber erst im 17. Jahrhundert schriftlich festgehalten: In einer Folge von Sedimentschichten liegt das jüngste Material ganz oben. Der «Entdecker» dieses Gesetzes war ein dänischer Anatom, der in Italien lebte und seinen skandinavischen Namen (Niels Stensen) zu Nicolaus Steno latinisierte. Steno leistete bedeutende Beiträge in der Medizin wie in der Geologie und Mineralogie, wurde aber leider im Alter von 37 Jahren Priester und gab die Wissenschaft auf. Mit seiner Darlegung offenkundiger Sachverhalte – daß nämlich im Wasser abgelagerte Sedimente ursprünglich horizontale Schichten gebildet haben müssen, gleich, welche Lage sie heute einnehmen, und daß die jüngste Schicht oben liegen muß – legte er den Grundstein für die geologische Zeitskala.

Allerdings spielen sich in der Erde dynamische Prozesse ab, und an keinem Ort der Erde läßt sich eine vollständige Schichtenfolge, Sediment auf Sediment, des gesamten Phanerozoikums nachweisen. Wie ist es dann aber möglich, eine geologische Zeitskala aufzustellen, sei es auch nur nach dem relativen Alter? Antwort gibt hierauf die Evolution und die sich ständig verändernde Zusammensetzung der in Sedimentgesteinen konservierten Fossilien, der sogenannten Fossilvergesellschaftung. Über ein halbes Jahrhundert bevor Darwin seine Gedanken zur Evolution veröffentlichte, hatte bereits ein englischer Ingenieur namens William Smith bei der Anfertigung von Karten entlang der Kanäle Südenglands entdeckt, daß er eine vertikale Folge aller Sedimentschichten nachzeichnen konnte, die er an verschiedenen Stellen in unterschiedlicher Höhe vorfand. Er benutzte dazu Fossilien – oder genauer Gruppen von Fossilien – in den verschiedenen Sedimentgesteinen, die er kartierte. Er konnte eine zusammengesetzte Schichtenfolge erstellen, weil die Folge sich an zahlreichen Stellen deckte. Dies läßt sich leicht veranschaulichen, indem man als Stellvertreter für die jeweiligen Fossilgruppen Buchstaben des Alphabets nimmt, wobei A für die älteste Gruppe steht (siehe Abb. 6.1). Eine Felswand kann an einer Stelle Sedimentschichten mit den Fossilgruppen A, B, C und D aufweisen, an einer anderen Stelle sind die Gruppen C, D und E vorzufinden und wieder an einer anderen die Gruppen C, E, F und G. Eine vollständige vertikale Schichtenfolge läßt sich durch das Zusammenfügen der an verschiedenen Stellen vorkommenden Gruppen erreichen, genau so, als lägen an einer Stelle sämtliche Schichten vor. Nach Stenos Gesetz liegen die ältesten Gesteine unten, die jüngsten oben. In unserem einfachen Beispiel ist aufgrund der zusammengesetzten relativen Zeitfolge offensichtlich, daß die Gruppen F und G jünger sind als die Gruppen A und B, obwohl sie nie gemeinsam an der gleichen Stelle anzutreffen sind. Im Prinzip können wir ferner davon ausgehen, daß sich jeder Gruppe der richtige Platz in der Zeitskala der Evolution in Relation zu den anderen Gruppen zuweisen läßt, falls sie je an einer anderen Stelle in der Welt vorgefunden wird.

Mit dieser Vorgehensweise wurde im Grunde die relative Zeitskala aus Abbildung 1.1 ohne die genauen Jahreszahlen aufgestellt. Natürlich war es nicht so einfach, wie es nach diesem Beispiel vielleicht erscheint. Trotz der Tatsache, daß die Zeitskala Angaben aus weit

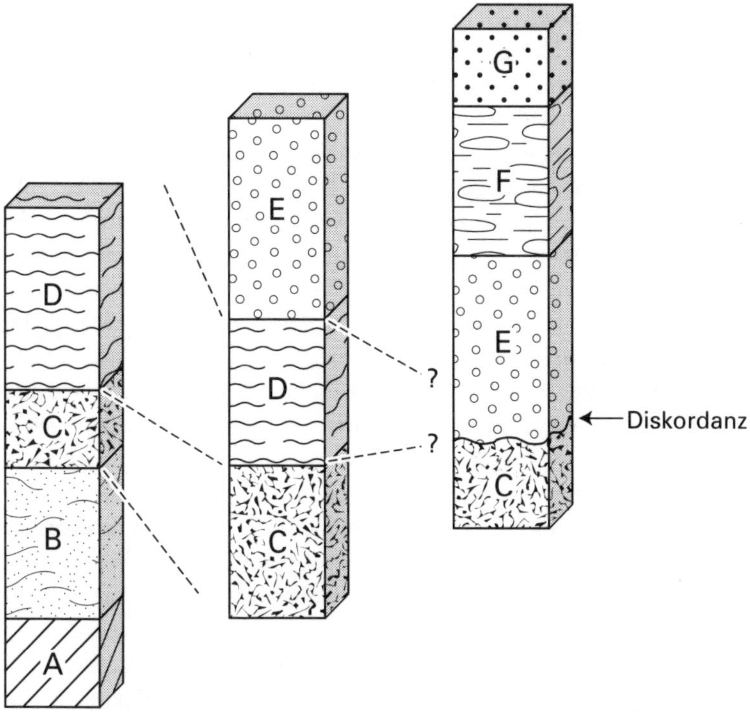

Abb. 6.1 Wie im Text erläutert, enthalten Sedimentgesteine häufig charakteristische Fossilvergesellschaftungen (hier mit den Buchstaben des Alphabets bezeichnet), aufgrund derer sich die Korrelation oder Wechselbeziehung verschiedener Stellen aufzeigen läßt (in manchen Fällen ist die Aufstellung einer Korrelation bereits anhand der Gesteinsarten möglich, Fossilien sind aber zuverlässiger). Mittels solcher Korrelationen läßt sich eine Zeitfolge erstellen: In dieser einfachen Illustration sind zum Beispiel die Fossilgruppen A und B eindeutig älter als F und G, obwohl sie nie an der gleichen Stelle vorkommen. Beachten Sie, daß Gesteinspartien gelegentlich völlig verschwinden, wie hier Einheit D. In der rechten Säule liegt zwischen C und E eine sogenannte Diskordanz vor, die auf eine Lücke in der Folge verweist. An dieser Stelle wurden Einheit D und ein Teil von C noch vor Ablagerung der Einheit E abgetragen.

auseinanderliegenden Orten in sich vereint, sind einige Abschnitte der geologischen Urkunden auf dem ganzen Globus sehr spärlich in den Sedimenten vertreten. Wegen der Plattentektonik wurde nämlich der größte Teil der Sedimentschichten zerstört, die sich in der Vergangenheit in den Ozeanen abgelagert hatten – entweder wurden sie entlang von Subduktionszonen ins Innere gezogen oder durch die mit der Kollision von Kontinenten verbundene Metamorphose bis zur Unkenntlichkeit entstellt. Bei den erhaltenen Sedimenten wiederum, die sich in der Regel entlang der Ränder von Kontinenten oder in seichten Binnengewässern abgelagert hatten, treten in der Fossilüberlieferung geographische Unterschiede auf, die berücksichtigt werden müssen. Auch heute unterscheidet sich ja die Flora und Fauna beispielsweise eines Korallenriffs um eine pazifische Insel in den Tropen deutlich von der in atlantischen Gewässern rund um Island. Doch aufgrund des unablässigen Fortschreitens der Evolution und der Ähnlichkeit, wenn nicht gar Übereinstimmung zahlreicher Spezies zu einem bestimmten Zeitpunkt über geographische Grenzen hinweg erwies sich diese Vorgehensweise als bemerkenswert erfolgreich.

Durch die relative Altersbestimmung mit Hilfe von Fossilien waren die ersten Geologen in der Lage, die Abfolge der größeren Ereignisse nachzuzeichnen, die während des Phanerozoikums eingetreten waren. Sie wußten beispielsweise, daß es auf der Erde Fische gab, bevor Dinosaurier oder Säugetiere erschienen. Sie stellten fest, daß die ausgedehnten Kohlevorkommen im Osten Nordamerikas und in Westeuropa in uralten Sümpfen entstanden waren, lange bevor sich die kreidehaltigen Sedimente auf dem Meeresboden ablagerten, die heute die weißen Kreidefelsen von Dover bilden. Bei Gesteinen ohne Fossilien, insbesondere aus dem Präkambrium, waren sie jedoch hilflos. Es herrschte allgemeine Übereinstimmung darüber, daß stark metamorphe Gesteine vermutlich älter waren als weniger verformte und veränderte, doch es gab keine Möglichkeit, festzustellen, ob solche Gesteine aus Indien älter waren als ähnlich aussehende in Kanada oder umgekehrt. Ferner gab es keinerlei Hinweise, daß die relative Zeitskala, die für das Phanerozoikum erstellt wurde, in Wahrheit nur etwa zwölf Prozent der geologischen Zeit umfaßte. Wenn auch die relative Abfolge der Schichten leidlich bekannt war, so gab es doch kein Mittel, die Dauer der verschiedenen

Abschnitte der Skala zu veranschlagen. Diese Fähigkeit wurde erst später entwickelt, im wesentlichen in der zweiten Hälfte des 20. Jahrhunderts, und sie wird noch heute ständig verbessert.

Datierung mit Hilfe der Radioaktivität

Die Radioaktivität ist für die Geologen ein geradezu idealer Zeitmesser. In der Natur kommen glücklicherweise zahlreiche radioaktive Isotope vor, die aufgrund ihrer Eigenschaften sehr nützlich sind für die geologische Datierung. Ihre Bedeutung kann nicht hoch genug veranschlagt werden. Diese Isotope haben es überhaupt erst ermöglicht, die Erdgeschichte nachzuzeichnen, die in diesem Buch erzählt wird.

Wie wird die Radioaktivität zur Bestimmung des Alters oder zur Aufstellung von Zeitskalen eingesetzt? Das ist eine überaus komplizierte, technische Angelegenheit; Tausende wissenschaftliche Aufsätze und zahlreiche Bücher sind zu dem Thema geschrieben worden. Hier kann lediglich eine knappe Skizze anhand von einigen Beispielen geliefert werden. Die Grundvoraussetzung ist eigentlich sehr einfach: Radioaktive Isotope zerfallen mit einer konstanten Geschwindigkeit. Hierin ähneln sie stark gewöhnlichen Uhren. Eine Uhr tickt bekanntlich in jeder Minute 60 Sekunden; ebenso ist bekannt, daß in jeder Probe, die Uran enthält, alle 100 Millionen Jahre etwa 1,5 Prozent ihrer Uran-238-Atome zu Blei zerfallen. Durch die Messung des Urangehalts, der im Lauf des Bestehens einer bestimmten Probe zerfallen ist (oder alternativ dazu des Bleigehalts, der durch den Zerfall erzeugt wurde), läßt sich das Alter der Probe bestimmen.

Die meisten chemischen Elemente des Periodensystems haben mehrere Isotope. Wie in Kapitel 2 bereits erwähnt wurde, haben alle Isotope eines Elements die gleichen chemischen Eigenschaften. Jedes hat die gleiche Zahl Protonen in seinem Kern, und die gleiche Zahl Elektronen umgibt den Kern; jedes Isotop hat aber ein leicht abweichendes Gewicht, weil es eine andere Zahl Neutronen enthält. Isotope werden mit der Zahl bezeichnet, die sich aus der Summe der Protonen und Neutronen im Kern (und somit dessen Gewicht) ergibt: Beispielsweise sind in jedem Atemzug zum größten Teil Sauerstoffatome des Isotops Sauerstoff-16 enthalten, einige gehören aber dem Isotop Sauerstoff-18 an und eine noch kleinere Zahl dem Isotop Sauerstoff-17. Für den menschlichen Körper ist aber alles Sauerstoff.

Radioaktive Isotope sind instabil. Der radioaktive Zerfall arbeitet auf die Herstellung der Stabilität hin, indem er das Gleichgewicht zwischen Neutronen und Protonen im Kern ändert. Unter Freisetzung großer Mengen Energie werden Teilchen aus dem Kern herausgelöst, und als Ergebnis entsteht ein anderes chemisches Element – beispielsweise wurde bereits erwähnt, daß Uran zu Blei zerfällt (allerdings umfaßt die Umwandlung in diesem besonderen Fall eine ganze Reihe Zerfallsschritte, nicht nur einen einzigen). Die Radioaktivität wurde in den letzten Jahren des 19. Jahrhunderts entdeckt und seither sehr genau untersucht. In Experimenten wurde rasch erkannt, daß Radioaktivität ein statistisches Phänomen ist, das heißt, für jedes radioaktive Isotop läßt sich die Wahrscheinlichkeit bestimmen, mit der es in einer vorgegebenen Zeitspanne zerfallen wird. Das ist am leichtesten zu veranschaulichen, indem man sich eine große Zahl radioaktiver Atome in einem Becherglas vorstellt. Beobachtet man sie einige Zeit, sagen wir eine Minute, so wird ein bestimmter Anteil der Atome zerfallen; nach einer weiteren Minute wird derselbe Anteil der verbliebenen Atome zerfallen und so weiter. Da es sich lediglich um eine Angabe der Wahrscheinlichkeit handelt, kann der zerfallende Anteil von Minute zu Minute leicht abweichen, insbesondere wenn die Zahl der Atome im Becherglas anfangs klein war; im Durchschnitt wird dieser Anteil aber konstant bleiben. Das gleiche Experiment, zu verschiedenen Zeiten und unter unterschiedlichen Bedingungen durchgeführt, würde dasselbe Ergebnis erzielen. Das läßt vermuten, daß die Wahrscheinlichkeit, daß ein bestimmtes Isotop zerfällt, konstant ist. Diese Zerfallskonstante stellt man sich am leichtesten in Verbindung mit der Halbwertszeit vor, der erforderlichen Zeitspanne, bis die Hälfte der anfangs in der Probe enthaltenen Atome zerfallen ist. Mathematisch hängt die Halbwertszeit unmittelbar von der Zerfallskonstanten ab und ist für die meisten Isotope sehr genau bestimmt worden. Die Kenntnis dieser Zahl ist die Voraussetzung für sämtliche «absolute» Datierungsmethoden, die in der Geologie angewandt werden.

Anhand dieser Beschreibung ist vermutlich deutlich geworden, daß der radioaktive Zerfall exponentiell verläuft, das heißt, die tat-

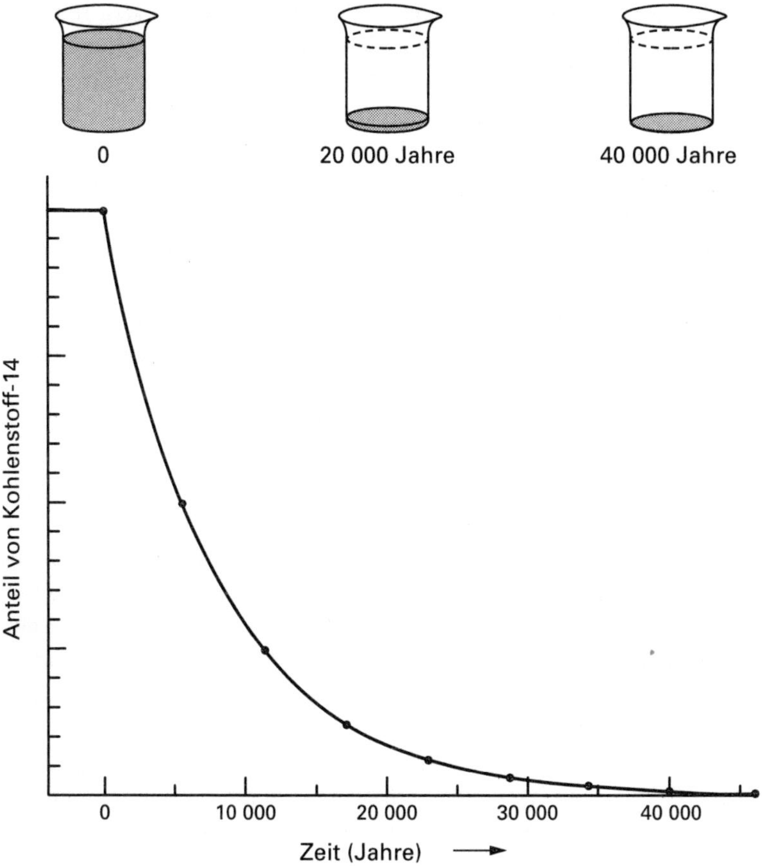

Abb. 6.2 Der Gehalt des radioaktiven Isotops Kohlenstoff-14 (hier in einer willkürlich gewählten Einteilung angezeigt) beispielsweise einer Pflanze bleibt konstant, solange sie lebt und CO_2 mit der Atmosphäre austauscht. Nach ihrem Tod (im Diagramm mit der Zahl Null angedeutet) verringert sich ihr Gehalt an Kohlenstoff-14 alle 5700 Jahre um die Hälfte und zerfällt zu nichtradioaktivem Stickstoff. Die Punkte auf der Kurve in dem Diagramm liegen jeweils eine Halbwertszeit auseinander, ganz offenkundig bleibt nach fünf oder sechs Halbwertszeiten nur ein geringer Anteil Kohlenstoff-14. Derselbe Vorgang wird im oberen Teil des Diagramms durch das Verschwinden von Kohlenstoff-14 aus einem anfangs vollen Becherglas veranschaulicht.

sächlich zerfallende Zahl Atome ist anfangs groß und wird mit der Zeit kleiner. Lediglich der Anteil, der in jedem Zeitabschnitt zerfällt, bleibt gleich, wie in Abbildung 6.2 veranschaulicht wird.

In der Natur kommt eine ganze Reihe radioaktiver Isotope vor, mehr, als gemeinhin angenommen wird. Es gibt auch zahlreiche Isotope in der Umwelt, die künstlich in Atombomben und Kernreaktoren erzeugt wurden. Manche davon wurden bei geologischen Untersuchungen eingesetzt, doch von ihnen wird in diesem Kapitel nicht die Rede sein.

Weshalb gibt es überhaupt instabile radioaktive Isotope in der Natur? Gemeinsam mit den stabilen Elementen entstanden die meisten durch nukleare Reaktionen im Innern von Sternen oder in Supernova-Explosionen, die sich regelmäßig in unserer Galaxie ereignen. Sie waren ein Teil der Materie, die sich die Erde bei ihrer Entstehung einverleibt hat. Isotope mit einer langen Halbwertszeit sind seither nur teilweise zerfallen und kommen noch auf der Erde vor. Doch es gibt auch andere Isotope mit so kurzen Halbwertszeiten, daß jeder bei Entstehung der Erde vorhandene Anteil bereits längst zerfallen sein muß. Da sie noch heute vorzufinden sind, müssen sie in einem anderen, noch andauernden Vorgang entstanden sein.

Ein gutes Beispiel für die letztere Kategorie bietet Kohlenstoff-14, ein Isotop, das vielen im Zusammenhang mit der Datierung von Kohlenstoff bekannt ist. Es hat die kurze (nach geologischem Maßstab) Halbwertszeit von 5700 Jahren, so daß der heute vorliegende Kohlenstoff-14 nicht aus der Zeit der Entstehung der Erde übriggeblieben sein kann (wie Abb. 6.2 anschaulich zeigt). Vielmehr wird der Vorrat unseres Planeten an dem Isotop ständig durch nukleare Reaktionen in der Atmosphäre wieder aufgefüllt. Archäologen und Klimatologen profitieren von diesem glücklichen Umstand und nutzen Kohlenstoff-14 ausgiebig zur Altersbestimmung.

Die nuklearen Reaktionen, die Kohlenstoff-14 in der Atmosphäre hervorbringen, werden von kosmischen Strahlen ausgelöst, besonderen Teilchen – in der Regel einzelne Atome –, die das All durchqueren und regelmäßig auf die Erde auftreffen. Viele Atome stammen von unserer eigenen Sonne und werden in großer Zahl ins All geschleudert, wenn riesige Flammenzungen, sogenannte Sonneneruptionen, Millionen Meilen über die Oberfläche der Sonne hinwegfegen. Andere Atome mit einer noch größeren Energie kommen aus Regionen weit außerhalb unseres Sonnensystems. Gleich, woher sie stammen, wenn Teilchen kosmischer Strahlung mit hoher Geschwindigkeit auf die Atome der Erdatmosphäre aufprallen, treten nukleare Reaktionen ein genau wie in den künstlich hergestellten Teilchenbeschleunigern. Als Nebenprodukt zahlreicher Reaktionen bilden sich Neutronen, und radioaktiver Kohlenstoff-14 entsteht, sobald ein solches Neutron auf ein stabiles Stickstoff-14-Atom (Stickstoff ist das häufigste Element in der Erdatmosphäre) auftrifft, in den Kern eindringt und ein Proton daraus verdrängt.

Der größte Teil des Kohlenstoffs (C) in der Atmosphäre kommt in Verbindung mit Sauerstoff (O) vor und bildet das Molekül Kohlendioxid (CO_2). Dieses Los erwartet auch die durch kosmische Strahlung erzeugten Kohlenstoff-14-Atome, so daß jede Probe Kohlendioxid aus der Atmosphäre einen festen Anteil Kohlenstoff-14 enthält. Da der Kohlenstoff in Lebewesen über die Photosynthese in den Pflanzen ursprünglich aus der Atmosphäre stammt, enthält er ebenfalls einen festen Anteil Kohlenstoff-14-Atome. Damit ist die Voraussetzung für seine Nutzung als Zeitmesser gegeben.

Mit Hilfe von Kohlenstoff-14 wurde das Alter des Turiner Grabtuchs bestimmt, wurden Schalentiergehäuse aus Abfallhaufen nordamerikanischer Indianer datiert und das Alter prähistorischer Vulkanausbrüche auf den Hawaii-Inseln ermittelt. Wie werden nun vorliegende Proben mit dieser Methode datiert? Zunächst muß Material gefunden werden, das Kohlendioxid (und damit Kohlenstoff-14) aus der Atmosphäre aufgenommen hat. Alle Substanzen, die Kohlenstoff enthalten und bei dem zu bestimmenden Zeitpunkt Teil eines lebenden Organismus waren, nehmen CO_2 auf, allerdings eignen sich manche besser als andere. Erhaltenes Pflanzenmaterial wie Holz oder auch Holzkohle wird häufig verwendet. Von dem Zeitpunkt an, als die Pflanzen starben oder die Bäume gefällt oder verbrannt oder von einem Lavastrom verschlungen wurden, hörten sie auf, Kohlenstoff aus der Atmosphäre aufzunehmen. Somit zerfiel seither der enthaltene Anteil an Kohlenstoff-14 mit der bekannten Zerfallskonstanten, genau wie in Abbildung 6.2 gezeigt. Entspricht das Alter einer Holzprobe genau der Halbwertszeit von Kohlenstoff-14 – 5700 Jahre –, dann enthält sie exakt 50 Prozent des Gehalts an Kohlenstoff-14, der in heutigen Pflanzen zu finden ist; entspricht es der doppelten Halbwertszeit, enthält die Probe 25 Prozent und so weiter. Wie anhand von Abbildung 6.2 ersichtlich ist, bleibt nach mehreren Halbwertszeiten von dem radioaktiven Isotop kaum etwas übrig. Doch mit Hilfe moderner Geräte lassen sich noch äußerst winzige Mengen Kohlenstoff-14 messen, und man kann Alter von bis zu vierzig- oder fünfzigtausend Jahren bestimmen. Das entspricht mehr als acht Halbwertszeiten, folglich ist weniger als ein Zweihundertsechsundfünfzigstel des ursprünglichen Kohlenstoff-14-Isotops in einer Probe dieses Alters verblieben.

Die einzige Ungewißheit bei dieser Methode betrifft den Gehalt von Kohlenstoff-14 in der damaligen Atmosphäre: Er könnte von dem heutigen abweichen. Allerdings gibt es verschiedene Mittel, um diese Möglichkeit zu prüfen – zum Beispiel die Eichung der Altersangabe mit Hilfe einer anderen Datierungsmethode. Auch wenn kleine Schwankungen festzustellen waren, haben solche Tests gezeigt, daß in der Regel ein annähernd konstanter Gehalt an Kohlenstoff-14 in der Atmosphäre für die Zeitspanne angenommen werden kann, für die sich diese Methode eignet.

Diese knappe Schilderung liefert ein Muster, wie radioaktive Isotope zur Bestimmung des Alters von Gegenständen und Ereignissen genutzt werden. Allerdings ist die Halbwertszeit von Kohlenstoff-14 so kurz, daß er lediglich bei der Chronologie der jüngsten Vergangenheit eingesetzt werden kann. Für die übrige geologische Zeitskala werden wesentlich langlebigere radioaktive Isotope verwendet, und zwar auf etwas andere Weise.

In Kapitel 2 wurden im Zusammenhang mit der Bestimmung des Alters der Erde und der Datierung des witterungsbeständigen Minerals Zirkon Blei-Isotope und ihre Nützlichkeit erwähnt: Es wurde gezeigt, daß verschiedene Isotope von Blei stabile Endprodukte – in der Regel Tochterisotope genannt – des Zerfalls von radioaktivem Uran beziehungsweise Thorium bilden. Die Uran-Blei-Methode war in der Tat die erste Methode zur Bestimmung des Alters von Gesteinen mit Hilfe des radioaktiven Zerfalls; sie gehört noch heute zu den nützlichsten Datierungsmethoden der Geologie. Andere üblicherweise eingesetzte Paare aus Mutter- und Tochterisotopen bilden der Zerfall von Kalium-40 zu Argon-40 und der Zerfall von Rubidium-87 zu Strontium-87. In allen Fällen ist das Mutterisotop ein häufig vorkommender Bestandteil von Gesteinen in der Erdkruste, und seine Halbwertszeit ist so lang, daß sich die Methode auf die gesamte Zeitspanne der Erdgeschichte anwenden läßt.

Im Prinzip ähneln die Methoden mit langlebigen radioaktiven Isotopen der Kohlenstoff-14-Methode, es gibt aber einige bedeutende Unterschiede: Die Mutterisotope werden nämlich nicht fortlaufend in der Erde neu produziert, sondern ihre Häufigkeit nimmt durch den radioaktiven Zerfall allmählich ab. Somit kommt heute wesentlich weniger Uran auf der Erde vor als bei ihrer Entstehung; ein großer Teil ist zu Blei zerfallen.

Bei den meisten gebräuchlichen Datierungsmethoden wird der Anteil des Tochterisotops gemessen, der sich im Lauf der Zeit angesammelt hat, statt wie bei Kohlenstoff-14 der Anteil des radioaktiven Mutterisotops, der noch in der Probe verblieben ist. Damit erübrigt sich die Notwendigkeit, den Gehalt des Mutterisotops bei Beginn der radioaktiven Uhr zu kennen. Da jedes Mutteratom zu einem Tochteratom zerfällt, ist die Zahl der Tochteratome stets gleich der Zahl der zerfallenen Mutteratome.

Am Beispiel der Kalium-Argon-Methode läßt sich gut veranschaulichen, wie dies vor sich geht. Kalium-40 ist das einzige radioaktive Isotop der drei natürlich vorkommenden Kaliumisotope. Kalium-40 kommt zwar nicht sehr häufig vor und macht lediglich etwa 0,01 Prozent des Elementes aus, doch Kalium selbst ist in Mineralien der Erdkruste häufig zu finden, so daß viele Gesteinsarten mit Hilfe dieser Methode datiert werden können. Die Halbwertszeit von Kalium-40 beträgt 1,3 Milliarden Jahre, damit eignet es sich für die Bestimmung von Gesteinen, die so alt wie die Erde sind oder 100 000 Jahre alt oder gar noch weniger. Das Tochterisotop des Zerfalls ist das Gas Argon-40. Obwohl Argon nicht zu den seltenen Elementen zählt – es macht etwa 1 Prozent der Atmosphäre aus –, enthalten die meisten magmatischen Gesteine, insbesondere vulkanische Gesteine, die an die Erdoberfläche ausgestoßen werden, bei ihrer Bildung keinerlei Argon-40. Das gesamte Argon, das in der geschmolzenen Lava gelöst wird, entgast einfach in die Atmosphäre. Somit muß der ganze Anteil an Argon-40, der in alten vulkanischen Gesteinen gemessen wird, im Lauf des Bestehens der Probe durch den radioaktiven Zerfall von Kalium-40 entstanden sein. Die Dauer zu errechnen, die für die Ansammlung des jeweiligen Gehalts an Argon nötig ist, fällt nicht schwer, weil die Halbwertszeit genau bekannt ist.

Einige häufig vorkommende Mineralien wie Feldspat und Glimmer enthalten viel Kalium und sind daher besonders genaue Zeitmesser.

Die Nutzung anderer langlebiger radioaktiver Isotope, die in der Geochronologie eingesetzt werden, verläuft ganz ähnlich, auch wenn jede Methode ihre Eigenheiten hat. Da bei den Methoden jeweils verschiedene chemische Elemente genutzt werden, eignen sich manche besser als andere für die Datierung bestimmter Gesteinsarten. Allerdings tritt häufig der Fall ein, daß sich dasselbe Gestein mit Hilfe verschiedener Methoden datieren läßt. Obwohl die beteiligten radioaktiven Isotope völlig unterschiedliche Halbwertszeiten und die Mutter- und Tochterisotope völlig verschiedene chemische Eigenschaften haben können, wird in der Regel das gleiche Alter ermittelt. Damit wird in hohem Maß gewährleistet, daß die Datierungsmethode zuverlässig ist und die entsprechenden Halbwertszeiten genau stimmen.

Was genau wird aber datiert? Das obige Beispiel eines vulkanischen Gesteins, in dem sich seit der Zeit des Ausbruchs Argon-40 ansammelt, ist eindeutig: Die Zeit des Ausbruchs wird bestimmt, die mit dem Alter des vulkanischen Gesteins übereinstimmt. Wie steht es aber mit sedimentären oder metamorphen Gesteinen? Gelten für sie die gleichen Regeln? Die Antwort ist: ja und nein.

Nehmen wir ein Sedimentgestein. Angenommen, ein kaliumhaltiges Mineral wird herausgelöst, um es mit Hilfe der Kalium-Argon-Methode zu datieren, und ein Alter von 300 Millionen Jahren wird ermittelt. Ist das der Zeitpunkt, zu dem sich das Sediment abgelagert hat? Die Antwort lautet in der Regel nein, weil ein Großteil der Mineralien in Sedimentgesteinen Teile von älteren Gesteinen sind. Fluß- und Meeresströmungen haben sie von ihrem ursprünglichen Ort zu der Ablagerungsstelle transportiert. Das ermittelte Alter des kaliumhaltigen Mineralkorns ist aller Wahrscheinlichkeit nach korrekt, aber es gibt die Zeit an, zu der das Muttergestein entstanden ist, aus dem das Korn erodiert wurde, und nicht die Zeit seiner Ablagerung als sedimentärer Bestandteil eines Gesteins. Es läßt sich lediglich festhalten, daß das Sedimentgestein nicht älter als 300 Millionen Jahre ist. Es muß jünger als seine Bestandteile sein; um wieviel jünger ist oft schwer zu entscheiden.

Bei metamorphen Gesteinen kann der Fall wesentlich komplizierter liegen. Die Genauigkeit sämtlicher Datierungsmethoden hängt zu einem gewissen Grad von Temperatureinwirkungen ab, vor allem bei der Kalium-Argon-Methode. Wird ein kaliumhaltiges Mineral erhitzt, so wird voraussichtlich ein Teil des inzwischen angesammelten Argon-40 in die Atmosphäre entweichen. Da eine Metamorphose zwangsläufig mit einer Erhöhung der Temperatur verbunden ist, verlieren die meisten Gesteine einen Teil ihres Argons während des Vorgangs. Geht das gesamte Argon verloren, so ist die radioaktive Uhr wieder auf Null zurückgestellt worden, und das gemessene Alter gibt den Zeitpunkt der Metamorphose an. In der Regel geht aber nur ein Teil verloren, und überdies läßt sich meist nicht bestimmen, wieviel Argon verloren wurde. In manchen Fällen kann das Problem durch die Anwendung verschiedener Methoden gelöst werden oder durch die Analyse zahlreicher Mineralien mit unterschiedlicher Anfälligkeit gegenüber Temperatureinwirkungen. Die erhaltenen Informationen lassen sich jedenfalls in vielen Fällen schwer interpretieren. Dennoch sind in den letzten Jahren große Fortschritte erzielt worden bei der Untersuchung des Verhaltens von Elementen wie Argon in verschiedenen Mineralien, wenn sie erhitzt werden, und in manchen Fällen können sogar anhand einer sorgfältigen Analyse der isotopischen Zusammensetzung eines Gesteins die Temperaturen im Lauf seiner Geschichte rekonstruiert werden. Diese Vorgehensweise hat sich bei der Erforschung der Geschichte von Gebirgszügen wie dem Himalaja als überaus effektiv erwiesen: Tief versenkte (und damit sehr heiße) Gesteine sind dort in kühlere Bereiche näher an der Oberfläche gehoben worden, wo die Ansammlung von Argon einsetzt. In günstigen Fällen läßt sich eine sehr genaue Chronologie der Hebung erstellen.

Indirekte Methoden der Altersbestimmung

Häufig ist es möglich, das Alter eines Gesteins zu bestimmen, ohne den Anteil an Mutter- und Tochterisotopen direkt zu messen. Das ist bei sedimentären Gesteinen besonders nützlich, bei denen sich, wie oben erörtert, eine direkte Methode der Altersbestimmung häufig nicht anwenden läßt. Sedimentgesteine können oft indirekt mit Hilfe von Fossilien datiert werden, in manchen Fällen sogar sehr präzise.

Fossilien sind die konservierten Überreste lebender Organismen.

Gelegentlich handelt es sich lediglich um Abdrücke eines weichen Gewebes, das inzwischen zerfallen ist, wie im Fall zahlreicher Pflanzenfossilien. Häufiger sind die Fossilien aber Hartteile von Organismen: Gehäuse, Zähne, Knochen. Leider enthalten sie gewöhnlich keine großen Mengen der radioaktiven Isotope, die zur Altersbestimmung verwendet werden. Auf jeden Fall hat sich die chemische Zusammensetzung der Fossilien stark verändert durch das seit ihrer Ablagerung ständig zirkulierende Wasser, was allerdings wenig Einfluß auf ihr physisches Äußeres hatte. Da das Leben sich ständig weiterentwickelt, sind Fossilien jedoch natürliche Uhren, weil ihre Morphologie und andere Merkmale sich mit der Zeit veränderten. Läßt sich die Zeitspanne festlegen, in der ein bestimmter Organismus oder eine Gruppe von Organismen auf der Erde lebte, so liefert sein Auftreten als Fossil automatisch eine Altersangabe für das Gestein, in dem er vorkommt.

Glücklicherweise konnte den meisten fossilen Organismen eine sehr genaue Altersangabe zugeordnet werden, weil einige Bestandteile der Sedimente bestimmt werden konnten, auch wenn es bei den Fossilien selbst nicht möglich war. Beispielsweise stoßen explosionsartige Vulkanausbrüche große Wolken von Asche aus, die sich in geologisch kurzen Intervallen als Schichten von sandigem Gestein und mineralischen Bruchstücken absetzen. Geologen sind hocherfreut über solche Ascheschichten, weil sie sogenannte Leithorizonte in ansonsten unauffälligen Sedimenten bilden. Die enthaltenen Mineralien lassen sich häufig zum Beispiel über die Kalium-Argon-Methode datieren und liefern genaue Altersangaben in Intervallen, die über die ganze Säule aus Sedimentschichten verteilt sind. Auf diese Weise ist mit Hilfe der Ascheschichten und anderer datierbarer Bestandteile in den Sedimenten in Tausenden Analysen aus aller Welt ein Zeitgerüst für die Fossilüberlieferung erstellt worden. Die Jahreszahlen sind genaugenommen nach dieser Vorgehensweise der geologischen Zeitskala aus Abbildung 1.1 zugewiesen worden, die als relative Abfolge bereits vor der Entdeckung der Radioaktivität existiert hatte. Die Angabe der genauen Jahreszahlen einiger Grenzen der Zeitskala wird noch heute durch sorgfältige und detaillierte Untersuchungen weiter verbessert; dabei werden Analysen der Fossilvergesellschaftung mit der genauen Bestimmung sedimentärer Bestandteile wie der Ascheschichten kombiniert.

Eine weitere indirekte Methode der Altersbestimmung beruht auf den periodischen Umpolungen des Magnetfeldes der Erde, die im vorigen Kapitel erörtert wurden. Durch die Untersuchung der Basaltströme auf den Kontinenten auf ihr Alter und ihre magnetischen Eigenschaften hin ist eine mittlerweile sehr detaillierte Chronologie der Umpolungen aufgestellt worden. Sie ist bereits so genau, daß sich das Alter verschiedener Teile des Meeresbodens bestimmen läßt, indem einfach das Zebrastreifenmuster der Umpolungen mit den datierten Abfolgen von den Kontinenten verglichen wird.

Die Zeitmessung mit Hilfe des Gesteinsmagnetismus beschränkt sich aber keineswegs auf magmatische Gesteine. Genau wie die Basalte des Meeresbodens enthalten auch Sedimentgesteine magnetische Mineralien, und während diese sich allmählich auf dem Meeresboden absetzen, richten sie sich ebenfalls nach dem bestehenden Magnetfeld aus. Somit sind die Umpolungen des Magnetfelds der Erde auch in Sedimentgesteinen dokumentiert, und über den Vergleich mit der bekannten Chronologie läßt sich das Alter des Sediments anhand seines Magnetisierungsmusters bestimmen.

Unter großen Anstrengungen haben Geologen die Zeitskala der Erdgeschichte festgelegt und ständig verbessert. Die genauesten Altersbestimmungen uralter, präkambrischer Gesteine enthalten eine Toleranz von weniger als 1 Prozent, das bedeutet, daß sich die korrekte Abfolge von Ereignissen, die in einem Abstand von lediglich einigen Millionen Jahren eingetreten sind, selbst dann ermitteln läßt, wenn die Gesteine drei Milliarden Jahre alt sind. Das ist eine wahrhaft beeindruckende Leistung. Sie ist vergleichbar mit dem Versuch, Ereignisse, die vor einem Jahr im Abstand von wenigen Stunden stattgefunden haben, aufgrund der Messung der heute erkennbaren Folgen dieser Ereignisse in ihre korrekte Reihenfolge zu bringen. Bemerkenswert ist auch, daß das Tempo der Evolution sehr genau bekannt ist, der genaue Zeitpunkt des Aussterbens der Dinosaurier und der Verlauf des Auseinanderbrechens und der Kollision von Kontinenten. All diese Erkenntnisse sind mit Hilfe der radioaktiven «Uhren» herausgefunden worden, die in diesem Kapitel erörtert wurden. Wo immer in diesem Buch Jahreszahlen erwähnt werden, beruhen sie letzten Endes auf denselben geologischen Zeitmessern.

7

Die kambrische Explosion

Nach den Exkursen in den beiden vorigen Kapiteln zu den Themen Plattentektonik und geologische Zeitbestimmung setzt die Schilderung der Erdgeschichte an dem Punkt wieder ein, wo wir sie verlassen haben: am Ende des Proterozoikums. Der nächste größere Abschnitt der geologischen Zeit (siehe Abb. 1.1) ist die Ära des Paläozoikums, die mit der Periode des Kambriums vor etwa 540 Millionen Jahren begann. Der Vollständigkeit halber muß erwähnt werden, daß das genaue Alter des Übergangs vom Proterozoikum zum Kambrium ungewiß ist. Selbst die aktuellen Schätzungen schwanken zwischen 530 und 600 Millionen Jahren. Diese Veränderlichkeit ist Teil des natürlichen Fortschritts der Wissenschaft und kein, wie manche es gern darlegen, Zeichen für die Fehlerhaftigkeit der Methode. Die Ursachen der Unsicherheit liegen einerseits in den technischen Schwierigkeiten bei der Datierung der Gesteine und andererseits – weil nicht sämtliche Gesteine datiert werden können – in der Auffindung geeigneter Proben, die aus der Zeit um den Übergang stammen. Ferner ist schwer zu entscheiden, wo genau die physische Grenze in einer bestimmten Schichtenfolge aus Sedimentgesteinen zu ziehen ist. Die hier verwendete Angabe, 540 Millionen Jahre, beruht auf einer sorgfältigen Datierung nach der Uran-Blei-Methode von Zirkonkristallen, die einer Schicht Vulkanasche aus Sedimentgesteinen der Provinz Yünnan in China entnommen wurden. Ob das Alter der Ascheschicht korrekt bestimmt wurde, steht außer Frage. Unsicherheit besteht aber in der Frage, wo sie im Verhältnis zu der eigentlichen Grenze anzusiedeln ist. Paläontologen haben aus dem Fossilinhalt geschlossen, daß die Sedimente unmittelbar oberhalb und unterhalb der Ascheschicht zu einem Zeitpunkt nahe dem Beginn des Kambriums abgelagert wurden. Ungeachtet des genauen Zeitpunkts ist die Erdgeschichte jedenfalls vom Beginn des Kambriums an unentwirrbar mit der Geschichte des Lebens auf der Erde verknüpft, einer Geschichte, die von den Fossilien in den Gesteinen erzählt wird.

Die kambrische Explosion, von der Geologen in diesem Zusammenhang sprechen, war keineswegs so gewaltsam, wie bei diesem Wort häufig angenommen wird. Vielmehr umschreibt sie die sprunghafte Ausbreitung einer wahrhaft verblüffenden Vielfalt lebender Organismen auf der Erde. Der größte Teil dieser Kreaturen ist heute ausgestorben, und wir wissen nur aufgrund ihrer Fossilien von ihrer Existenz.

Die Fossilüberlieferung

Eine Vielzahl verschiedener Fossilien wird von Geologen verwendet, um die Wege der Evolution nachzuzeichnen und Schlüsse über die klimatischen Verhältnisse der Vergangenheit zu ziehen. Einige Fossilien haben sich gegenüber ihrem ursprünglichen Zustand kaum verändert, wie die Skelette der Säbelzahntiger, die in den Asphaltseen von La Brea bei Los Angeles geborgen wurden, doch die meisten sind durch chemische Reaktionen verändert worden, während ihre äußere Erscheinung erhalten blieb. Die häufigsten erhaltenen Fossilien sind harte Bestandteile von Tieren, die aus weitverbreiteten Mineralien bestehen: Knochen oder Zähne aus phosphathaltigen Mineralien, Gehäuse aus Kalziumkarbonat. Weiche Substanzen zersetzen sich in der Regel zu schnell, um viele Spuren zu hinterlassen, auch wenn sie sich in einigen sedimentären Umgebungen erhalten haben. Das ist ein großes Glück, weil die meisten präkambrischen und frühen kambrischen Tiere Weichtiere waren und ihre Fossilien entscheidend zum Verständnis der kambrischen Explosion beigetragen haben.

Die chemischen Reaktionen, die häufig die mineralogische Beschaffenheit und die chemische Zusammensetzung der Fossilien – harter wie weicher Substanzen – drastisch verändern, verschonen in der Regel die Morphologie und die innere Struktur der Pflanze oder des Tieres. Die Reaktionen setzen charakteristischerweise nach der Versenkung des Organismus in Sedimenten ein, wenn das zirkulierende Wasser, das gelöste Mineralien enthält, mit der ursprünglichen Substanz in Reaktion tritt und sie umwandelt. Ein gutes Beispiel liefert versteinertes Holz: Es bewahrt seine ursprünglichen Merkmale wie etwa Baumringe in allen Einzelheiten, obwohl die Zellulose und andere Bestandteile der ehemaligen Bäume vollständig zu Kieselerde werden, demselben Bestandteil, aus dem das bekannte Mineral Quarz besteht. Wie der Name sagt, wird das Holz zu Stein umgewandelt.

Einige sehr nützliche Fossilien sind überhaupt keine Überreste von Organismen, sondern nur ihre Spuren: die Bohrgänge von Würmern, die Kratzer von Krabben oder die Fußabdrücke von Dinosauriern. Wie ein findiger Spurenleser, der das Geschlecht, die Größe und das Gewicht einer Person anhand undeutlicher Fußabdrücke nennen kann, haben Paläontologen eine Unmenge an Erkenntnissen über uralte Organismen und ihr Verhalten anhand solcher Spurenfossilien gewonnen. Ihre Aufgabe ist sogar noch schwerer als die des Spurenlesers, weil in vielen Fällen völlig unklar ist, welche Art von Tier die Spur ursprünglich hinterlassen hat.

Als Geologiestudent war ich nicht gerade begeistert von Paläontologie. Ich erinnere mich noch daran, wie ich lange winterliche Freitagnachmittage in einem überheizten Raum eines alten Gebäudes verbrachte und Skizzen von uralten Kreaturen unter der Anleitung eines netten, aber ebenfalls uralten Dozenten anfertigte. Wenig Wert wurde auf Verhalten, Evolution oder Verlauf gelegt, einzig Klassifizierung zählte. Ich war der Meinung, daß Geophysik und Geochemie wesentlich interessanter waren; außerdem war ich mit meinen Zeichnungen nie zufrieden. Wenn man es jedoch recht bedenkt, wird man mir zustimmen, daß es kaum etwas Aufregenderes gibt, als einen 500 Millionen Jahre alten Stein in Händen zu halten, aus ihm das Fossil einer unbekannten Kreatur herauszuschaben und zu versuchen, die Welt vor einer halben Milliarde Jahre zu rekonstruieren. Genau das haben Paläontologen getan. Sie haben es geschafft, für Tausende und Abertausende Tiere seit dem frühen Kambrium herauszufinden, wie sie sich fortbewegten, wie ihr Speiseplan aussah und welchen Platz sie in dem umfassenden Schema der Evolution einnahmen.

In vielen Gegenden der Erde läßt es sich kaum umgehen, Fossilien zu entdecken, selbst wenn man nur einen flüchtigen Blick auf die Umgebung wirft. Beim Sammeln von Kieselsteinen am Strand, bei einem Spaziergang auf dem Land oder auch einem Besuch in der Bank – wenn das Gebäude aus Sedimentgestein wie Kalkstein erbaut ist – kann man mit Fossilien in Berührung kommen. Die reichhaltige Fülle an Fossilien setzt mit dem Kambrium ein. Lange Zeit wurde geglaubt, daß dies daran liege, daß gerade an dieser Trennlinie der Erdgeschichte die Tiere Hartteile entwickelten. Doch mittlerweile hat man erkannt, daß dies nur die halbe Wahrheit ist. Es gibt einige Gesteinspartien aus dem Kambrium, die randvoll sind mit fossilen Tieren ohne Gehäuse, Knochen oder Zähne – sie bestanden lediglich aus weichem Gewebe. Solches Material wird in der Regel rasch zerstört, doch unter bestimmten Umständen, zum Beispiel wenn es in einer Umgebung mit wenig freiem Sauerstoff versenkt wird, kann auch weiches Gewebe versteinern. Und wenn bestimmte geologische Bedingungen solche Fossilien in der kambrischen Periode und später bewahrt haben, weshalb nicht auch früher? Die Antwort lautet, wie es scheint: Es gab kaum etwas zu bewahren. Die Vielfalt an mehrzelligen Lebewesen begann vor etwa 540 Millionen Jahren sich überaus rasch auszudehnen, und eben diese plötzliche Veränderung in der Fossilüberlieferung legt die Grenze zwischen dem Proterozoikum und dem Kambrium fest. Wie die Überschrift des Kapitels andeutet, wurde dieses Ereignis die kambrische Explosion genannt, und eine Explosion war es in der Tat. Einige Forscher haben geschätzt, daß sich im Kambrium volle 100 Stämme (die große Unterteilung des Tierreiches, die auf dem Körperbau beruht) entwickelten; im Gegensatz dazu existieren heute gerade etwa 30. Unabhängig davon, ob diese hohe Zahl früher Stämme von künftigen Untersuchungen bestätigt wird oder nicht, ist unstrittig, daß das Ende des Proterozoikums von einer radikalen Veränderung des Lebens auf der Erde geprägt war.

In Kapitel 3 wurde erwähnt, daß die Fossilüberlieferung des Lebens in Wahrheit lange vor dem Kambrium beginnt, in 3,5 Milliarden Jahre alten Gesteinen, und daß es Anzeichen für noch älteres Leben gibt, wenn auch keine eindeutigen Fossilien. Das Beweismaterial läßt jedoch vermuten, daß für eine sehr lange Zeitspanne der Erdgeschichte nach diesem ersten Auftreten von Lebensformen – über zwei Milliarden Jahre lang – lediglich einfachste einzellige Organismen auf der Erde wohnten. Komplexere und beweglichere Tiere hinterlassen Gänge und Spuren im Lehm, selbst wenn ihre weichen Körper nicht erhalten bleiben. Solche Merkmale kommen häufig in Sedimentgesteinen des Kambriums und jüngeren Alters vor. Obwohl sorgfältig nach ihnen geforscht wurde, sind sie aber im Präkambrium selten anzutreffen, und in Gesteinen, die älter als eine Milliarde Jahre sind, wurden überhaupt keine Spuren entdeckt.

Sehr spät im Proterozoikum, aber noch vor der eigentlichen kambrischen Explosion, taucht eine Reihe Weichtiere in den Meeren auf. Diese Gruppe von Organismen ist unter Geologen als die Ediacara-Fauna bekannt, nach Ediacara in Australien, wo die Fossilien erstmals entdeckt wurden. Der Zeitpunkt, zu dem die Ediacara-Fauna in der Fossilüberlieferung erschien, ist nicht genau bestimmt worden, doch er liegt vermutlich weniger als 100 Millionen Jahre vor dem Anfang des Kambriums. Nach der traditionellen Forschungsmeinung gehören dieser Fauna die Vorläufer einiger kambrischer und auch moderner Tiere an. Neue Forschungsergebnisse widersprechen dem jedoch. Danach bildet der Körperbau dieser Lebewesen eine eigene Kategorie, die sich von allen modernen *und* kambrischen Organismen deutlich unterscheidet. Den Fossilien zufolge waren die Tiere der Ediacara-Fauna im wesentlichen platte Geschöpfe, die auf dem Meeresboden verstreut lagen wie winzige Teppiche. Offensichtlich hatten sie keine innere Struktur, und einige Paläontologen haben die Ansicht vertreten, daß sie ein ganz eigenes Tierreich repräsentieren, völlig anders als das heute bekannte. Trifft diese Interpretation zu, so stellt die Ediacara-Fauna eine Sackgasse der Evolution dar, und ihr rasches Auftreten, ihre Vielfalt und ihr Verschwinden aus den Weltmeeren bilden ein faszinierendes paläontologisches Rätsel.

Die kambrischen Fossilien

Die allerersten Organismen mit mineralisierten Körperteilen, die infolgedessen Fossilien im traditionellen Sinn hinterlassen haben, traten im Kambrium auf. Die älteste Gruppe, nach einem alten Fundort in Rußland Tommotium-Fauna benannt, stellt den Beginn der kambrischen Explosion dar und ist anscheinend in voll ausgereiftem Zustand in die Fossilüberlieferung eingegangen, mit einer beachtlichen Vielfalt und ohne offenkundige Vorläufer. Doch selbst diese Fossilien sind in gewisser Weise rätselhaft. Da ihr wahres Wesen nicht geklärt werden konnte, nannten die Paläontologen sie einfach «kleine Schalenfossilien». Unklar ist, ob ein Großteil der Objekte mit einer Vielfalt an Formen – winzige Kegel, runde, abgeflachte Plättchen, kleine spiralförmige Gehäuse und viele andere – kleine Teile größerer Organismen sind oder größere Teile kleiner Tiere. Sie traten ganz plötzlich zu Beginn des Kambriums auf, erreichten rasch ihren Höhepunkt in Verbreitung und Vielfalt und gingen ebenso schnell zurück. In ihrer Bedeutung wurden sie von anderen Tieren abgelöst. Diese Organismen breiteten sich aber im wesentlichen über die ganze Welt aus und werden an zahlreichen, über den ganzen Globus verstreuten Orten in Gesteinen aus dem frühen Kambrium gefunden.

Selbst Geologen müssen gelegentlich innehalten und über die eigentliche Bedeutung von Wörtern wie «rasch» und «schnell» nachdenken, die im vorigen Absatz verwendet wurden. Wir zeichnen Diagramme, in denen die Zahl der verschiedenen Formen kleiner Schalenfossilien in Abhängigkeit von der Zeit dargestellt wird. Diese Diagramme erwecken tatsächlich den Eindruck eines plötzlichen Auftretens, Ansteigens und ebenso raschen Abnehmens der Fossilien im frühen Kambrium. Der Aufstieg und der Niedergang bilden eine schmale hohe Kurve. Doch die schmale Kurve ist wenigstens zehn *Millionen* Jahre breit. Die «rasche Zunahme» und Ausbreitung dieser Organismen über den Globus zog sich vermutlich über Millionen Jahre hin. Eine Million Jahre ist eine lange Zeit: Vor ein paar Millionen Jahren setzte die moderne Eiszeit der nördlichen Hemisphäre ein (sie dauert noch an, mehr dazu später), und unsere Spezies, den *Homo sapiens,* gab es noch gar nicht. Vor zehntausend Jahren, gerade einem Hundertstel einer Million Jahre, durchstreiften mächtige Mammute mit gewaltigen Stoßzähnen Nordamerika. Man muß sich ständig dazu zwingen, die geologische Zeit in der richtigen Relation zu betrachten.

Somit erscheint die Ausbreitung der Tiere, welche die kleinen Schalenfossilien hinterlassen haben, vermutlich nicht mehr ganz so erstaunlich, wenn man sich die wahre Dimension der damit verbundenen Zeitspanne vor Augen führt. Ferner sah der Globus zu Beginn des Kambriums völlig anders aus als heute. Obwohl die Weltgeogra-

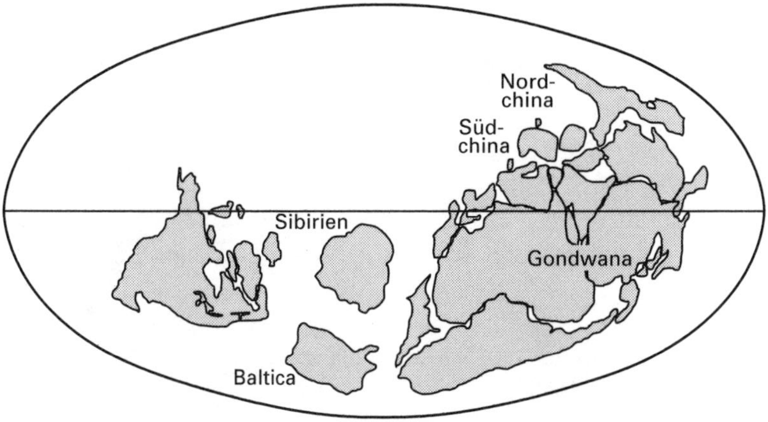

Abb. 7.1 Eine Weltkarte mit den ungefähren Lagen der Kontinente zu Beginn des Kambriums. Ein Großteil der heutigen Kontinente war in der gigantischen Landmasse Gondwana vereint, Nordamerika allerdings nicht. Nach Abb. 1 von W. S. McKerrow u. a., in: *Journal of the Geological Society of London*. 149. Jahrgang (1992), S. 600.

phie zu einem so fernen Zeitpunkt in der Vergangenheit schwer zu rekonstruieren ist, liegen genügend Hinweise vor, um mit einiger Sicherheit die groben Umrisse nachzuzeichnen. Viele der heute voneinander getrennten Kontinente – Afrika, Indien, Australien, Südamerika – waren in einer einzigen Landmasse vereint, was die Ausbreitung der kleinen Meeresbewohner in den seichten Gewässern entlang der Kontinentalränder möglicherweise erleichtert hat. Nordamerika und das heutige Sibirien waren jedoch offenbar völlig abgetrennt. Zur besseren Anschaulichkeit wird in Abbildung 7.1 eine Ansicht der Welt zu Beginn des Kambriums gezeigt.

Die kleinen Schalenfossilien der Tommotium-Fauna waren lediglich die erste Druckwelle der kambrischen Explosion. Die meisten größeren Gruppen wirbelloser Tiere folgten kurze Zeit später. Unter anderem gehören dazu Wesen wie Schwämme und die für das Kambrium charakteristischen Tiere, die Trilobiten. Heute sind Trilobiten zwar ausgestorben, aber in den kambrischen Meeren wimmelte es geradezu von ihnen. Sie waren meist ziemlich klein, und beinahe alle Varietäten krochen auf dem Meeresboden umher, wobei sie im weichen Schlamm häufig Spuren hinterließen. Diese Spuren wiederum

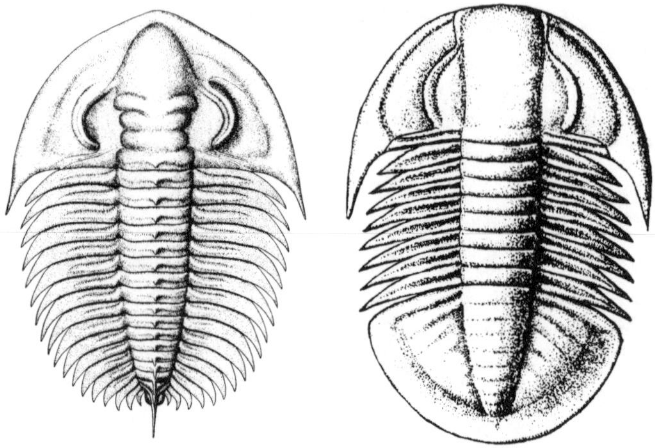

Abb. 7.2 Zwei häufig vorkommende Trilobiten aus dem Kambrium. Die gezeigten Exemplare, die nach echten Fossilien gezeichnet wurden, waren etwa 20 (links) und 5 (rechts) Zentimeter lang. Nach Abb. 137.1a und 164.2 in R. C. Moore, Hg., *Treatise on Invertebrate Paleontology,* Teil O. Geological Society of America and University of Kansas Press 1959.

sind ebenfalls als Fossilien zu finden. Trilobiten hatten harte, kalkhaltige äußere Panzer, die zweifellos die weichen Teile ihres Körpers vor Feinden schützen sollten, und sie sind in vielen kambrischen Sedimentgesteinen gut erhalten. Sie sind so häufig zu finden, daß es kleine Exemplare ganz preisgünstig in Läden zu kaufen gibt, die sich auf Mineralien, Steine und andere Gegenstände aus der Natur spezialisiert haben. Abbildung 7.2 zeigt eine Skizze zweier typischer kambrischer Trilobiten.

Weshalb entwickelten die Tiere plötzlich mineralisierte Skelette und harte Rückenschilde im Kambrium? Und weshalb entwickelten sie eine so verblüffende Vielfalt? Selbst Forscher, die sich auf diese Fragen spezialisiert haben, können keine klare Antwort geben. Sicherlich hatten Tiere mit einem harten Panzer eine bessere Chance, Verfolgern zu entkommen. Und Skelette wie auch starre äußere Abdeckungen können der Fortbewegung gedient haben. Bei der Bildung harter Teile wurden Mineralien von den fossilen Organismen ausgeschieden, nämlich Kalziumkarbonat und Kalziumphosphat. Die Hypothese wurde aufgestellt, daß sich um die Grenze vom

Proterozoikum zum Kambrium die chemische Zusammensetzung des Meerwassers verändert und damit die Bildung dieser Mineralien erleichtert habe. Allerdings fällt es schwer, sich vorzustellen, welche Umweltbedingungen solch eine Veränderung verursacht haben könnten, die in den vorangegangenen mehreren Milliarden Jahren der Erdgeschichte nicht schon mehrmals vorgelegen hatten. Aller Wahrscheinlichkeit nach läßt sich die kambrische Explosion nicht auf eine einzige Ursache zurückführen, sondern es wirkten bei ihrem Auftreten zahlreiche Faktoren zusammen.

Der Burgess-Schiefer

Ein interessanter Aspekt der Geschichte des Kambriums, der mit dieser Frage zusammenhängt, ist der Umstand, daß die Diversifizierung der Lebewesen sich nicht auf Tiere mit Hartteilen beschränkte. Wenn eine Veränderung der Zusammensetzung des Meerwassers bedeutend war für die Entwicklung von Skeletten und Gehäusen, so erklärt dies nur zum Teil die verblüffende Vielfalt der Lebensformen. Die traditionelle Forschungsmeinung zur kambrischen Evolution stützt sich zwar auf mineralisierte Fossilien, doch in den letzten Jahren ist den viel selteneren Fossilien der Weichtiere große Aufmerksamkeit gewidmet worden. Sie sind an einer Reihe von Orten konserviert worden, an denen die geologischen Umstände ihre rasche Zersetzung verhinderten. Das vielleicht berühmteste Vorkommen ist der Burgess-Schiefer in den Rocky Mountains im Süden Britisch-Kolumbiens. Aus einem einzigen kleinen Steinbruch in diesem Schiefer stammen Zehntausende Fossilien, die eine überwältigende Vielfalt an Formen und Körpern aufweisen. Ihre Untersuchung hat den Paläontologen unschätzbare Erkenntnisse über den Fortgang der biologischen Evolution gebracht. Zwei dieser bizarren Geschöpfe werden in Abbildung 7.3 gezeigt.

Die faszinierende Geschichte der Entdeckung und Erforschung der Fossilien im Burgess-Schiefer wird sehr gekonnt in dem bereits erwähnten Buch *Wonderful Life* von Stephen Jay Gould erzählt. Gould, Paläontologe an der Harvard-Universität, schreibt voller Begeisterung über ein Thema, das ihm offenkundig sehr am Herzen liegt. Allen, die mehr über die verschiedenen Weichtiere des Kam-

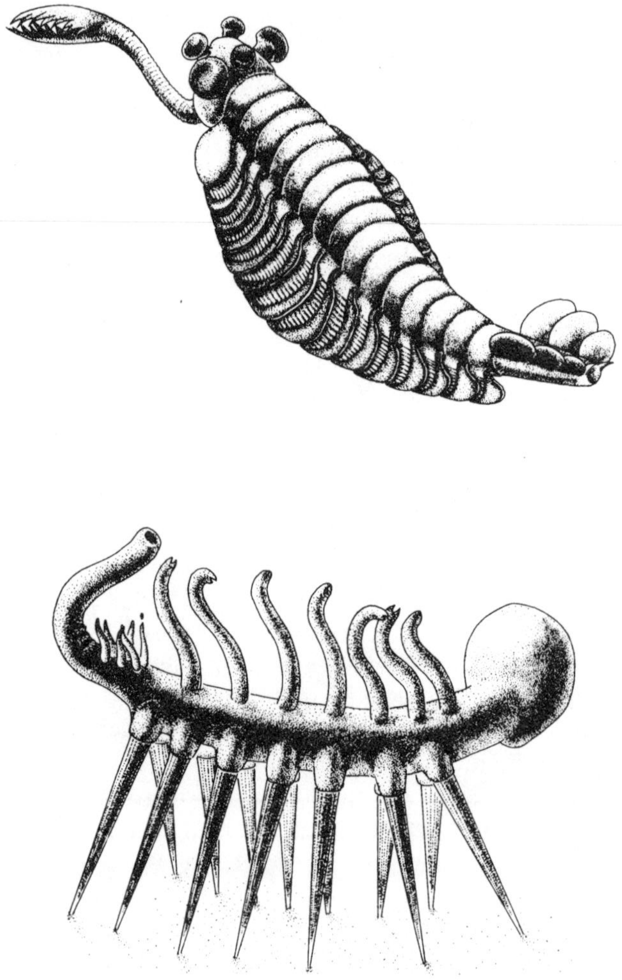

Abb. 7.3 Zwei der bemerkenswerten Weichtiere, die versteinert im Burgess-Schiefer entdeckt wurden. *Opabinia* (oben) hatte einen merkwürdig vorspringenden Rüssel und fünf knollenförmige Augen, während *Hallucigenia* (unten) vermutlich mit Hilfe ihrer sieben Paar «Beine» auf dem Meeresboden «stand». Die Illustrationen sind Reproduktionen der Originalzeichnungen von Marianne Collins aus S. J. Gould, *Wonderful Life. The Burgess Shale and the Nature of History*. W. W. Norton & Company 1979.

briums und ihre Auswirkungen auf die Evolution wissen wollen, sei sein Buch wärmstens empfohlen. Die folgende Darstellung stützt sich zum großen Teil darauf.

Geologen bezeichnen Gesteinsformationen mit einem eigenen Namen, die gleichbleibende oder nahezu gleichbleibende physische Eigenschaften und Merkmale aufweisen und sich über ein größeres Gebiet hinweg verfolgen und kartografieren lassen. Der Burgess-Schiefer ist eigentlich nur ein kleiner Teil innerhalb eines solchen Abschnitts (der Stephen-Formation) in den Rocky Mountains Britisch-Kolumbiens. Die Sedimentschicht, in der die Fossilien ursprünglich entdeckt wurden, ist lediglich etwa zweieinhalb Meter dick. Dabei vertreten viele die Ansicht, daß diese kleine Schutzhülle aus Stein fossiles Material enthält, das eine größere Vielfalt an Körperformen aufweist, als sie in den heutigen Weltmeeren anzutreffen ist! Wie alle Schiefergesteine besteht der Burgess-Schiefer vor allem aus dichtem und verfestigtem feinkörnigen Ton und Schlamm. Ursprünglich wurde er in den Meeren entlang des westlichen Randes des nordamerikanischen Kontinents um die Mitte des Kambriums abgelagert.

Da der Burgess-Schiefer an größtenteils baumlosen Böschungen schön zutage tritt, ist seine ursprüngliche geologische Lage sehr detailliert ausgearbeitet worden, indem sein Ausmaß und seine Beziehungen zu den umliegenden Gesteinsarten kartiert wurden. Die in ihm versteinerten Tiere lebten offenbar in relativ seichten Küstengewässern auf Schlammbänken, die zum offenen Meer hin lagen. Diese Bänke stießen an hohe, von Algen gebildete Riffe aus Kalziumkarbonat, einige bis zu 200 Meter hoch, die kambrischen Gegenstücke zu Korallenriffen, die sich damals noch nicht entwickelt hatten. Aufgrund dieser Lage ergibt sich jedoch ein Problem für die Fossilien im Burgess-Schiefer: Wären die Weichtiere einfach auf den Schlammbänken gestorben, so wären sie von Aasfressern verschlungen worden oder hätten sich rasch zersetzt. Überdies müssen aufgrund ihrer Morphologie zahlreiche Organismen auf dem Meeresboden umhergekrochen sein oder sich in ihn hineingefressen haben, doch keine fossilen Spuren dieser Tätigkeit wurden gemeinsam mit den Tieren gefunden.

Folgender Ablauf scheint das Rätsel am ehesten zu lösen: Die Tiere im Burgess-Schiefer (und die Pflanzen, da sie ebenfalls unter den Fossilien zu finden sind) wurden von kleinen Schlammlawinen erfaßt, von ihren sauerstoffreichen und vom Sonnenlicht durchfluteten Bänken weggefegt und unsanft in tiefere Gewässer befördert, wo sie lebend verschüttet und in einer sauerstoffarmen Umgebung konserviert wurden. Dieses Szenario würde auch erklären, weshalb in der Stephen-Formation, von der der Burgess-Schiefer einen Teil bildet, selten Fossilien vorkommen und weshalb sie, wo sie auftreten, in der Regel in großer Zahl in begrenzten Sedimentschichten erscheinen.

Fossilvergesellschaftungen kambrischer Weichtiere wie die des Burgess-Schiefers sind nicht sehr zahlreich, aber sie sind mittlerweile an einigen anderen Orten rund um den Globus verstreut entdeckt worden. Ihre geringe Zahl liegt vermutlich nicht an der Seltenheit der Tiere, sondern daran, daß sie in der Regel nicht konserviert wurden.

Zu der Zeit der Ablagerung des Burgess-Schiefers um die Mitte des Kambriums hatten einige Organismen harte Körperteile herausgebildet. Sie erscheinen als Fossilien neben ihren Zeitgenossen mit weichen Körpern. Und da sie einen Bestand bilden, der typisch ist für zahllose an anderen Orten entdeckte Bestände, wurde der Schluß gezogen, daß auch die Weichtiere aus dem Burgess-Schiefer charakteristisch für ihre Zeit waren. Mit einiger Sicherheit läßt sich sagen, daß sowohl Weichtiere als auch Tiere mit Hartteilen teilhatten an der kambrischen Explosion.

Wie Gould in seinem Buch berichtet, sind zwei Männer eng mit der Geschichte des Burgess-Schiefers verbunden: Charles Doolittle Walcott, ein Geologe und damals sehr einflußreicher Wissenschaftler, der die Fossilien des Burgess-Schiefers 1909 entdeckte, und Harry Whittington, ein britischer Paläontologe, der Ende der sechziger Jahre eine erneute Erforschung des Fundortes und seiner Fossilien begann. Walcott war ein anerkannter Experte für kambrische Fossilien. Zu der Zeit, als er den Burgess-Schiefer entdeckte, war er auch Leiter der Smithsonian Institution in Washington, D. C. Die sommerliche praktische Arbeit im Freien inmitten der atemberaubend schönen Rocky Mountains, oftmals mit der ganzen Familie, war eine willkommene Abwechslung von seinen administrativen Pflichten.

Walcott stieß kurz vor Ende der Feldarbeiten des Jahres 1909 auf die Fossilien im Burgess-Schiefer und erkannte sofort ihre Bedeutung. Seine Aufzeichnungen über die Arbeit zeigen, daß er sich ganz darauf konzentrierte, in der kurzen Zeit, die ihm noch verblieb, so viele Exemplare wie möglich zu sammeln und zu beschreiben. In den folgenden vier Jahren kehrte er jeden Sommer zu dem Fundort zurück und besuchte ihn noch einmal im Jahr 1917. Insgesamt brachte er in die Smithsonian Institution gut 80 000 Exemplare mit!

Viele Tiere, die Walcott in seinen Aufzeichnungen beschrieb und skizzierte, waren einzigartig und noch nie gesehen worden. Sie wiesen eine unglaubliche Formenvielfalt auf. Doch Walcott war ein sehr beschäftigter Mann. Jedesmal, wenn er am Ende seiner Feldarbeit nach Washington zurückkehrte, wurde er erdrückt von Verwaltungsaufgaben und zahllosen Terminen bei nationalen Komitees und Ausschüssen. Infolgedessen konnte er vermutlich wenig Zeit erübrigen, um über die Implikationen seiner Sammlung aus dem Burgess-Schiefer nachzudenken. Er veröffentlichte Beschreibungen der Fossilien, aber keine detaillierten analytischen Arbeiten. Ungeachtet der selbst nach Walcotts Beschreibungen bizarren Körperformen stellte er sie alle in den Kontext vertrauter jüngerer Fossilien und moderner Tiergruppen. Gould benutzt den Begriff «Schuhlöffel» für diese Methode, und das trifft es sehr gut: Wie Aschenputtels Stiefschwestern, wenn auch ohne die böse Absicht dahinter, versuchte Walcott, etwas in den goldenen Schuh hineinzuzwängen, das eigentlich nicht hineinpaßte. Über ein halbes Jahrhundert lang widersprach bemerkenswerterweise niemand seinen Klassifizierungen, bis zu der Arbeit von Whittington und dessen Kollegen.

Schiefer ist ein Gestein, das typischerweise in flache, plattenförmige Stücke zerbricht. Die reichlich vorkommenden flachen Schieferhänge in den Rocky Mountains bieten ein gutes Revier für die Suche nach Fossilien, und auf ihnen erscheinen die Fossilien des Burgess-Schiefers als abgeflachte, zweidimensionale Stellvertreter der Originale. Als das sah sie jedenfalls Walcott. Erst Whittington und seine Mitarbeiter enthüllten die dreidimensionale Gestalt dieser Kreaturen. Dabei erkannten sie, daß die Tiere in Wahrheit nicht, wie von Walcott vorgeschlagen, in die bestehenden Gruppen gezwängt werden konnten.

Whittington erforschte an der Cambridge-Universität in England die Materialien aus dem Burgess-Schiefer. Gemeinsam mit zwei graduierten Studenten, Conway Morris und Derek Briggs, mittlerweile selbst anerkannte Experten, stellte Whittington die traditionelle Forschungsmeinung über die Evolution im Kambrium auf den Kopf. Die drei Forscher wiesen nach, daß die kambrische Evolution keineswegs einer geordneten Weiterentwicklung primitiver Lebensformen zu fortgeschritteneren entsprach, mit einer ständig zunehmenden Zahl verschiedener spezialisierter Gruppen, sondern daß die kambrische Evolution offenbar chaotisch verlaufen ist. Sie war vergleichbar mit einem Glücksspiel: Ob ein neues Experiment glückte oder fehlschlug, war purer Zufall. Eine große Zahl der Fossilien, welche die drei beschrieben und untersuchten, hatte offenbar keine erkennbaren Nachfolger unter den späteren Tieren.

Whittington und seine Kollegen sammelten zwar ihre eigenen Fossilien aus dem Burgess-Schiefer, doch Walcotts Sammlung war wesentlich umfangreicher, und viele Entdeckungen stammten von einer neuerlichen Untersuchung der Exemplare in der Smithsonian Institution. Ihre Fortschritte verdankten sie auch zum großen Teil der von ihnen gewählten Vorgehensweise. Mit mikroskopisch genauen Werkzeugen wie Zahnbohrern sezierten (!) Whittington und seine Mitarbeiter behutsam die versteinerten Tiere, von denen einige lediglich wenige Zentimeter groß waren. Sie folgten Körperfortsätzen Schicht um Schicht durch das feste Gestein, um beispielsweise die Zahl der Gelenke an einem Glied zu bestimmen, und gruben in manchen Fällen sogar erkennbare kleine Organismen aus den Eingeweiden größerer aus, die Überreste einer Mahlzeit im Kambrium. Aufgrund dieser detaillierten Untersuchung war es Whittingtons Gruppe möglich, die Einzigartigkeit zahlreicher Tiere aus dem Burgess-Schiefer zu dokumentieren.

Niemand zweifelt die verblüffende Vielfalt an, die unter den Fossilien des Burgess-Schiefers entdeckt wurde, noch wird bestritten, daß sich diese Vielfalt nach geologischem Maßstab rasch entwickelt hat. Allerdings gibt es immer noch unterschiedliche Forschungsmeinungen über die Implikationen dieser Beobachtungen. Einige betrachten die Überfülle an Körperformen als paläontologisches Rätsel ersten Ranges, weil die Tiere zum großen Teil weder erkennbare Vorläufer noch Nachfahren in der Fossilüberlieferung haben. Andere sind in dieser Frage zuversichtlicher und vermuten dahinter eine Folge der

Unvollständigkeit des Beweismaterials. Immerhin bestehen selbst in der Fossilüberlieferung der Tiere mit Skeletten und Hartteilen zahlreiche Lücken; die Wahrscheinlichkeit einer Konservierung der meisten Weichtiere aus dem Burgess-Schiefer ist im Vergleich dazu verschwindend gering. Überdies ist eine hohe Vielfalt und rasche Diversifizierung zu Beginn der Evolution mehrzelliger Tiere mehr als wahrscheinlich, als die Organismen sich an zahlreiche bestehende ökologische Nischen und Lebensbedingungen anpaßten. Häufiges und rasches Artensterben ist ebenfalls zu erwarten, da sich einige Ausführungen als untauglich erwiesen; überlebende Gruppen hatten sich danach ausgebreitet, um die Lücke zu schließen. Möglicherweise besteht eine größere Kontinuität, als es den Anschein hat, wenn nur das Material vorläge, das die Paläontologen befähigen würde, den verschlungenen Wegen der Evolution zu folgen. Zur Zeit herrscht großes Interesse an Fossilinhalten von der Art des Burgess-Schiefers, die an verschiedenen Stellen der Erde entdeckt wurden. Womöglich werden wir schon in Kürze Genaueres über den Verlauf der kambrischen Explosion wissen.

Ich schließe dieses Kapitel mit der packenden Frage, die Stephen Jay Gould aufgeworfen hat: Was wäre, wenn das Band noch einmal abgespielt würde? Ungeachtet der unterschiedlichen Interpretationen der Fossilüberlieferung des Kambriums sind sich die meisten Experten wohl darin einig, daß das Ergebnis – die heutige Tierwelt – anders aussähe, möglicherweise sogar völlig anders. Die rasche Diversifizierung im Kambrium (und zu späteren Zeitpunkten), gepaart mit offenkundig wahllosem Artensterben, hinterließ überlebende Gruppen, die eher zufällig als durch irgendeine Art Vorherbestimmung fortbestanden. Sicher haben Faktoren wie Anpassungsfähigkeit und Widerstandsfähigkeit gegen eine Vielzahl unterschiedlicher Lebensbedingungen dabei eine Rolle gespielt, doch es ist unwahrscheinlich, daß dieselben Gruppen überdauern würden, wenn der Vorgang von neuem gestartet würde. Zwangsläufig erscheint damit die Wahrscheinlichkeit sehr hoch, daß sich die Spezies *Homo sapiens* nie entwickelt hätte – für viele eine zutiefst beunruhigende Vorstellung.

8

Fische, Wälder und Gondwana: Das Paläozoikum

Die kambrische Explosion leitete das Paläozoikum ein, was soviel bedeutet wie «Zeitraum des altertümlichen Lebens». Diese Ära dauerte ungefähr 300 Millionen Jahre; innerhalb dieser Zeit entwickelte sich das Leben von den primitiven Organismen, die im Burgess-Schiefer als Versteinerungen überliefert sind, zu Fischen, Insekten, Reptilien und schließlich sogar zu den unmittelbaren Vorfahren der Säugetiere. Die Kontinente und die Ozeane wurden zu geeigneten Lebensräumen für Pflanzen und Tiere. Gegen Ende des Paläozoikums entstanden aufgrund des warmen, milden Klimas ausgedehnte, üppige Sumpfwälder – der Ursprung vieler heutiger Kohlelagerstätten. Während des größten Teils des Paläozoikums waren nahezu alle heutigen Südkontinente – Afrika, Südamerika, Australien, Indien und die Antarktis – zu einer riesigen Landmasse, «Gondwana», zusammengeschlossen. Gegen Ende der Ära entstand durch Kollisionen zwischen Gondwana und den übrigen Kontinenten eine noch größere Landmasse, von den Geologen «Pangäa» genannt. Sie umfaßte praktisch alle heutigen Kontinente und erstreckte sich von einem Pol zum anderen. Im Zuge der Kollisionen, die mit der Entstehung dieser Landmasse verbunden waren, wurden große Gebirgsketten aufgefaltet, die sich heute beispielsweise im Osten Nordamerikas, in Schottland, Asien und im östlichen Australien befinden. Das Ende des Paläozoikums war vom vielleicht größten Massensterben aller Zeiten geprägt. Keine Gruppe von Lebewesen blieb von ihm verschont: Pflanzen wie Tiere, Meeresbewohner wie Landbewohner, alle waren davon betroffen. Ganze Arten und Familien verschwanden einfach aus der Fossilüberlieferung. Innerhalb der überlebenden

Familien blieben oft nur wenige Arten übrig. Die Ursache dieser globalen Katastrophe liegt noch immer im dunkeln.

Paläozoische Gesteine sind überaus häufig auf den Kontinenten anzutreffen. Im Gegensatz zu früheren Zeitaltern sind die Ereignisse während dieses Abschnitts der Erdgeschichte bemerkenswert vollständig dokumentiert. Dies ist teilweise darauf zurückzuführen, daß der Meeresspiegel während eines Großteils des Paläozoikums sehr hoch war. Das kontinentale Binnenland wurde mehrfach von Flachmeeren überflutet, in denen sich die Sedimente schichtweise ablagerten. Pflanzen und Tiere wurden verschüttet; ihre Versteinerungen geben Zeugnis vom Klima und der Umgebung ihrer Ablagerung. In Nordamerika beispielsweise stand während des Paläozoikums ein Großteil des Binnenlandes periodisch unter Wasser. Diese Phasen der Überflutung fanden ihren Niederschlag in den paläozoischen Sedimenten, die noch immer einen großen Teil des Kontinents bedecken. Ihre Erhaltung wurde dadurch begünstigt, daß ein alter, stabiler Schild aus archaischen und proterozoischen Gesteinen den Kontinentalkern Nordamerikas bildet, das Fundament, auf dem die Sedimente abgelagert wurden. Dieser Schild liegt tief in der Erdkruste und verhält sich geologisch ruhig. Solche Regionen sind in relativ geringem Maße von Erosion betroffen.

Paläozoische und jüngere Gesteine sind gut erhalten und enthalten unzählige Hinweise über Leben, Klima und Tektonik; daher fällt es paradoxerweise sehr schwer, ein genaues Bild der letzten etwa 500 Millionen Jahre der Erdgeschichte zu zeichnen. Es gibt so viele Einzelheiten, daß die Gefahr besteht, den Wald vor lauter Bäumen nicht zu sehen. Deshalb werden in diesem wie auch in den folgenden Kapiteln die wichtigsten Ereignisse nur in groben Zügen dargestellt, und nur einige werden ausführlich erörtert. Wie aus Abbildung 1.1 ersichtlich ist, umfaßt jede der drei geologischen Ären der vergangenen gut 500 Millionen Jahre – das Paläozoikum, das Mesozoikum und das Känozoikum – weniger Jahre als die vorhergehende. Dies kommt daher, daß, wie in den meisten historischen Disziplinen, die verfügbaren Informationen zur genauen Beschreibung und Unterteilung der geologischen Geschichte vielfältiger und aussagekräftiger werden, je mehr wir uns der Gegenwart nähern. Wer sich eingehender mit diesem Material beschäftigen möchte, findet am Ende dieses Buches eine kurze Liste weiterführender Literatur. Die angeführten

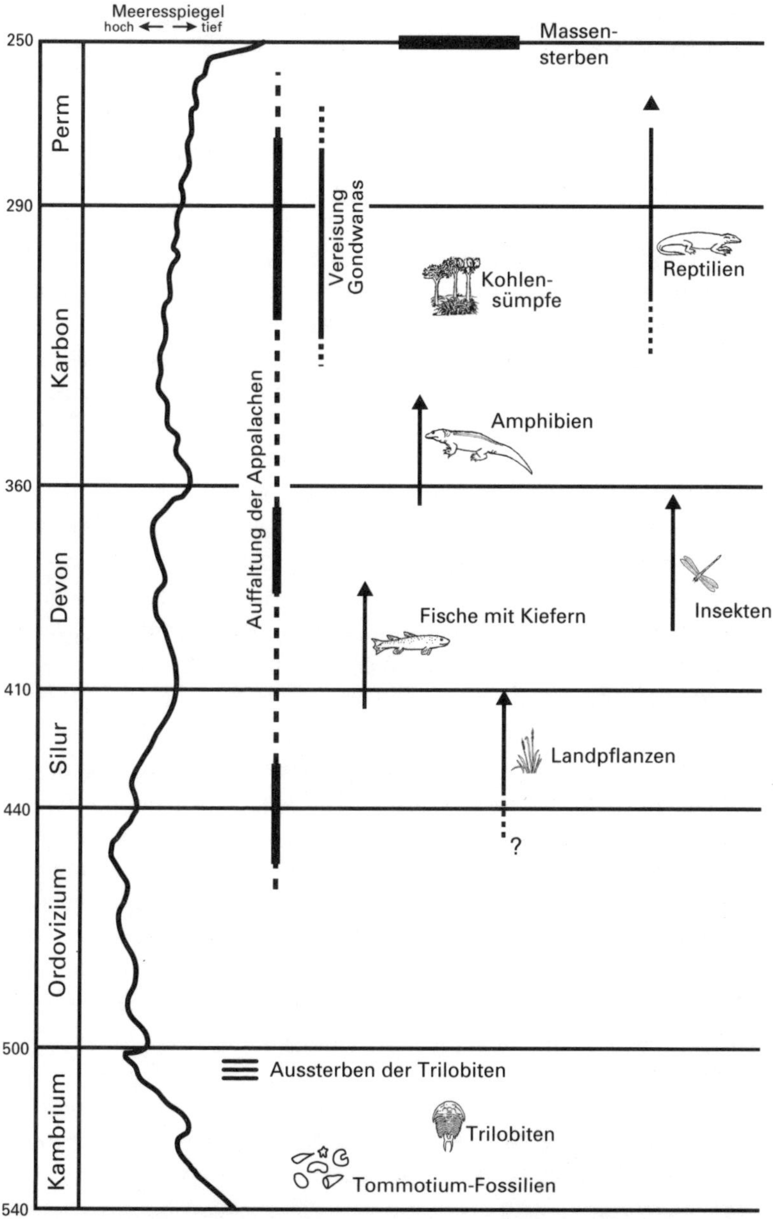

Ereignisse des Paläozoikums, einschließlich der Meeresspiegelschwankungen. Zeitangaben in Millionen Jahren vor der Gegenwart.

Werke und die Hinweise, die sie enthalten, dürften die größte Neugier befriedigen.

Trilobiten und die Ursachen des Aussterbens

Anfang des Paläozoikums gab es auf den Kontinenten noch immer nahezu kein Leben. Zu diesem Zeitpunkt hatten Algen das Land besiedelt und den feuchteren Regionen wahrscheinlich eine grünliche Färbung verliehen, ansonsten müssen die Kontinente so öde wie die Mondoberfläche gewesen sein. Am Ende der Ära jedoch gediehen Wälder, schwirrten Insekten durch die Luft, und Reptilien huschten über die Erde. In den Seen, die Pangäa bedeckten, tummelten sich Fische. Die Entwicklung dieser Lebensformen ist größtenteils bekannt; es ist eine faszinierende Geschichte, eine Geschichte, die manchmal langsam und ereignislos verlaufen ist, bisweilen aber auch von sehr schnellen Veränderungen gekennzeichnet war.

Im vorigen Kapitel wurde die kambrische Explosion knapp umrissen. Dieses Ereignis brachte eine Meeresflora und -fauna hervor, wie es sie in der Erdgeschichte noch nicht gegeben hatte. Doch das war nur der Anfang. Sehr schnell – gemessen an den ungeheuren Zeitspannen, die bereits vergangen waren – entwickelten sich neue Lebensformen. Ebenso verschwanden aber auch alte Lebensformen; manche starben ganz plötzlich aus. Die genauen Ursachen dieser raschen Veränderungen sind im einzelnen nicht bekannt, doch bei den meisten handelte es sich wahrscheinlich um die Auswirkungen äußerer Einflüsse. Wäre die Erde völlig stabil gewesen, mit einem unveränderlichen Klima, gleichbleibender Umgebung, einer konstanten Dichte der Population, und hätten sich die Kontinente nicht verschoben, so hätten viele dieser Veränderungen vermutlich nie stattgefunden. Zumindest wären sie deutlich langsamer vor sich gegangen.

Mit Hilfe der Trilobiten, der Leitfossilien des Kambriums, wurden aufschlußreiche Erkenntnisse über das Artensterben und seine möglichen Ursachen gewonnen. Ihre Geschichte ist in Nordamerika besonders gut dokumentiert, weil dieser Kontinent während eines Großteils des Kambriums nahe am Äquator lag und in regelmäßigen Abständen von warmen Flachmeeren überflutet wurde. Viele Arten der kambrischen Trilobiten sind bestimmt worden, und anhand der Sedimenttypen, in denen sie als Fossilien erhalten sind, ließen sich Rückschlüsse auf ihre Lebensweise ziehen. Zu den Arten zählten freischwimmende Organismen und Bodenbewohner, in warmem, seichtem Wasser lebende Varietäten sowie Bewohner der tieferen, kühleren Meeresregionen. Der Großteil der einzelnen Trilobitenarten ist nur für einige Millionen Jahre oder weniger in der Fossilüberlieferung zu finden, obwohl es zu jeder Zeit eine große Artenvielfalt gab. Das regelmäßige Aussterben von Arten, die mehrere Millionen Jahre fortbestanden, und das Erscheinen neuer Arten ist der natürliche Lauf der Evolution. Gegen Ende der kambrischen Periode starben jedoch zu drei verschiedenen Zeiten plötzlich viele Arten aus; sie verschwanden vermutlich in einem Zeitraum von wenigen tausend Jahren oder gar innerhalb einer noch kürzeren Zeitspanne. Ein solches «Massensterben» von Trilobiten markierte das Ende des Kambriums. Auf ein Massensterben folgte stets ein Abschnitt, der von den Paläontologen als eine Phase der «adaptiven Radiation» bezeichnet wird: eine rasche Vermehrung vieler neuer Arten, ausgehend von einzelnen Gruppen ihrer Vorfahren.

Wodurch wurden diese plötzlichen Massensterben verursacht? Die gesamte Erdgeschichte hindurch sind Pflanzen und Tiere ausgestorben. Oftmals waren lediglich einige Arten betroffen, in anderen Fällen wurden globale und katastrophale Ausmaße erreicht. Geologen und Paläontologen versuchen, die Gründe für dieses Aussterben anhand der Spuren in den Gesteinen aufzudecken. Meistens finden sie keine eindeutige Antwort, doch einige Punkte kehren immer wieder: Klimaveränderungen, Kontinentalverschiebungen, das Aufkommen von Raubtieren und Veränderungen des Meeresspiegels. Im speziellen Fall der Trilobiten deutet einiges darauf hin, daß eine Klimaveränderung im Spiel war. Diejenigen Arten, die sich in den wärmsten Wasserschichten angesiedelt hatten, waren offenbar am stärksten vom Aussterben betroffen. Zudem waren die Trilobiten, die die kälteren, tieferen Meeresschichten entlang der Kontinentalränder bewohnten, die Vorfahren der meisten Arten, die sich nach jeder Phase des Aussterbens überaus schnell entwickelten (die oben erwähnte adaptive Radiation). Viele Geologen schlossen daraus, daß das Aussterben durch plötzliche Abkühlung verursacht wurde. Im kalten Wasser lebende Arten konnten den Temperaturwechsel überstehen, an wärmeres Wasser angepaßte Arten starben aus. Diese Hypothese ist zwar keineswegs bewiesen, aber sie stellt eine vernünftige Schlußfolgerung aus den vorhandenen Zeugnissen dar. Das Beispiel der Trilobiten ist kein Einzelfall. An vielen Stellen im Gestein gibt es Hinweise darauf, daß eine Klimaveränderung starke Auswirkungen auf den Verlauf der Evolution hatte.

Doch nicht alle Veränderungen in Flora und Fauna während des Paläozoikums waren auf Schwankungen des Klimas zurückzuführen, zumindest nicht direkt. Innerhalb dieser Ära ging die Verbreitung der Stromatolithen deutlich zurück, jener Gebilde, die aus mehreren Schichten von Algenmatten entstanden und im Proterozoikum so weit verbreitet waren. In diesem Fall gibt es aber keine Hinweise darauf, daß der Rückgang in irgendeiner Weise mit einer Klimaveränderung zusammenhing. Statt dessen führen Geologen ihn im allgemeinen auf das Erscheinen von Pflanzenfressern zurück, die sich von Algen ernährten, sowie auf grabende Tiere, die die Algenmatten bereits im Moment ihrer Entstehung zerstörten. Die heute noch vorkommenden Stromatolithen sind nur in bestimmten Gegenden anzutreffen, wo es solche Tiere kaum oder gar nicht gibt.

In vielen Fällen scheint das Aussterben von Tier- und Pflanzenarten mit Schwankungen des Meeresspiegels zusammenzuhängen, wenn auch im Fall der Trilobiten und der Stromatolithen wenig dafür spricht. Selbst relativ geringfügige Schwankungen des Meeresspiegels verändern jedoch die Lebensräume entlang der Küsten und in den seichten Binnenmeeren grundlegend. Deshalb können sie die Organismen, die in solchen Gegenden leben, in hohem Grad beeinträchtigen. Doch woher wissen wir etwas über Veränderungen des Meeresspiegels vor Hunderten von Millionen Jahren? Wieder einmal finden wir Fingerzeige in den Steinen. Sie erzählen eine interessante Geschichte, und der folgende Teil dieses Buches – eine kleine Abschweifung von den Einzelheiten der paläozoischen Geschichte – soll darstellen, mit welcher Vorgehensweise Einzelheiten über das Ansteigen und Absinken des Meeresspiegels herausgefunden wurden.

Veränderungen des Meeresspiegels

Aus den Spuren im Gestein geht hervor, daß der Meeresspiegel während eines Großteils des Paläozoikums im Vergleich zu den Kontinenten hoch war. Doch es kam auch zu beträchtlichen Schwankungen: Periodische Überflutungen der Kontinente waren gang und gäbe. Die Gesteine des westlichen Nordamerika weisen einige besonders gut dokumentierte Zeugnisse über die Veränderungen des Meeresspiegels auf.

Die Erklärung dafür, weshalb sich Veränderungen des Meeresspiegels im Gestein niederschlagen, ist relativ einfach: Die meisten Sedimentgesteine wurden ursprünglich im Wasser abgelagert, ja in allen Gewässern sammeln sich auf dem Grund Sedimente an. Niederschläge und Erosion tragen das Gestein der Kontinente ab, und der bei diesem Prozeß entstehende Schutt wird von den Flüssen in die Seen und ins Meer transportiert, wo er sich in Sedimentschichten ablagert. Dabei setzt sich zuerst grobes Gesteinsmaterial in Küstennähe ab, während die feineren Gesteinskörner als Schwebefracht weiter ins Meer hinaus transportiert werden. Die Art des entstehenden Sediments ist somit von der Wassertiefe abhängig. Allein durch die Anwendung dieses offenkundigen Prinzips läßt sich bereits viel über die Veränderungen des Meeresspiegels während des Paläozoikums erfahren.

Die Sedimentgesteine des westlichen Nordamerika sind besonders aufschlußreich, weil die Region der heutigen Rocky Mountains in der Frühphase des Kambriums und während der Zeit, als der Burgess-Schiefer abgelagert wurde, am Rand des Kontinents lag. Rekonstruktionen der Erdgeographie zeigen, daß die Lage des Kontinents im Kambrium verglichen mit heute rotiert war: Was heute den westlichen Teil Nordamerikas bildet, lag damals am nördlichen Rand des Kontinents, nahe am Äquator (siehe Abb. 7.1). Doch dies ist für unsere Frage nur von nebensächlicher Bedeutung. Der entscheidende Punkt ist, daß der westliche Teil des Kontinents im großen und ganzen stabil war – es gab weder Kollisionen mit anderen Kontinenten noch weitverbreiteten Vulkanismus, der mit der Subduktion einer ozeanischen Platte zusammenhing. Während eines Großteils des Paläozoikums wurden Sedimente entlang dieses ruhigen Kontinentalschelfs abgelagert. Wer jemals am Grand Canyon war, konnte die Ergebnisse dieses Prozesses bewundern: Das Alter der horizontal gelagerten Sedimentgesteine, aus denen die Felswände des Canyons größtenteils bestehen, reicht vom Kambrium bis zum Perm, eine Zeitspanne, die das gesamte Paläozoikum umfaßt. Bei näherer Betrachtung wird man feststellen, daß die verschiedensten Gesteinsarten vertreten sind, wobei jede eine unterschiedliche Umgebung der Sedimentablagerung widerspiegelt. In der Tat macht gerade diese Vielfalt zum Teil die Schönheit des Grand Canyon aus. Denn jeder Gesteinstyp erodiert auf unterschiedliche Weise: Einige bilden Riffe und Kliffe, andere verwittern zu sanfteren Abhängen. Dem flüchtigen Betrachter bleibt allerdings verborgen, daß es in der Schichtenfolge der Sedimente, die die Felswände des Grand Canyon bilden, große Lücken gibt; beträchtliche Zeitspannen während des Paläozoikums sind durch überhaupt keine Gesteine vertreten. Diese Lücken sowie die Vielfalt der Gesteinstypen sind zumindest zum Teil die Folge von Meeresspiegelschwankungen während des Paläozoikums.

Sand ist, wie ohne weiteres einleuchtet, ein häufig vorkommender Sedimenttyp am Rand eines Kontinents. An den meisten Meeresküsten muß man nicht weit gehen, um einen Sandstrand zu finden, wie klein er auch sein mag. Küsten sind in geologischer Hinsicht aktive Orte: Die Wellen des Meeres liefern die ungeheure Energie, die nötig ist, um das Material, das ihnen von den Flüssen zugeführt wird, weiterzutransportieren und zu trennen. Sehr feinkörnige Sedimente wie Ton, welcher das Hauptmineral im Schiefer bildet, sammeln sich nicht an Stränden an. Der relativ grobkörnige Sand wird in Küstennähe abgelagert, während die feinen Partikel als Schwebefracht in ruhigeres, tieferes Wasser hinausgetragen werden, wo sie sich als Schlamm allmählich auf dem Meeresboden absetzen. Der Schlamm wiederum verfestigt sich über lange Zeiträume hinweg zu Schiefer. Noch weiter von der Küste entfernt hat sich das meiste feinkörnige Material bereits abgesetzt, und das sich hier ansammelnde Sediment besteht wahrscheinlich zum größten Teil aus den Überresten mariner Organismen, die nahe der Wasseroberfläche leben und Skelette und Schalen aus Kalziumkarbonat bilden. Solche Ablagerungen werden schließlich zu Kalkstein. Würden also die verschiedenen Sedimenttypen von der Küste bis in die Tiefsee ermittelt, so fände sich entlang vieler Küstenlinien eine Schichtenfolge aus Sand und Sandstein, weiter draußen im Meer Schlamm oder Schiefer und schließlich Sedimente, die größtenteils aus Kalziumkarbonat bestehen.

Was passiert nun, wenn der Meeresspiegel steigt? Die ganze Schichtenfolge verlagert sich ins Innere des Kontinents. Die sandigen Sedimente der früheren Küste befinden sich nicht mehr genau am Rand des Meeres, sondern im tieferen Wasser. Schiefer lagert sich auf diesen Schichten ab. Ein weiteres Ansteigen des Meeresspiegels hat zur Folge, daß das Wasser an der ehemaligen Küste noch tiefer ist und sich auf dem Schiefer kalkhaltige Sedimente ablagern. Auf diese Weise wird die Schichtenreihe von der Küste bis zur Tiefsee, in der Sandstein, Schiefer und Kalkstein aufeinanderfolgen, im Lauf der Zeit zu einer *vertikalen* Folge der gleichen Gesteinstypen. Diese Schichtenfolge liegt an der ehemaligen Küste. Genau dieser Vorgang kann am Grand Canyon beobachtet werden. Läßt sich das Prinzip des Aktualismus aber tatsächlich anwenden und die vertikale Schichtenfolge der Sedimente im Grand Canyon mit einer allmählichen Veränderung der Wassertiefe am Rand des paläozoischen Kontinents erklären? Die Antwort lautet eindeutig ja, denn überall im westlichen Nordamerika können dieselben Schichtenfolgen beobachtet werden, horizontal wie vertikal. Für einen bestimmten Zeitpunkt gezeichnete geologische Karten lassen eine Abfolge von Sedimenttypen erkennen, die derjenigen ähnelt, die man heutzutage entlang der Pazifikküste Nordamerikas findet: Sandstein, Schiefer und Kalkstein folgen von Osten nach Westen aufeinander. Karten, die für frühere oder spätere Epochen angefertigt wurden, zeigen dieselbe Reihenfolge, jedoch geographisch verschoben. Darin spiegelt sich die Tatsache wider, daß sich die Küstenlinie beim Steigen und Fallen des Meeresspiegels entsprechend nach Osten und Westen verlagerte. Diese Grundzüge werden in Abbildung 8.1 anhand einer Skizze verdeutlicht.

Doch selbst wenn man diese Beobachtungen als Beweis für das Steigen und Fallen des Meeresspiegels akzeptiert, bleibt noch immer die Frage, was sich denn tatsächlich verändert hat: die Höhe des Kontinents oder der absolute Meeresspiegel? Schließlich sind in den Sedimenten lediglich relative Veränderungen dokumentiert, und es ist bekannt, daß sich die Kontinente vertikal verschieben. Gesteine hoch in den Alpen und in den Rocky Mountains enthalten beispiels-

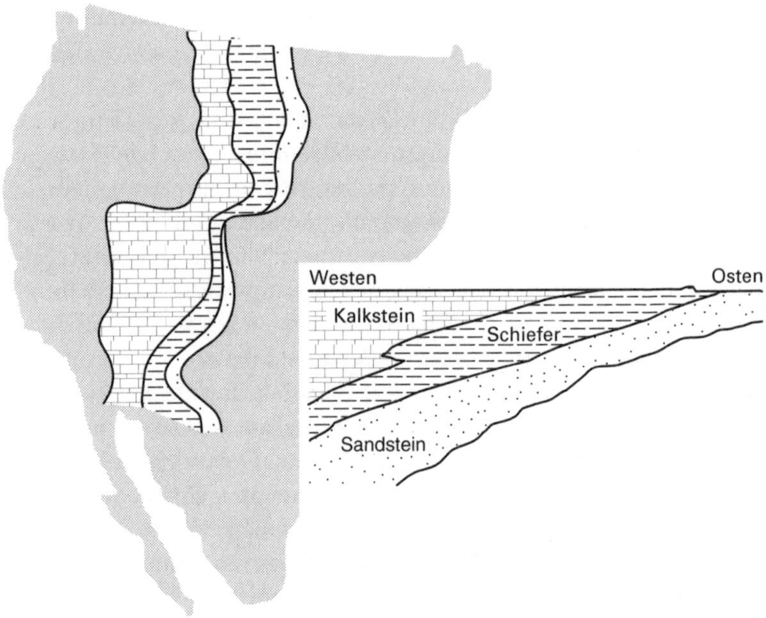

Abb. 8.1 Die Verteilung von Sandstein, Schiefer und Kalkstein im Westen der USA, die auf der Landkartenansicht (links) gezeigt wird, spiegelt die Wassertiefe zu einem bestimmten geologischen Zeitpunkt im frühen Paläozoikum wider. Der Kontinentalschelf und das tiefere Wasser nach Westen hin sind von Sandstein geprägt. Im Querschnitt (hier in einer übertriebenen vertikalen Skala dargestellt) nimmt das Alter nach unten hin zu, und eine horizontale Oberfläche zeigt die Verteilung der Gesteinstypen zu einem bestimmten Zeitpunkt. Auf diese Weise läßt sich erkennen, daß sich die Küstenlinie allmählich von Westen nach Osten verlagert hat. Nach Abb. 19.3 und 19.4 in C. W. Barnes, *Earth, Time and Life.* John Wiley & Sons, 2. Auflage 1988.

weise Fossilien, die im Meer abgelagert wurden; wir wissen aber, daß die Meere niemals so tief waren. Eine tatsächliche Veränderung des Meeresspiegels läßt sich jedoch überzeugend belegen, wenn in Gesteinen gleichen Alters aus geographisch weit auseinanderliegenden Regionen Beweise erbracht werden, wie sie gerade für den Westen Nordamerikas beschrieben wurden. Geologen haben das Vorkommen unterschiedlicher Sedimenttypen fast überall auf der Erde detailliert kartographiert; durch die Auswertung dieser Daten wurden sehr genaue Kenntnisse über das Ausmaß und den Zeitpunkt der globalen Meeresspiegelschwankungen während des gesamten Paläozoikums gewonnen. Auf der Zeitskala gegenüber der ersten Seite dieses Kapitels befindet sich eine Zusammenfassung dieser Informationen über die paläozoische Ära. Aus dem Diagramm geht hervor, daß der Meeresspiegel während eines Großteils der Ära hoch war.

Wenn die Spuren im Gestein darauf hindeuten, daß große Veränderungen des Meeresspiegels stattgefunden haben, muß natürlich nach den Ursachen gefragt werden. Unseres Wissens kommen nur zwei Möglichkeiten in Betracht: Entweder hat sich das Wasservolumen der Meere verändert oder das Volumen anderer Elemente, die das Wasser verdrängen, wie Kontinente, Inseln oder mittelozeanische Rücken. Beispielsweise ist bekannt, daß Vereisungsperioden durch ein Absinken des Meeresspiegels gekennzeichnet sind, da große Mengen an Oberflächenwasser als Inlandeis auf den Kontinenten gebunden werden. Schätzungsweise lag der Meeresspiegel auf dem Höhepunkt des letzten Gletschervorstoßes vor ungefähr 20 000 Jahren über 100 Meter tiefer als heute. Der Hauptteil dieses Eises ist zwar geschmolzen, aber noch immer befindet sich eine beträchtliche Menge gefrorenen Wassers in den Polkappen. Würde dieses Eis vollständig schmelzen, stiege der Meeresspiegel um etwa 65 Meter an. Das ist auf den ersten Blick vielleicht nicht viel, doch ein großer Teil der Erdbevölkerung lebt nahe am Meeresrand. Mexico City bliebe verschont, aber Los Angeles, New York, Tokio und Berlin (um nur einige Beispiele zu nennen) würden überflutet.

Vereisungsperioden hatten zweifellos große Auswirkungen auf den Meeresspiegel, doch die meisten Schwankungen, die in paläozoischen Gesteinen dokumentiert sind, fanden nicht in Zeiten statt, die sich unabhängig davon als globale Eiszeiten nachweisen lassen. Höchstwahrscheinlich wurden sie durch Veränderungen im Volumen der mittelozeanischen Rücken verursacht. Wie in Kapitel 5 beschrieben, steigt heißes Magma entlang dieser Regionen empor und erzeugt neuen Meeresboden. Da die neue ozeanische Kruste heiß ist und obenauf «schwimmt», sind die mittelozeanischen Rücken topographisch erhöht. Sie liegen nur etwa halb so tief wie die älteren, kühleren Schichten des Meeresbodens. Wenn die Ausbreitungsgeschwindigkeit des Ozeanbodens im Durchschnitt zunimmt – entweder weil sich neue Rückensegmente bilden oder weil sich alte schneller vergrößern –, nimmt das Gesamtvolumen des Rückens ebenfalls zu. Der gleiche Effekt tritt ein, wenn man einen Ziegelstein in einen Eimer Wasser legt: Der Wasserspiegel steigt entsprechend an. Der im allgemeinen hohe Meeresspiegel im Paläozoikum ist wahrscheinlich darauf zurückzuführen, daß die mittelozeanischen Rücken damals ein wesentlich größeres Volumen hatten als heute.

Der große Zusammenstoß: Die Auffaltung der Appalachen

Die Sedimente, die während des Paläozoikums im Westen Nordamerikas abgelagert wurden und die das Steigen und Fallen des Meeresspiegels zuverlässig und annähernd kontinuierlich dokumentieren, sammelten sich in einer Region an, die von Geologen als «passiver Kontinentalrand» bezeichnet wird: ein Kontinentalschelf, der komplett innerhalb einer größeren Platte angesiedelt ist und an dem es weder Kollisionen von Kontinenten noch Subduktion, noch Vulkanismus gibt. In diesem Zustand befindet sich heute die Ostküste Nordamerikas. Es ist bewiesen, daß der Westen in einer späten Phase des Paläozoikums mit kleinen Teilen vulkanischer Kruste kollidierte, wahrscheinlich ähnlich den Inselbögen, die heute den westlichen Pazifik prägen; auf eine größere Kollision zwischen Kontinenten deutet nichts hin. Auf der gegenüberliegenden Seite des Kontinents lagen die Dinge jedoch völlig anders: Im Osten Nordamerikas gibt es etliche Hinweise auf Vulkanismus, Kollisionen und Gebirgsbildung während des ganzen Paläozoikums. All dies war Teil eines Prozesses, in dessen Verlauf alle größeren damaligen Kontinente zu dem «Superkontinent» Pangäa zusammengeschlossen wurden.

Den Beweis für diesen Vorgang liefert der Gebirgsgürtel der Appalachen. Dieses geologische Gebiet erstreckt sich von Neufundland im Norden bis nach Alabama im Süden, und dies ist nur der sichtbare, oberirdische Teil (siehe Abb. 4.3). Ein Großteil der ursprünglichen Gebirgskette liegt heute unter der Erdoberfläche. Wie es bei einem so ausgedehnten Gebirge vielleicht zu erwarten ist, finden sich entlang der Appalachen ganz verschiedenartige Gesteinsformationen. Dies ist eine Folge davon, daß die verschiedenen Teile des Gebirges jeweils eine unterschiedliche geologische Geschichte durchlaufen haben. Sieht man aber von den Details ab, so dokumentieren die Appalachen im Gesamtbild, wie sich ein ehemaliges Ozeanbecken schloß und sich große Kontinente – Nordamerika, Europa und Afrika – zu einer einzigen Landmasse zusammenfügten. Obwohl diese Ereignisse vor Hunderten von Millionen Jahren stattfanden, zeigen genaue Vergleiche der erhaltenen Gesteine der Appalachen viele Ähnlichkeiten auf mit denen deutlich jüngerer Gebirgsketten, beispielsweise der Alpen, die ebenfalls durch eine Kollision von Kontinenten entstanden sind.

Die heutigen Appalachen sind aber keine große Gebirgskette mit gezackten, schneebedeckten Gipfeln; vielmehr bestehen sie größtenteils aus einer Reihe anmutiger, sanfter Hügel und Täler. Das geologische Gebiet der Appalachen umfaßt die schönen Blue Ridge Mountains in Virginia, die Great Smoky Mountains in Nordkarolina und die Green Mountains in Vermont. Die heutige Topographie hat genaugenommen mit dem ursprünglichen Gebirge wenig zu tun, das bereits in der Mitte des Mesozoikums durch Erosion abgetragen worden war. Im südlichen Teil des Gebietes bedecken heute tiefliegende Sedimente einer Küstenebene mindestens die halbe Breite der erodierten Gebirgskette. Das heutige Gebirge ist das Ergebnis einer relativ leichten Hebung des ehemaligen Faltengebirges in der geologisch jüngeren Vergangenheit, gefolgt von unterschiedlicher Erosion der jeweiligen Gesteinstypen, welche dem Großteil der Gebirgskette ihre charakteristische, von Tälern und Hügelkämmen geprägte Struktur verliehen hat.

Das Gebirge der Appalachen ist zwar geologisch komplex, seine physischen Merkmale sind aber weitgehend bekannt, weil amerikanische und kanadische Geologen es seit gut einem Jahrhundert in allen Einzelheiten erforscht haben. Die Theorien über die Entstehung und Entwicklung des Gebirges, die vor der Einführung der Plattentektonik in den sechziger Jahren aufgestellt worden waren, konnten nicht überzeugen. Insbesondere fehlte es diesen früheren Szenarien an Erklärungen für den Vulkanismus, die Verwerfungen und die stark ausgeprägte Metamorphose, die in den erhaltenen Gesteinen der Appalachen dokumentiert sind. Nach der Erkenntnis, daß die Kontinente und Ozeane keine unveränderlichen Elemente der Erde darstellen, wurden dann plausiblere Hypothesen aufgestellt. In groben Zügen entspricht die zur Zeit allgemein anerkannte Theorie über die

Entstehung der Appalachen der unten folgenden Beschreibung. Dabei darf jedoch nicht außer acht gelassen werden, daß die Geschichte in Wirklichkeit sehr viel komplexer war, als es sich in dieser kurzen Zusammenfassung darstellen läßt, und daß sich die Abfolge der Ereignisse von einem Ort zum anderen entlang der entstehenden riesigen Gebirgskette stark unterschied.

Während des Kambriums und bis ins Ordovizium hinein stieg der Meeresspiegel an, und die Küste im Osten Nordamerikas verlagerte sich langsam nach Westen. Mächtige Sedimentschichten, vor allem karbonatische Gesteine wie Kalkstein, wurden entlang des Kontinentalrands abgelagert. Zu der Zeit war die Ostküste, ebenso wie die Westküste, ein passiver Kontinentalrand. Doch um die Mitte des Ordoviziums begann der Ozean sich nach Osten hin zu schließen, weil der Ozeanboden subduziert wurde (siehe Abb. 8.2). Als der letzte Rest des Ozeanbodens durch Subduktion beseitigt war, folgte der erste der drei Hauptabschnitte der Gebirgsbildung, die in der Geschichte der Appalachen unterschieden werden. Der nordamerikanische Kontinent kollidierte mit einer Reihe von Krustenfragmenten; die große Plattform aus karbonatischen Sedimenten, die sich entlang des Kontinentalrands abgelagert hatten, wurde zerdrückt, und Teile davon wurden bis weit nach Westen ins Innere des Kontinents geschoben. Währenddessen schloß sich der Ozean im Osten durch die Verschiebung der Platten immer weiter, je mehr Kruste subduziert wurde. Wahrscheinlich vor 380 bis 390 Millionen Jahren war der Ozean im Lauf dieses Vorgangs vollständig verschluckt worden, und das heutige Skandinavien sowie Teile Großbritanniens kollidierten mit Nordamerika. Dieser zweite Abschnitt der Entstehung der Appalachen läßt sich in Europa und in Amerika nachweisen; die Gesteinsarten, Fossilien und geologischen Strukturen aus dieser Zeit sind auf beiden Seiten des Atlantiks sehr ähnlich. Etwa 70 oder 80 Millionen Jahre später kollidierte ein weiterer großer Kontinent – Nordwestafrika (und wahrscheinlich auch Südamerika) – mit dem südlichen Nordamerika. Dieses Ereignis leitete die letzte Phase der Gebirgsbildung ein. Die Kollision war vermutlich auch für die Entstehung der Ouachita Mountains in Oklahoma und Arkansas verantwortlich, welche im wesentlichen eine Fortsetzung der Appalachen um den südlichen Rand Nordamerikas bilden. Abbildung 8.2 veranschaulicht stark vereinfacht in einer Reihe von Momentaufnahmen, wie diese Kollisionen verlaufen sein könnten. Es ist zu beachten, daß sich die Skizze speziell auf die Ereignisse in den südlichen Appalachen bezieht und daß sie die Kollision mit einem Inselbogen (A) und nicht mit Nordeuropa als die zweite Entstehungsphase der Appalachen zeigt.

In einer letzten Phase der Gebirgsbildung in den Appalachen wurden der riesige Südkontinent Gondwana, zu dem Afrika gehörte, und die nördliche Landmasse aus Amerika und Europa zusammengefügt. Damit war die Vereinigung des Superkontinents Pangäa, der sich von einem Pol zum anderen erstreckte, nahezu abgeschlossen (siehe Abb. 8.4). Später spaltete sich dieser gewaltige Kontinent erneut, und der heutige Atlantik entstand.

Was sich im Zuge der Entstehung der Appalachen abgespielt hat, ist typisch für ähnliche Vorgänge, in deren Verlauf jüngere Gebirgsgürtel wie die Alpen aufgefaltet wurden. Auch wenn die einzelnen Schritte nicht geklärt werden konnten, sind viele ältere geologische Gebiete das Ergebnis vergleichbarer Ereignisse, beispielsweise die Grenville-Region, die in Kapitel 4 behandelt wurde. Genaugenommen sind die Grenville- und die Appalachen-Region parallele, angrenzende Gürtel (siehe Abb. 4.3). Beide entstanden durch Kollisionen entlang des östlichen Randes von Nordamerika, und in beiden Fällen wurde dem Kontinentalsaum neue Kruste hinzugefügt. Die Altersstruktur des nordamerikanischen Kontinents mit seinen annähernd konzentrisch um den alten Kontinentalkern angeordneten Schichten zunehmend jüngerer Kruste führte viele Geologen zu der Annahme, daß die Kontinente wachsen, indem sich an den Rändern nach und nach neues Material anlagert.

Die Appalachen sind nicht das einzige Gebirge, das während des Paläozoikums entstanden ist. Der Ural in Zentralrußland ist ebenfalls das Ergebnis einer Kollision von Kontinenten gegen Ende der Ära und ein weiterer Schritt in der Vereinigung zu der riesigen Landmasse Pangäa. Im Gegensatz zu den Appalachen verläuft der Ural heute nicht parallel zu einem Kontinentalschelf; die Naht (Sutur) hielt, und der Kontinent hat sich bis jetzt noch nicht wieder gespalten. Auch ein Großteil des östlichen Australien wurde dem Rest dieses Kontinents während des Paläozoikums hinzugefügt, durch eine Reihe von Gebirgsbildungsphasen, von denen auch die Antarktis betroffen war. Hier beruhte der Prozeß nicht auf einer

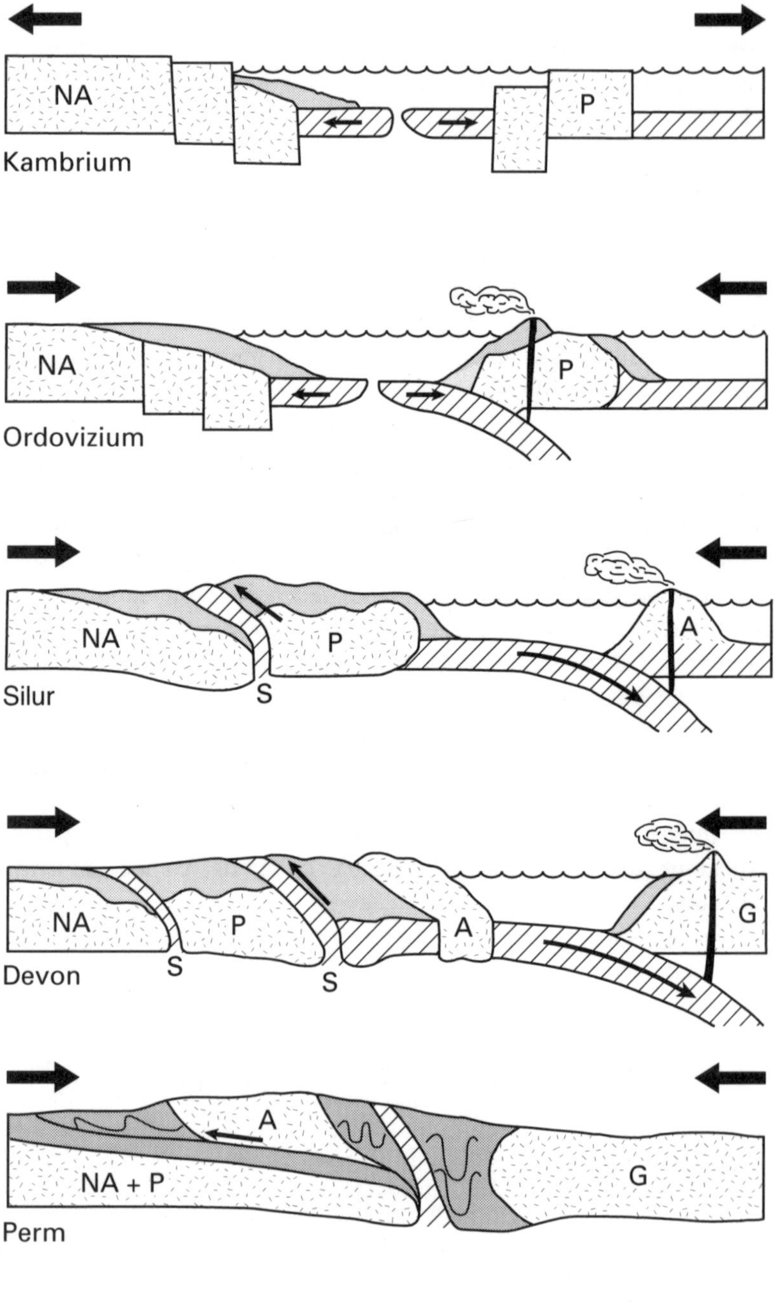
NA
P
Kambrium
NA
P
Ordovizium
NA
P
A
S
Silur
NA
P
A
G
S
S
Devon
A
NA + P
G
Perm

Kollision zwischen zwei großen Kontinenten, sondern auf der Anlagerung von Inselbögen und Randsedimenten. Dieser Vorgang glich im wesentlichen dem ersten Abschnitt der Auffaltung der Appalachen.

Das Leben im Paläozoikum

Im Verlauf des Paläozoikums formierten sich die Kontinente aufgrund der Bewegungen der Plattentektonik immer wieder neu über der Erdoberfläche, was in der Vereinigung zu Pangäa gipfelte; gleichzeitig ging die Entwicklung von Lebensformen zügig voran. Sie war mit großer Wahrscheinlichkeit stark von den wechselnden Anordnungen von Festland und Meer beeinflußt. Die sich wiederholenden Phasen des Aussterbens und der Radiation von Trilobiten haben ihre Parallele in der Fossilüberlieferung vieler anderer Gruppen von Organismen aus dem Paläozoikum.

Unter den Fossilien des Burgess-Schiefers oder seiner Äquivalente in anderen Teilen der Welt finden sich keine Wirbeltiere, das heißt Tiere, die wie Menschen eine Wirbelsäule besitzen. Die Entwicklung von Wirbeltieren setzte jedoch sehr früh ein. Die ersten Vertreter in den geologischen Urkunden sind Fische. In Sedimenten, die gegen Ende des Kambriums und während des Ordoviziums abgelagert wurden, haben Geologen Bruchstücke von Fossilien vorgefunden, die sie für Teile von Fischen halten. Diese frühen Fische besaßen offenbar starke Panzer; bei vielen Fundstücken handelt es sich um Teile von knöchernen Panzerplatten. Die Fische haben vermutlich den Meeresboden bewohnt und sich durch Filtern der Nahrung aus dem Wasser ernährt; sie waren keine Raubtiere wie die heutigen Fische

Abb. 8.2 Eine vereinfachte Rekonstruktion der Art und Weise, wie sich einige der wichtigsten Episoden der Gebirgsbildung in der Geschichte der südlichen Appalachen abgespielt haben könnten. Die Buchstaben auf den verschiedenen Krustenblöcken verweisen auf Nordamerika (NA), Gondwana (G) sowie diverse Inselbögen oder Mikrokontinente, die mit Nordamerika kollidierten (P und A). Deutlich erkennbare Suturzonen (S) trennen die verschiedenen Blöcke. Nach Abb. 13.28 in R. H. Dott, jun., und D. R. Prothero, *Evolution of the Earth.* McGraw-Hill, Inc., 5. Auflage 1994.

und hatten keine Kiefer zum Beißen. Einige Abkömmlinge dieser kieferlosen Fische leben noch heute, zum Beispiel die Neunaugen.

In Meeressedimenten finden sich die Fossilien der frühesten Fische, doch vom Silur an, das vor etwa 440 Millionen Jahren einsetzte, stammt der größte Teil der Fundstücke eher aus Süßwassersedimenten als aus marinen Ablagerungen. In der Tat ist heftig umstritten, ob sich die Wirbeltiere nun im Süßwasser oder in den Ozeanen entwickelt haben. Leider sind die sedimentären Zeugnisse der Seen und Flüsse noch unvollständiger als die der marinen Regionen, und es gibt keine stichhaltigen Beweise, um diese Frage zu klären.

Am Ende des Silurs, vor mehr als 400 Millionen Jahren, trat im Süßwasser wie im Meer eine neue Gruppe von Fischen auf. Sie besaßen Schuppen und viele scharfe, stachelige Flossen. Außerdem hatten sie Kiefer, und es liegt auf der Hand, daß sie erfolgreiche Räuber waren. Während des Devons erlebten die mit Kiefern ausgerüsteten Fische ihre Blütezeit, und verschiedene Formen entwickelten sich. Sie bildeten das Hauptglied in einer komplexen Nahrungskette, in der kleinere Arten von größeren und diese wiederum von noch größeren Artgenossen gefressen wurden. Ein bizarrer Fisch aus der Periode des Devon erreichte eine Größe von etwa zehn Metern; er war mit großen knöchernen Platten am Kopf und an der Vorderseite seines riesigen Körpers ausgestattet und besaß somit einen massiven Panzer – ein wahrhaft furchterregender Bewohner der Tiefe.

Die Herausbildung von Kiefern bedeutete einen wichtigen Schritt in der Entwicklung der Fische und in der Tat aller Wirbeltiere. Ferner ist sie ein interessantes Beispiel für ein häufig anzutreffendes Merkmal der Evolution, nämlich die Anpassung eines bereits existierenden Körperteils oder einer Körperstruktur an eine neue Aufgabe. Die meisten Paläontologen sind der Ansicht, daß sich die Kiefer der Fische aus den knorpeligen Kiemenbögen entwickelt haben, die in den Köpfen der kieferlosen Fische vorhanden waren. Sie befanden sich anatomisch gesehen an der richtigen Stelle und konnten mit einer minimalen Abwandlung als einfache Kiefer fungieren, wie in Abbildung 8.3 zu sehen ist. Bei den ersten Zähnen handelte es sich wahrscheinlich um abgewandelte Schuppen. Die Geschichte der Evolution steckt voll von solchen faszinierenden Details, und es bleibt einem nichts anderes übrig, als noch einmal zu Goulds Frage zurück-

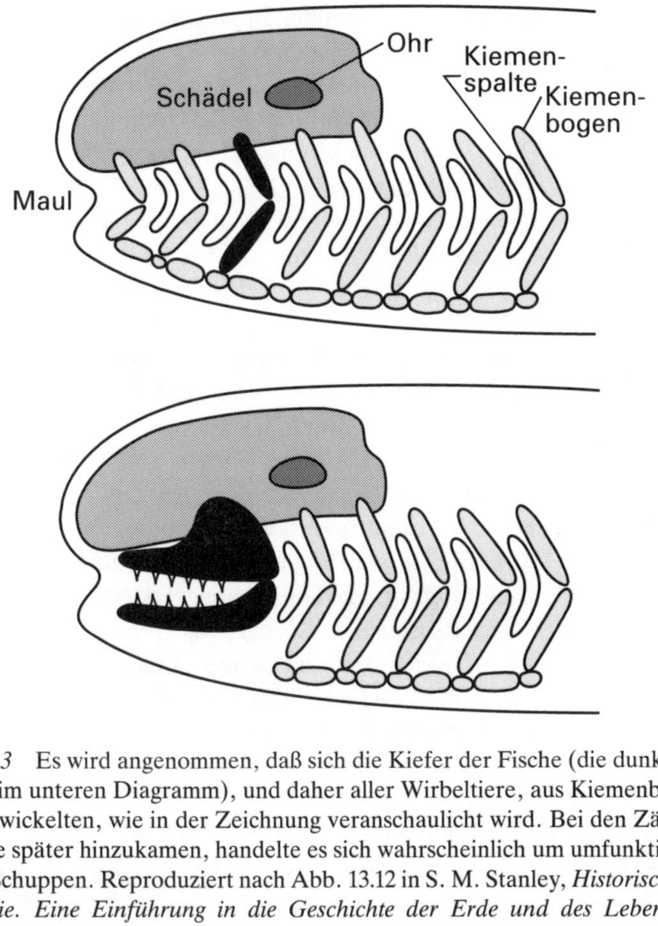

Abb. 8.3 Es wird angenommen, daß sich die Kiefer der Fische (die dunkle Fläche im unteren Diagramm), und daher aller Wirbeltiere, aus Kiemenbögen entwickelten, wie in der Zeichnung veranschaulicht wird. Bei den Zähnen, die später hinzukamen, handelte es sich wahrscheinlich um umfunktionierte Schuppen. Reproduziert nach Abb. 13.12 in S. M. Stanley, *Historische Geologie. Eine Einführung in die Geschichte der Erde und des Lebens.* Spektrum Akademischer Verlag 1994.

zukehren: Wenn das Band noch einmal abgespielt würde, bliebe die Geschichte dieselbe? Hätten sich die Kiefer auf die gleiche Weise entwickelt? Hätte es im Paläozoikum überhaupt Fische gegeben, so wie wir sie kennen?

Eine der Fischarten, die sich während des Devons entwickelten, gilt als Vorfahr der Landwirbeltiere. Diese Gruppe umfaßt die Lungenfische, von denen sich ein paar Exemplare erhalten haben. Sie leben heute in trockenen Gegenden in Australien, Afrika und Südamerika. Die Lungenfische können ihren Sauerstoff sowohl direkt aus dem Wasser beziehen – mittels ihrer Kiemen wie andere Fische – als auch durch das Schlucken von Luft in ihre rudimentären Lungen, wenn die Teiche, in denen sie leben, brackig werden oder austrocknen. Die Vorläufer der Landwirbeltiere besaßen ähnliche Fähigkeiten. Ironischerweise war die Entwicklung der landbewohnenden Tiere eine Folge der Anpassung, die die Fische durchmachten, um Dürreperioden überstehen und ihr Leben im Wasser fortsetzen zu können.

Der erste Schritt in der Entwicklung der Wirbeltiere, die ausschließlich auf dem Festland lebten, war die Herausbildung von Amphibien. Die modernen Formen wie Frösche und Kröten beginnen ihr Leben im Wasser, doch sobald sie voll entwickelt sind, kriechen sie an Land und verbringen dort gewöhnlich den größten Teil ihres Lebens. Vermutlich verlief der Lebenszyklus der frühen Amphibien ganz ähnlich. Im Devon tauchen sie zum ersten Mal in der Fossilüberlieferung auf, und einige frühe versteinerte Amphibien weisen in den Einzelheiten ihrer Körperstruktur eine so starke Ähnlichkeit mit denen der Fische aus der gleichen Zeitperiode auf, daß an ihrer nahen Verwandtschaft kein Zweifel besteht. Sie sind mit großer Wahrscheinlichkeit direkte Nachfahren der Gruppe von Fischen, zu der die luftatmenden Lungenfische gehören.

Der Übergang von den Fischen zu den zumeist auf dem Land lebenden Amphibien dauerte offenbar wenigstens fünfzehn Millionen Jahre, vielleicht auch länger. Als die Paläontologen mehr Informationen über diesen Evolutionsschritt zusammentrugen, hat ein viel komplexeres Szenario die einfache Vorstellung abgelöst, daß eine einzige Abstammungslinie von Fischen sich an Flachmeerregionen anpaßte und dann an Land kroch. Wie in der kambrischen Explosion und zu vielen anderen Zeitpunkten in der Evolution des Lebens gab es offensichtlich eine große Anzahl gleichzeitiger und parallel verlaufender Evolutionslinien, auf denen sich Amphibien entwickelten. Obwohl unter diesen Abstammungslinien gewisse Ähnlichkeiten in der Körperstruktur sowie in anderen Merkmalen bestanden, haben sich nur ein paar von ihnen erhalten.

Doch die erfolgreichen Amphibien hatten das Land für sich und entwickelten schnell verschiedene Formen. Natürlich mußten sie einige Schwierigkeiten überwinden: Ihre Vorfahren hatten sich ständig im Wasser aufgehalten, und das Festland war eine völlig fremde Umgebung. Sie mußten die Fähigkeit entwickeln, Austrocknung zu vermeiden und sich ohne Schwimmen fortzubewegen. Außerdem mußte ihr Skelett viel kräftiger werden, um ihr volles Körpergewicht in der Luft – einem wesentlich dünneren Medium als Wasser, das daher weniger stützt – tragen zu können. Und sie mußten Lungensysteme haben, die es ihnen ermöglichten, den größten Teil ihres Lebens außerhalb des Wassers zu verbringen. Dennoch gediehen die Amphibien, einige Arten erreichten eine beachtliche Größe. Sie umfaßten sowohl Fleisch- als auch Pflanzenfresser. Am Ende des Paläozoikums hatten jedoch Reptilien die Amphibien in ihrer beherrschenden Position abgelöst und damit die Voraussetzungen für den Aufstieg der Dinosaurier geschaffen. Ein Schlüsselereignis der Evolution, das den Reptilien zugute kam, war die Entwicklung eines Eies wie das der heutigen Reptilien und Vögel, nämlich mit einer harten, äußeren Umhüllung und einem Nahrungsvorrat im Inneren – eines Eies, das nicht im Wasser abgelegt werden mußte. Das Reptilienei stellte in der Tat einen eigenen tragbaren «Teich» dar: Der heranwachsende Embryo lag während der frühen, kritischen Phase seiner Entwicklung in einer Flüssigkeit, die ihn am Leben erhielt. Dies ermöglichte den Elterntieren eine weitaus weniger eingeschränkte Lebensweise.

Die ersten Reptilien traten vor etwa 330 Millionen Jahren, im Karbon, in der Fossilüberlieferung auf. Schon lange zuvor, ja noch vor der Entwicklung der Amphibien, hatten Pflanzen bereits das Festland erobert. Genau wie die ersten Landtiere vermehrten sie sich rasch und bevölkerten die neue Umgebung. Tatsächlich wird das Karbon nach seinen häufigen, kohlenstoffreichen Kohlelagerstätten benannt (lat. *carbo* = Kohle), den umgewandelten Überresten riesiger Massen von Pflanzenmaterial aus alten tropischen Wäldern.

Die ersten Pflanzenfossilien auf Land sind in der Periode des Silur nachgewiesen. Wie die Amphibien und Reptilien hatten die Pflanzen bei ihrer Besiedlung des Festlands mit erheblichen Problemen zu kämpfen, Problemen, die in der Tat große Ähnlichkeiten mit denen des Tierreichs aufwiesen. Die ersten Landpflanzen bildeten wie die heutigen Farne Sporen und benötigten zur Fortpflanzung feuchte Klimaverhältnisse. Sie waren vermutlich auf küstennahe Gegenden beschränkt und lebten zum Teil in Gewässern oder zumindest in deren Nähe. Sporenbildende Pflanzen breiteten sich während des Paläozoikums stark aus. Bei den meisten Kohlelagerstätten des Karbons in der nördlichen Halbkugel beispielsweise handelt es sich größtenteils um die Überreste riesiger sporenbildender Bäume, die in Sümpfen gediehen. Ein eigentümliches Merkmal vieler Kohlelager ist, daß die Kohlenflöze in sich wiederholenden Zyklen vorkommen, stets im Wechsel mit marinen Sedimenten. Offenbar wurden die tiefgelegenen Kohlensümpfe periodisch vom Meerwasser überflutet – ein weiterer Hinweis auf die Schwankungen des Meeresspiegels während des Paläozoikums. Im späten Paläozoikum ist in den hohen Breitengraden eine Vereisung nachgewiesen, und viele Geologen sind der Ansicht, daß die geographisch weitverbreiteten Vorkommen dieser abwechselnden Kohle- und Meeresablagerungen die Folgen des Zu- und Abnehmens der Polkappen und der damit verbundenen Schwankungen des Meeresspiegels sind.

Als die Pflanzen ihren Lebensraum vom Wasser auf das Festland verlagerten, waren sie ebenso wie die Tiere gezwungen, kräftigere Strukturen herauszubilden, um ihr eigenes Gewicht in der Luft tragen zu können. Dies führte letzten Endes zur Bildung von dicken Stämmen und Holz. Am wichtigsten war die Entwicklung eines Systems für den Transport von Wasser und Nährstoffen durch diese Stämme – des sogenannten Leitbündelgewebesystems. Eine Entwicklung, die es den Pflanzen ermöglichte, sich weit und schnell über die Kontinente zu verbreiten, war die Bildung von Samen, eine Anpassung, die in mancher Hinsicht der des Reptilieneies entsprach. Samen tauchten erstmals in der Periode des Devon auf, und sie befähigten die Pflanzen, sich fortzupflanzen, ohne auf feuchte Lebensbedingungen angewiesen zu sein. Schon sehr bald entwickelten sich große Samenpflanzen mit dicken Holzstämmen und ausgedehnten Wurzelsystemen – Bäume –, und die Oberfläche des Festlands änderte ihr Erscheinungsbild. Der Erdboden, so wie wir ihn kennen, mit einem hohen Gehalt an organischem Material aus sich zersetzender Vegetation, tauchte zum ersten Mal in der Geschichte unseres Planeten auf, als Landpflanzen die Kontinente besiedelten. Obwohl sich die Pflanzen und Tiere, die am Ende des Paläozoikums existierten, von den heutigen sehr unterschieden, wäre uns die Erde am Ende dieser Ära viel vertrauter erschienen als am Anfang.

Von allen Lebensformen, die am Ende des Paläozoikums die Erde bevölkerten, wären uns vielleicht die Insekten am vertrautesten gewesen. In der Fossilüberlieferung traten sie erstmals im Devon auf, nicht lange nach der Entwicklung der ersten auf dem Festland wachsenden Pflanzen und noch bevor die Amphibien begonnen hatten, die Kontinente zu bevölkern. Die ersten Insekten hatten keine Flügel, doch am Ende des Paläozoikums gab es Libellen, Heuschrecken und Kakerlaken, die, genau wie die Kohlensümpfe, in der Periode des Karbon ihre Blütezeit hatten. Die Lebensweise und -räume der Insekten erreichten bereits im Paläozoikum eine erstaunliche Vielfalt, und ihre Evolution muß mit der Entwicklung der auf dem Festland lebenden Tiere und Pflanzen eng verflochten gewesen sein. Heute sind die Insekten die zahlreichsten Lebewesen der Erde.

Die Verlagerung des Lebens auf das Festland steht interessanterweise im Zusammenhang mit einem Phänomen, das uns heutzutage oft in den Nachrichten begegnet – der Ozonschicht. Ozon ist ein aus drei Sauerstoffatomen bestehendes Molekül. Der häufigste Sauerstoff in der Atmosphäre ist O_2, doch die energiereiche Strahlung der Sonne spaltet in den oberen Schichten der Erdatmosphäre einen Teil dieses Sauerstoffs in einzelne Atome auf. Das Ozon entsteht, wenn sich diese Atome mit den restlichen O_2-Molekülen verbinden und O_3 bilden. Die Ozonschicht, die im oberen Teil der Atmosphäre liegt, ist für das Leben auf der Erde insofern wichtig, als das O_3-Molekül die kurzwellige (ultraviolette) solare Strahlung absorbiert. Ohne diesen Schutz würde das Leben auf dem Festland durch die intensive Ultraviolett (UV)-Strahlung schwer beeinträchtigt, wenn nicht völlig vernichtet werden. Die Lebewesen im Meer sind viel weniger gefährdet, da selbst eine relativ dünne Wasserdecke einen wirksamen Schutz bietet und die gefährliche Strahlung abblockt.

In Kapitel 4 wurden Beweise aus der Fossilüberlieferung beschrieben, die auf eine Zunahme des atmosphärischen Sauerstoffs vor etwa zwei Milliarden Jahren hindeuten. Dennoch glauben die meisten Geologen, daß der Sauerstoffgehalt sogar im frühen Paläozoikum nur einen geringen Teil seines heutigen Wertes erreicht hatte. Untersuchungen haben ergeben, daß in der oberen Atmosphäre am meisten Ozon produziert wird, wenn der Sauerstoffgehalt etwa zehn Prozent des heutigen Anteils beträgt. In dieser Konzentration des atmosphärischen Sauerstoffs bietet die Ozonschicht den wirksamsten

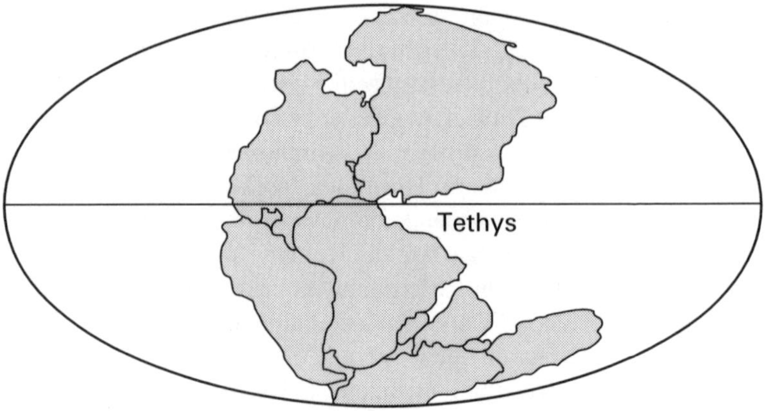

Abb. 8.4 Am Ende des Paläozoikums waren alle großen Kontinente zu der riesigen Landmasse Pangäa zusammengeschlossen, die sich von einem Pol zum anderen erstreckte. Nach Abb. 20.17 (a) in F. Press und R. Siever, *Earth*. W. H. Freeman und Co., 4. Auflage 1986.

Schutz gegen die tödliche UV-Strahlung. Unseres Wissens erreichte der Sauerstoff etwa diesen Anteil in der Periode des Silur, als die ersten Pflanzen auf dem Festland erschienen. Dies kann kein Zufall gewesen sein.

Bereits die wenigen Episoden der paläozoischen Geschichte, die in diesem Kapitel erzählt wurden, verdeutlichen, daß in dieser Ära revolutionäre Veränderungen in der Beschaffenheit der Erde stattfanden. Am Ende des Paläozoikums hatten Lebewesen die Kontinente besiedelt, die nun fast alle in einer Landmasse vereint waren; diese erstreckte sich von einem Pol zum anderen (siehe Abb. 8.4). Im Zuge der Vereinigung dieses riesigen Kontinents wurden Gebirgsketten wie die Appalachen und der Ural aufgefaltet. Die Voraussetzungen für die Entwicklung der Säugetiere, Dinosaurier und Vögel im Mesozoikum waren nun geschaffen. Doch das Paläozoikum klang keineswegs sanft aus, sondern endete mit einem Paukenschlag. Die Grenze zwischen Paläozoikum und Mesozoikum ist gekennzeichnet von dem umfassendsten Massensterben, das in der Fossilüberlieferung dokumentiert ist. Schätzungsweise 80 bis 90 Prozent (!) aller Arten, die am Ende des Perms im Meer lebten, waren zu Beginn des Mesozoikums ausgestorben, und obgleich die Zeugnisse über die auf dem Festland lebenden Tiere und Pflanzen viel lückenhafter sind, wird aus ihnen deutlich, daß auch Landbewohner schwer von diesem Massensterben betroffen waren. Trotz vieler Theorien ist nicht geklärt, wodurch diese Katastrophe für das Leben auf der Erde ausgelöst wurde. Einige Theorien, die aufgestellt wurden, um dieses und andere Massensterben in den geologischen Urkunden zu erklären, werden in Kapitel 10 eingehender untersucht.

9

Von Pangäa bis (beinahe) zur Neuzeit: Das Mesozoikum

Zu Beginn des Mesozoikums vor etwa 250 Millionen Jahren waren die meisten der heutigen Kontinente, wie im vorigen Kapitel erörtert wurde, zu der riesigen Landmasse Pangäa zusammengeschlossen. Am Ende dieser Ära, vor 65 Millionen Jahren – geologisch betrachtet vor gar nicht so langer Zeit –, sah die physische Welt der heutigen schon viel ähnlicher. Natürlich bestanden noch immer deutliche Unterschiede: Indien war eine große Insel südlich des Äquators, die nach Norden driftete, bis sie schließlich mit Asien kollidierte, und Australien war noch mit dem antarktischen Kontinent verbunden. Doch eine Karte von der Erde vor 65 Millionen Jahren kommt uns immerhin nicht völlig fremd vor.

Das Mesozoikum wird bisweilen als das Zeitalter der Reptilien bezeichnet. Die charakteristischste Lebensform waren aber die Dinosaurier, besonders während der Periode des Jura. Das Ende der Ära war wie das ausgehende Paläozoikum von einem großen Massensterben gekennzeichnet. Es war nicht so verheerend wie das am Ende des Paläozoikums, doch da auch die Dinosaurier davon betroffen waren, hat es die Phantasie von Wissenschaftlern und Laien gleichermaßen beschäftigt. Obwohl die Dinosaurier sich gegenüber anderen Tieren durchgesetzt und behauptet hatten, war ihr Ende äußerst abrupt, abrupter als die meisten anderen Massensterben in den geologischen Urkunden. Wie im nächsten Kapitel ausgeführt wird, war das Massensterben am Ende des Mesozoikums aller Wahrscheinlichkeit nach die Folge einer ganz plötzlichen globalen Katastrophe. Hätte dieses unglückselige Ereignis nicht stattgefunden, würden die Dinosaurier womöglich noch heute unter uns weilen.

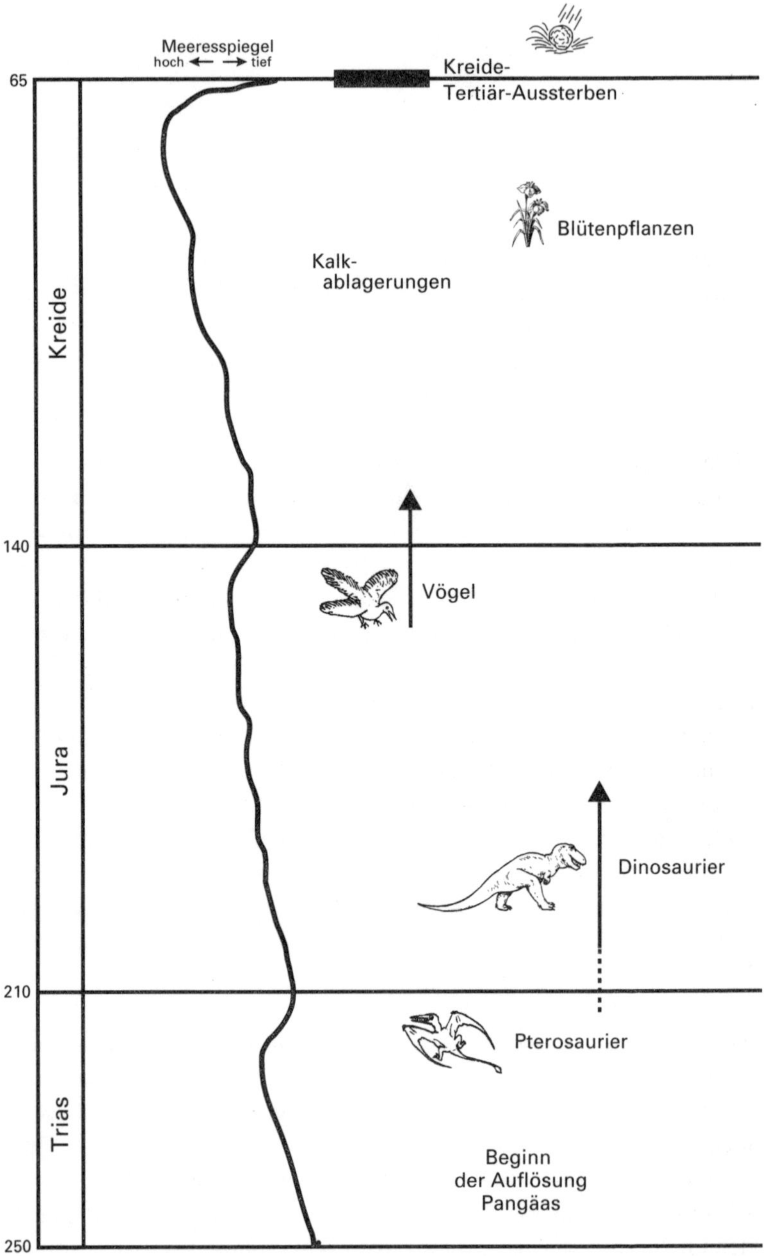

Ereignisse des Mesozoikums. Zeitangaben in Millionen Jahren vor der Gegenwart.

Pangäa, das Klima und die Auflösung eines Superkontinents

In den Gesteinen liegen zahlreiche Beweise dafür vor, daß der Meeresspiegel gegen Ende des Paläozoikums, also während des Perms, auf einen sehr tiefen Stand abgesunken war. Da die Kontinente zu Pangäa vereint waren, bildete sich entlang der mittelozeanischen Rücken relativ wenig neuer Meeresboden. Junge Rücken verlagern sich nach oben in seichte Tiefen und verdrängen Meerwasser auf die Kontinente; alter Meeresboden dagegen sinkt mit dem gegenteiligen Effekt auf ein tieferes Niveau ab. Dies könnte der Grund für den niedrigen Meeresspiegel im Perm sein. Ferner war das Klima vor allem im Inneren des Superkontinents Pangäa am Ende des Paläozoikums und bis ins Mesozoikum sehr trocken. Die Beweise stammen zum Teil von der fossil erhaltenen Flora und Fauna, zum Teil von den Arten der Sedimentgesteine, die zu dieser Zeit gebildet wurden.

Was deutet in den Gesteinen auf ein trockenes, warmes Klima hin? Ein wichtiger Hinweis ist die große Menge an Sandstein, insbesondere Sandstein, der aus verfestigten Sanddünen besteht. In der heutigen Welt sind Sanddünen kennzeichnend für die heißen, trockenen Klimaverhältnisse der Wüsten, und es gibt keinen Grund zur Annahme, daß dies in der Vergangenheit anders war. Sandstein kann in unterschiedlichen Gegenden entstehen, doch es ist in der Regel sehr einfach, zwischen Sandstein, der einst aus Sanddünen bestand, und Sandstein, der entlang von Stränden oder in Flüssen abgelagert wurde, zu unterscheiden. Beispielsweise transportiert der Wind grobe Sandkörner und Kieselsteine nicht weiter; deshalb sind die Körner, die die Sanddünen bilden, klein und viel einheitlicher als der Sand der Strände und Flüsse. Außerdem weist die Schichtstruktur, welche die Art und Weise widerspiegelt, in der die Sedimente tatsächlich abgelagert wurden, in beiden Fällen große Unterschiede auf. Doch obwohl Dünensedimente im Perm weit verbreitet sind, sind sie nicht der einzige Nachweis für eine Trockenheit. Darüber hinaus gibt es eine große Zahl Evaporite, oder Salzablagerungen, die dann entstehen, wenn einzelne Gewässer vom offenen Meer abgetrennt werden und verdunsten. Lediglich die Salze bleiben zurück, die in ihnen gelöst waren. Wie die Sanddünen deuten auch die Evaporitablagerungen auf ein trockenes, warmes Klima hin.

Unter Geologen wird gelegentlich darüber diskutiert, welche Bedeutung die soeben erörterten Beweise für das Verständnis des globalen Klimas im ausgehenden Paläozoikum haben. Pangäa erstreckte sich über beide Seiten des Äquators, und ein großer Teil der Evaporite und Dünensedimente entstand in niedrigen Breitengraden. Womöglich war das Klima gar nicht so ungewöhnlich warm, und ihre Existenz ist lediglich die Folge ihrer geographischen Lage. Außerdem herrschten im Inneren der riesigen kontinentalen Landmasse Pangäa vermutlich trockene Klimaverhältnisse, mit großen Temperaturschwankungen – heiße Sommer und kalte Winter – ungeachtet der globalen Durchschnittstemperatur. Daher muß man trotz der Hinweise bei der Interpretation Vorsicht walten lassen. Es ist gar nicht so einfach, die Einzelheiten des Erdklimas vor 250 Millionen Jahren genau zu rekonstruieren.

Doch ungeachtet der Details ist bekannt, daß sich die Kontinente langsam bewegen und daß die Auflösung Pangäas sehr lange dauerte. Der Einfluß dieser riesigen Landmasse auf das Klima hielt noch bis weit ins Mesozoikum an. Evaporitablagerungen, bereits im Perm weit verbreitet, sind in der Trias noch häufiger anzutreffen. Die triassischen Ablagerungen dienen jedoch nicht nur als Beweis für warme, trockene Klimaverhältnisse, sondern sie dokumentieren auch die Anfangsphasen der Auflösung Pangäas. Als sich der Superkontinent langsam spaltete, strömte das Meer periodisch in die entstehenden Grabenbrüche. Sei es infolge des sich verändernden Meeresspiegels oder weil der Zugang zum Meer aus anderen Gründen abgeschnitten war, diese überfluteten Gräben trockneten zeitweilig aus – vor allem wenn sie in warmen Regionen lagen – und ließen charakteristische Salzablagerungen zurück. In der jüngeren Vergangenheit ging genau derselbe Prozeß im Roten Meer vor sich, das noch immer einen relativ jungen Grabenbruch zwischen Ägypten und Saudi-Arabien bildet. In seinen Anfangsphasen war dieser Graben ebenfalls gelegentlich von Meerwasser überflutet, das dann verdunstete. Der Beweis für dieses Vordringen des Meeres ist eine Folge von Salzschichten, die unter den gewöhnlichen Sedimenten auf dem Grund des Roten Meeres liegen.

Die Auflösung Pangäas war das bedeutendste geographische Ereignis des Mesozoikums. Obwohl sie langsam vonstatten ging, verlief sie im großen und ganzen kontinuierlich. Sie begann mit der Abspaltung Europas von Afrika von Osten nach Westen, setzte sich fort mit der allmählichen Öffnung des Nordatlantiks zwischen Nordamerika, Europa und Afrika und endete schließlich mit der Abtrennung Südamerikas von Afrika, was zur Entstehung des Südatlantiks führte. Am Ende dieses Vorgangs hatte sich die physische Welt völlig gewandelt, und diese geographische Umbildung hatte gravierende Folgen sowohl für das Klima als auch für den Verlauf der biologischen Evolution. Die Meeresströmungen, die als Hauptmechanismus des Wärmetransports von einer Region der Erdoberfläche in eine andere fungieren, wurden durch die Neuverteilung der Kontinente grundlegend verändert. Neuentstandene Ozeanbecken wurden zu Barrieren für die Pflanzen- und Tierwelt, vor allem für die auf dem Festland lebenden Organismen, doch auch die marinen Arten waren davon betroffen. Da die Auflösung Pangäas für unsere heutige Welt so bedeutsam ist – ihre Folgen wirken in den verschiedensten Bereichen nach, von der Verbreitung der tierischen Lebensformen bis zu unserem jetzigen Klima –, lohnt es sich, einige Einzelheiten ihres Verlaufs genauer zu verfolgen. Damit dieser Vorgang sich leichter nachvollziehen läßt, werden in Abbildung 9.1 «Momentaufnahmen» der Erdgeographie zu verschiedenen Zeitpunkten des Mesozoikums gezeigt.

Am Ende des Paläozoikums drang ein Teil des den Erdball umspannenden Ozeans in westlicher Richtung in Pangäa ein, in die Region, die heute als das Mittelmeer bekannt ist. Das eindringende Meer strömte weiter nach Westen, der sich öffnende Grabenbruch spaltete schließlich Pangäa und trennte Europa von Afrika. Das dadurch entstehende, von Osten nach Westen verlaufende Gewässer wurde zu einem eigenen Meer, bei den Geologen als «Tethys» oder «Tethysmeer» bekannt. Die Entstehung der Tethys wirkte sich entscheidend auf das Erdklima aus, da die in Ost-West-Richtung verlaufenden Meeresströmungen durch das neue Gewässer hindurchfließen konnten. Als sich die Bruchspaltenbildung dann noch weiter nach Westen verlagerte und Südamerika von Nord- und Mittelamerika getrennt wurde, waren die Gewässer auf beiden Seiten Pangäas schließlich miteinander verbunden. Die Senkungsbecken, die sich bei der Öffnung der Tethys bildeten, befanden sich in warmen Regionen niedriger Breitengrade. Das Meerwasser überflutete die Becken während der Frühphasen ihrer Entstehung periodisch und verdunstete wenig später; so entstanden Salzablagerungen. Diese triassi-

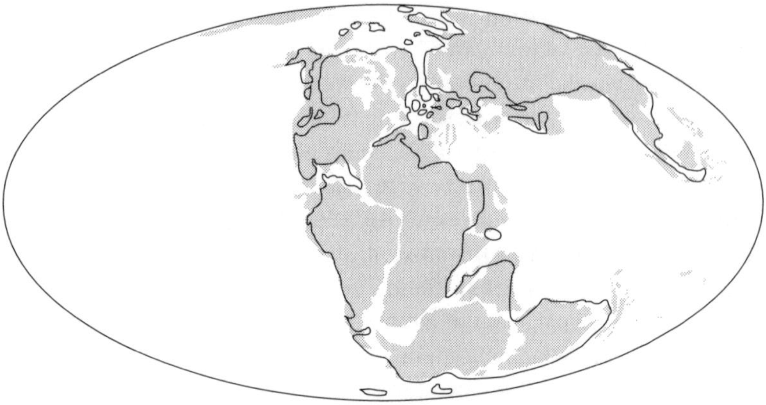

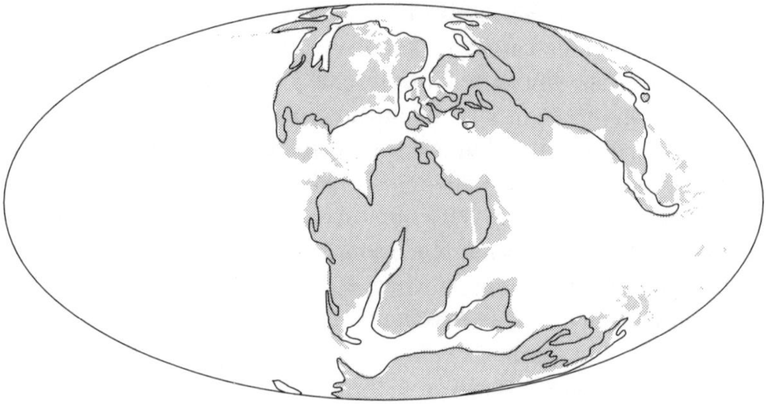

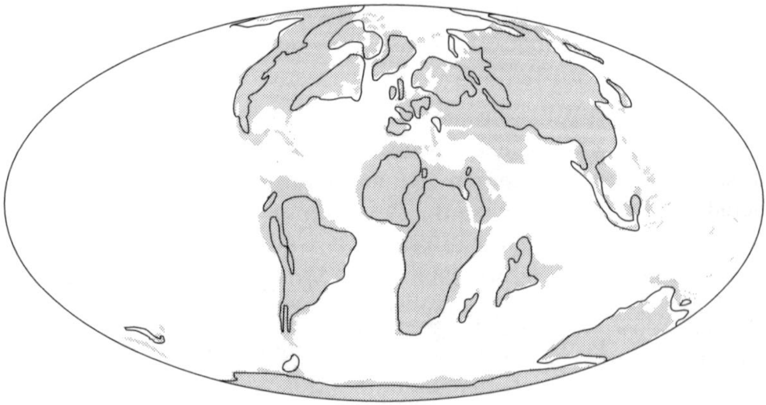

schen Evaporite sind heute entlang des nordwestlichen Randes von Afrika sowie in vielen Teilen Europas zu finden.

Die Evaporitschichten des Mesozoikums sind für die Rekonstruktion der allmählichen Auflösung Pangäas hilfreich. Die Geologen konnten die fortschreitende Riftbildung und somit die Chronologie der Spaltung des Kontinentes verfolgen, indem sie das entsprechende Alter der Ablagerungen ermittelten. Den Zusammenhang zwischen der frühen Aufspaltung Pangäas und den Salzablagerungen legte erstmals 1975 Kevin Burke, damals an der State University of New York in Albany, in aller Klarheit dar. Abbildung 9.2 zeigt in Skizzenform, an welchen Stellen Evaporite nachgewiesen wurden, die, wie Burke feststellte, aus der Aufspaltung Pangäas hervorgingen. Außerdem zeigt sie, über welche Wege das Meerwasser in diese Stellen eindrang. (Die heutigen Kontinente Nordamerika, Europa, Afrika und Südamerika muß man sich anfangs wie in Abbildung 8.4 «aneinandergeschmiegt» vorstellen, ohne Atlantik und ohne Mittelmeer.) Die Auflösung begann, als sich die Tethys nach Westen hin öffnete. In den schmalen Rifts, die der vollen Ausbreitung dieses Meeres ins Innere Pangäas vorausgingen, wurden Evaporite abgelagert; sie entstanden in der frühen Trias und gehören zu den ältesten mesozoischen Salzablagerungen. Nordamerikanische Äquivalente dieser Ablagerungen entstanden, als Nordamerika durch die Spaltung nach und nach sowohl von Europa als auch von Nordafrika getrennt wurde, und sind heute entlang des ostkanadischen Kontinentalschelfs zu finden.

Mit der Zeit verlagerte sich die Bruchspaltenbildung weiter nach Westen und Süden, sie durchzog jenes Gebiet der Vereinigten Staa-

Abb. 9.1 Die Auflösung Pangäas war das vorherrschende Merkmal der Erdgeographie während des Mesozoikums. Von oben nach unten zeigen diese drei «Momentaufnahmen» die Verteilung der Kontinente vor annähernd 170, 120 und 70 Millionen Jahren. Um die Vergegenwärtigung des Vorgangs zu erleichtern, sind die heutigen Umrisse der Kontinente grau schattiert, während die Kontinentalränder zur Zeit des Mesozoikums mit einer dicken, dunklen Linie gekennzeichnet sind. Die Abbildungen sind abgeändert nach Karten in A. G. Smith, D. G. Smith und B. M. Funnell, Hg., *Atlas of Mesozoic and Cenozoic Coastlines.* Cambridge University Press 1994.

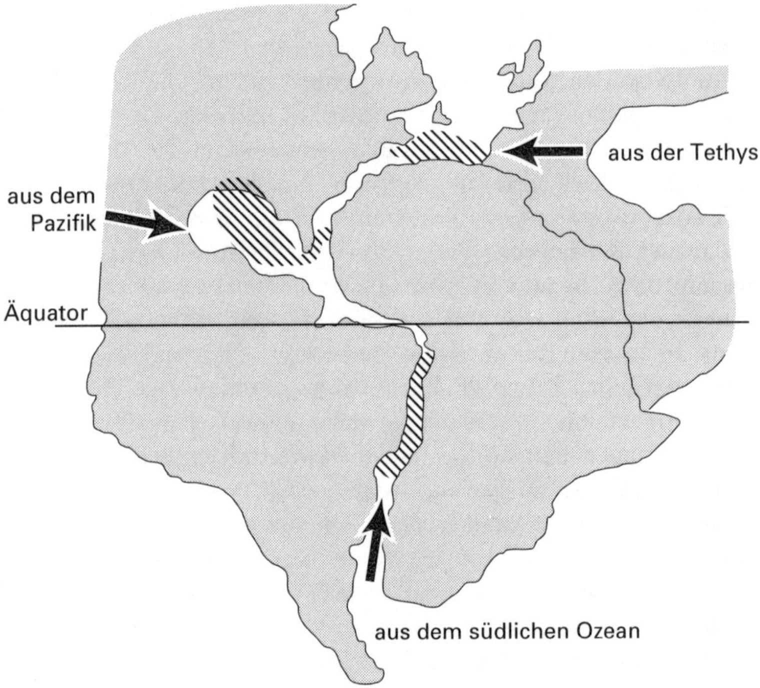

Abb. 9.2 Salzablagerungen (schraffierte Gebiete auf der Abbildung) bildeten sich, als Meerwasser in die Rifts strömte, die bei der allmählichen Auflösung Pangäas entstanden. Modifiziert nach Abb. 1 von K. Burke in: *Geology*. Nov. 1975, S. 614. Geological Society of America.

ten, in dem sich heute der Golf von Mexiko befindet, und trennte am Ende Südamerika von Nordamerika. Erst relativ spät im Jura wurden die mächtigen Salzsedimente des Golfs von Mexiko abgelagert. Vermutlich drang das Wasser, aus dem diese Evaporite ausgeschieden wurden, von der Pazifikseite des Kontinents in das Rift ein. Die Ablagerungen finden sich sowohl vor der Küste, innerhalb der Sedimente des Golfs selbst, als auch auf dem Festland, wo sie unter marinen Sedimenten in den Bundesstaaten Texas und Louisiana und in Mexiko begraben sind. Die Evaporite des Golfs von Mexiko sind den Geologen besonders gut bekannt, da die Salze infolge ihrer geringen Dichte an einigen Stellen in großen Tropfen durch die umliegenden Sedimentgesteine aufgestiegen sind, diese verformt und in ihnen Fallen gebildet haben, wo sich große Mengen an Erdöl ansammelten. Diese sogenannten «Salzdome» sind unter dem Meeresgrund begraben und nur durch Fernerkundung aufzuspüren; sie bilden attraktive Ziele bei der Suche nach Ölfeldern.

Eine weitere Gruppe von Evaporiten entstand, als das Meerwasser in die frühen, schmalen Grabenbrüche strömte, welche die Abspaltung Afrikas und Südamerikas in Gang setzten. Diese Ablagerungen sind jünger als die Europas oder des Golfs von Mexiko und stammen aus der frühen Kreidezeit. Somit bietet die unterschiedliche Altersstruktur der Salzablagerungen an den Rändern der heutigen Kontinente einen eindeutigen Beleg für die fortschreitende Auflösung Pangäas. Natürlich sind die Evaporite nicht das einzige Dokument der kontinentalen Aufspaltung, aber sie sind besonders nützlich, da es sich bei ihnen um marine Ablagerungen handelt und ihr Alter sich normalerweise ziemlich genau eingrenzen läßt, und zwar anhand von Fossilien, die in den gewöhnlichen, dazwischenliegenden Sedimenten enthalten sind.

Nicht an allen kontinentalen Rifts bilden sich Evaporitvorkommen. Dennoch lassen sich selbst sehr alte Rifts in der Regel anhand der charakteristischen Gesteinsfolge identifizieren, die in ihnen vorkommt und ihre Geschichte dokumentiert. Wenn die kontinentale Kruste langsam auseinanderbricht, sammeln sich Sedimente an, wie sie in jedem von steilen Wänden umgebenen Tal zu finden sind: mächtige Ablagerungen von Material, das von den Steilwänden hinabgespült wurde, bezeichnenderweise Sedimentgestein in Form von Konglomeraten, also Mischungen aus relativ groben Gesteinsbrokken verschiedener Form und Größe, die durch ein feinkörnigeres Bindemittel miteinander verkittet sind. Häufig bilden sich entlang der großen Rifts auch Seen, die später Abschnitte mit relativ feinkörnigen Sedimenten zurücklassen. Der Ostafrikanische Grabenbruch ist ein gutes Beispiel aus der heutigen Zeit für ein Rift in diesem Entwicklungsstadium. Er ist durch eine lange Seenkette gekennzeichnet, von denen der Tanganjikasee und der Njassasee die größten sind. Rifts zeichnen sich oftmals durch vulkanische Aktivität aus, da während der Dehnung und Ausdünnung der kontinentalen Kruste heißes Material im Erdmantel aufsteigt und allmählich schmilzt. Auch hierfür ist der mit Vulkanen wie dem Kilimandscharo übersäte Ostafrikanische Grabenbruch ein gutes aktuelles Beispiel. Die Kennzeichen eines echten Rifts sind somit einzigartig. Zu ihnen zählen wahrscheinlich Konglomerate, Ablagerungen aus Binnengewässern und vulkanische Gesteine, möglicherweise auch Evaporitvorkommen, wenn sich das Rift genügend ausbildet, um Meerwasser hineinströmen zu lassen.

In manchen Fällen schafft es ein Rift nicht, die kontinentale Kruste aufzubrechen; seine große Narbe wird allmählich mit Sedimenten verfüllt und hinterläßt somit an der Oberfläche wenige sichtbare Spuren. Dehnt sich aber der Grabenbruch weiter aus, so wird aus dem sporadischen Zustrom von Meerwasser schließlich ein kontinuierlicher, und das Rift wird ein eigenes Binnenmeer oder ein Ozean. Genau das geschah mit den Grabenbrüchen Pangäas, aus denen schließlich der Atlantische Ozean entstand. In solchen Fällen bleibt die einzigartige Sedimentfolge, die die frühen Phasen der Riftbildung kennzeichnet, lediglich in schmalen Streifen entlang der gegenüberliegenden, möglicherweise durch Tausende Kilometer getrennten Ränder des neuen Ozeanbeckens erhalten.

Der Wilde Westen

Aus den in Kapitel 8 geschilderten Ereignissen ist klar ersichtlich, daß das östliche Nordamerika in geologischer Hinsicht während des Paläozoikums ein Ort großer Aktivität war. Die Gebirgskette der Appalachen faltete sich auf während der Vereinigung der Kontinente zu der Landmasse Pangäa und ist ein Vermächtnis der Ereignisse, die damals stattfanden. Doch als Pangäa wieder auseinanderbrach, änderte sich die Lage von Grund auf. Sicherlich kam es am Rand der sich spaltenden Landmasse hin und wieder zu Vulkanismus; als sich das Rift aber weitete, entfernte sich der Kontinentalrand immer weiter von der Plattengrenze und somit von dem Ort der größten geologischen Aktivität. Die Ostküste Nordamerikas wurde ein passiver Kontinentalrand, und das Hauptgeschehen in geologischer Hinsicht verlagerte sich nach Westen.

Entlang der Westküste, von Mexiko bis nach Alaska, wurde dem nordamerikanischen Kontinent während des Mesozoikums ein breiter Streifen von Gesteinsmaterial hinzugefügt. Dabei wurden nicht etwa große, identifizierbare Kontinentalmassen zusammengeschweißt, so wie Afrika, Europa, Nord- und Südamerika zu Pangäa vereint worden waren. Vielmehr wurden nach und nach viele kleine Krustenfragmente hinzugefügt. Wenn es ein aktuelles Beispiel für einen ähnlichen Vorgang gibt, könnte es durchaus im westlichen Pazifik zu finden sein. Würden sämtliche Inselbögen und Mikrokontinente, von Kamtschatka und Japan bis zu Indonesien, auf die asiatische Landmasse zutreiben, könnte das Ergebnis in mancher Hinsicht den Vorgängen im westlichen Nordamerika während des Mesozoikums ähneln.

Geologen haben die kleinen Fragmente kontinentalen Materials, die an große Kontinentalblöcke geheftet wurden, «exotische» Formationen genannt. Die Bezeichnung deutet auf die ungewöhnliche Beschaffenheit solcher Blöcke hin. Die Geologen wurden zunächst auf sie aufmerksam, weil zwischen ihnen und ihrer Umgebung sehr wenige Gemeinsamkeiten bestanden: In der Regel weisen sie ein anderes Alter auf, enthalten andere Fossilien und bestehen aus anderen Gesteinstypen als die benachbarten Teile der Kruste. Exotische Formationen sind nicht nur im westlichen Nordamerika zu finden; sie wurden auch in den Appalachen und in vielen anderen Gebieten registriert. Doch der Westen Nordamerikas, wo etwa 200 (!) solcher Fragmente entdeckt wurden, ist ein klassisches Beispiel. Die meisten exotischen Kontinentalblöcke wurden während des Mesozoikums hinzugefügt. Abbildung 9.3 zeigt lediglich einige der größeren Blöcke, die näher bestimmt wurden.

Wegen dieses Mosaiks aus Kontinentalblöcken ist die Geologie des westlichen Nordamerika in ihren Details sehr komplex. Doch es fällt nicht schwer, sich die Grundzüge seiner Geschichte zu vergegenwärtigen. Während eines Großteils des Mesozoikums befand sich entlang des gesamten westlichen Kontinentalrands eine Subduktionszone. Ozeanboden wurde in den Erdmantel hinabgezogen; er riß alle Inseln oder Mikrokontinente in der näheren Umgebung mit sich. Im Gegensatz zur ozeanischen Kruste war dieses Material jedoch nicht dicht genug, um in den Mantel hinabzusinken, und so wurde es dem Kontinent hinzugefügt, als es den westlichen Rand Nordamerikas erreichte. Es gibt Hinweise darauf, daß es zeitweise multiple Subduktionszonen gab, die mehr oder weniger parallel zur Küste verliefen. Zu jeder Zone gehörte eine Kette vulkanischer Inseln, die Kruste produzierten. Diese Kruste wiederum kollidierte mit Nordamerika

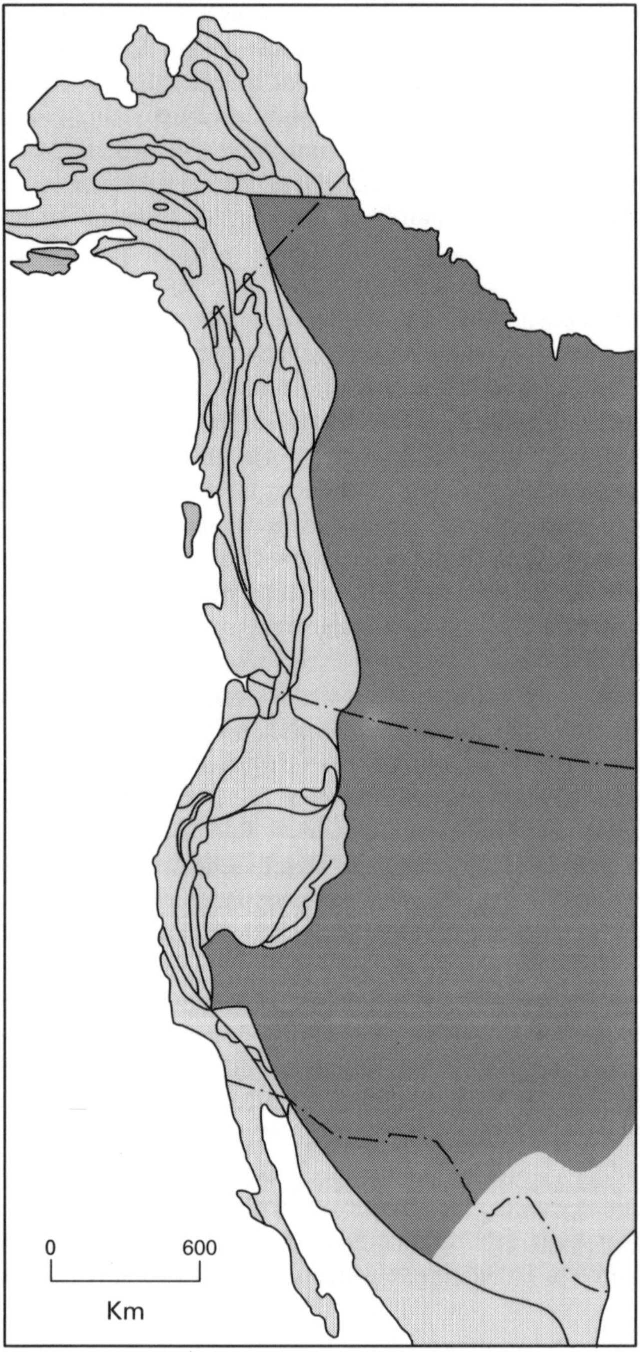
0
600
Km

und wurde mit dem Kontinent verbunden. Die exotischen Formationen umfassen eine große Vielfalt an Material, darunter nicht nur vulkanische Gesteine, die denen heutiger Inselbögen ähneln, sondern auch Meeressedimente und bisweilen Splitter der ozeanischen Kruste selbst, die zwischen konvergierenden Platten nach oben gedrückt und nach Osten auf den Kontinent aufgeschoben wurden. Die Golden Gate Bridge in San Francisco steht auf einem solchen Krustensplitter.

Tatsächlich kann man innerhalb der Stadtgrenzen San Franciscos viele interessante geologische Hinweise auf die Ereignisse entdekken, die während des Mesozoikums entlang der Westküste stattfanden. Der Geologe Clyde Wahrhaftig von der University of California in Berkeley verfaßte einen kleinen Reiseführer, in dem einige dieser Örtlichkeiten beschrieben werden. Er nannte das Buch *A Streetcar to Subduction* (In der Straßenbahn zur Subduktion). Das häufigste Gestein Kaliforniens ist der Serpentin, ein dichtes, weiches, graugrünes Material, das typischerweise dort zu finden ist, wo Ozeanboden an einer Subduktionszone auf kontinentale Kruste aufgeschoben wurde. Dieses Gestein kommt mehrfach an den Stellen vor, die in Wahrhaftigs geologischem Führer beschrieben werden. Der Serpentin entsteht durch die Wechselwirkung zwischen Wasser und den Gesteinen des obersten Mantels, und wenn er an Subduktionszonen vorkommt, so weist das darauf hin, daß die Platten ozeanischer Lithosphäre, die bei Kollisionen auf die Kontinente aufgeschoben wurden, in manchen Fällen so dick waren, daß sie sowohl Krustenmaterial als auch Teile des Erdmantels enthielten.

Außer durch den «Schweißvorgang», bei dem exotische Formationen mit dem Kontinent verbunden wurden, wurde dem westlichen Nordamerika während des Mesozoikums auch durch Vulkanismus neues Material hinzugefügt. Mit der Subduktionszone vor der Küste

Abb. 9.3 Ein großer Teil des westlichen Nordamerika besteht aus kleinen Stücken «exotischen» Krustenmaterials, das dem Kontinent während des Mesozoikums angefügt wurde. Einige der größeren Krustenfragmente werden in dem hellschattierten Gebiet auf der linken Seite der Karte grob skizziert. Jedes Fragment wird von Verwerfungen (dunkle Linien) begrenzt und unterscheidet sich in geologischer Hinsicht von den Nachbargebieten. Die dunklere Schattierung bedeutet ältere Kruste (siehe Abb. 4.3).

war ein zugehöriger Gürtel vulkanischer Aktivität im Binnenland verknüpft, so wie es heute im wesentlichen bei den Anden der Fall ist. Im Jura und in der Kreide erstreckte sich dieser vulkanische Gürtel von Alaska bis Mexiko und schuf einen breiten, eindrucksvollen Gebirgszug. Hebung und Erosion haben diese vulkanischen Gesteine größtenteils abgetragen, und nur kleine Einschlüsse sind übriggeblieben und geben Zeugnis ab von ihrem Alter und ihrer Beschaffenheit. Doch die Wurzeln dieser großen Gebirge, riesige Massen von Granitgestein, die tief in der Kruste unter den Gipfeln der aktiven Vulkane kristallisierten und sich verfestigten, sind heute über der Erdoberfläche sichtbar. Einer der bekanntesten Überreste ist die Sierra Nevada, ein großer, rosaroter Fleck auf der geologischen Karte Kaliforniens. Der Yosemite-Nationalpark, ein Mekka für Touristen und Kletterer, liegt im Herzen der Sierra Nevada. Doch auch wenn die von ganzen Generationen Rucksacktouristen heißgeliebten Felsen der Sierra Nevada ihre Entstehung letztendlich den Ereignissen im Mesozoikum verdanken, ist die heutige Topographie ein sehr viel jüngeres Gebilde. Vor 40 oder 45 Millionen Jahren, als das Känozoikum längst begonnen hatte, gab es kaum Anzeichen eines großen Gebirgszugs; breite Flüsse strömten über das Gebiet, das heute den Bergrücken der Sierra Nevada bildet, ins Meer hinab. Unter den Geologen wird häufig darüber diskutiert, zu welchem genauen Zeitpunkt die Hebung einsetzte, die den heutigen Gebirgszug hervorbrachte. Großenteils hat sie aber offenbar während der letzten etwa fünf Millionen Jahre stattgefunden. Der gesamte riesige Krustenblock, aus dem die Sierra Nevada besteht, wurde angehoben und neigte sich nach Westen. Dies geschah infolge der noch immer andauernden Neuordnung der Kräfte im Westen Nordamerikas, die mit der Veränderung einer Plattengrenze verbunden ist: Eine Subduktionszone entlang der Küste wurde zu einer Transformstörung, der San-Andreas-Störung. Diese Veränderung setzte vor etwa 30 Millionen Jahren ein (siehe Abb. 5.6). Die beeindruckenden tiefen Täler und kaskadenartigen Wasserfälle der Sierra Nevada sind jünger. Sie wurden aus der angehobenen Granitmasse durch das Zu- und Abnehmen der Gletscher in den letzten zwei oder drei Millionen Jahren geformt. In 100 Millionen Jahren sind die schneebedeckten, vulkanischen Gipfel der Anden ebenfalls längst verschwunden, und lediglich das granitische Innere der großen Vulkane wird übriggeblieben sein.

Die Geschichte der mesozoischen Reptilien

Während Pangäa zerfiel und die damalige physische Welt der heutigen allmählich immer ähnlicher wurde, vollzogen sich auch im Tier- und Pflanzenreich bedeutende Veränderungen. Die Trilobiten sowie viele andere Tiere, die einen Großteil des Paläozoikums geprägt hatten, waren aus den Ozeanen verschwunden. Auf dem Festland wurden Wälder samenbildender Pflanzen vorherrschend, beispielsweise die Palmfarne und Ginkgobäume (letztere sind heute in der Wildnis vermutlich ausgestorben, vielerorts jedoch beliebt als Schattenspender in Parkanlagen) sowie die uns etwas vertrauteren Koniferen. In der Spätphase des Mesozoikums breiteten sich Blütenpflanzen aus. Doch die wichtigste Episode des Lebens in dieser Ära ist die Geschichte der Reptilien. Sie beherrschten wie keine andere Gruppe zuvor das Festland, das Meer und sogar die Luft.

Im vorigen Kapitel wurde erwähnt, daß die Reptilien in der Endphase des Paläozoikums erschienen und sich aus den Amphibien entwickelt hatten. Der wesentliche Aspekt ihrer Entwicklung war die «Erfindung» eines Eies, das außerhalb des Wassers abgelegt werden konnte. Das sogenannte amniotische Ei wird nach der Membran (Amnion) benannt, die den Embryo und die Flüssigkeit, in der dieser liegt, schützend umgibt. Hühner und alle anderen Vögel sind letzten Endes Abkömmlinge der frühen Reptilien.

Die Herausbildung des amniotischen Eies sowie einer besonderen Schuppenhaut, die einen viel besseren Schutz vor Austrocknung bot als alle vorigen, ermöglichte es den Reptilien, sich weit über die Kontinente zu verbreiten und Gegenden zu bevölkern, die für Amphibien ungeeignet waren. Viele Reptilien waren Pflanzenfresser, und die große Zahl pflanzlicher Lebewesen, die sich zu diesem Zeitpunkt auf den Kontinenten angesiedelt hatten, stellte ein ausreichendes Nahrungsangebot dar. Einige frühe Reptilien kehrten sogar ins Meer zurück und entwickelten eine marine Lebensweise. Als Meeresbewohner hinterließen diese Reptilien eine aufschlußreiche Fossilüberlieferung und sind häufig als Museumsstücke zu bewundern. Einige von ihnen waren geradezu riesig und erreichten die Größe heutiger Wale. Mit einiger Wahrscheinlichkeit entsprangen die Geschichten über Seeungeheuer zumindest zum Teil der Phantasie, die durch die Fossilien dieser mesozoischen Kreaturen angeregt wurde.

Die Hauptepisode in der Geschichte der Reptilien spielte sich jedoch auf den Kontinenten ab, und obwohl die Dinosaurier in der Spätphase der Ära schließlich zur dominanten Reptiliengattung aufstiegen, feierte im frühen Mesozoikum überraschenderweise eine ganz andere Gruppe große Erfolge: die sogenannten säugetierähnlichen Reptilien, aus denen sich die echten Säugetiere und schließlich auch die Menschen entwickelten. Sie traten erstmals im späteren Paläozoikum auf, und obgleich sie eine recht große Formenvielfalt entwickelten, ging ihre Zahl während des Massensterbens am Ende der Ära stark zurück. Doch in der Trias erholten sie sich wieder und erlebten eine neue Blütezeit. Sie waren offenbar zum großen Teil Pflanzenfresser, wenn es auch einige Räuber gab, die vermutlich Amphibien, andere Reptilien und Eier fraßen. Selbst wenn einige säugetierähnliche Reptilien sehr groß waren – so groß wie ein heutiges Nilpferd oder größer –, lassen ihre Fossilien darauf schließen, daß sie ziemlich ungelenke Tiere waren. In der Tat könnte ihre im Vergleich zu den Dinosauriern ineffiziente Fortbewegung eine der Hauptursachen für ihren Untergang gewesen sein. Fossile Skelette lassen erkennen, daß die Gliedmaßen der säugetierähnlichen Reptilien seitlich am Körper angesetzt waren, was ihnen im Vergleich zu den meisten Dinosauriern, deren Beine direkt unterhalb des Körpers saßen, einen gespreizten Gang verlieh.

Die säugetierähnlichen Reptilien legten ebenfalls Eier, doch sie besaßen andere Merkmale, die nicht in das gewohnte Bild von einem Reptil passen. Viele waren behaart und hatten Barthaare – beides eindeutig Charakteristika der Säugetiere –, und es ist wahrscheinlich, daß einige von ihnen Warmblüter waren oder zumindest ihre Körpertemperatur auf irgendeine Weise regulieren konnten. Diese Tiere waren aber am Ende des Juras fast alle ausgestorben; ihre Nachfahren, die echten Säugetiere, überlebten allerdings, blieben jedoch während des restlichen Mesozoikums im allgemeinen eine kleine und unscheinbare Gruppe. Im Jura war die andere Hauptlinie der Reptilienfamilie, zu der auch die Dinosaurier zählten, zur herrschenden Gattung geworden. Auch wenn die säugetierähnlichen Reptilien nicht annähernd so bekannt sind wie die Dinosaurier, lohnt es doch, daran zu erinnern, daß sie am Ende der Trias tatsächlich die wichtigsten Lebewesen auf dem Festland waren, und zwar genauso lang, wie die darauffolgende Blütezeit der Dinosaurier dauern sollte. Sie sind

Abb. 9.4 Ein fleischfressendes, säugetierähnliches Reptil von der Größe eines Wolfs, das im frühen Mesozoikum lebte. Zeichnung mit freundlicher Genehmigung des Department of Geological Sciences der University of Saskatchewan in Saskatoon, Kanada.

zwar keine besonders schönen Tiere, aber sie sind unsere ältesten Vorfahren. Sehen Sie sich Ihren triassischen Urahnen in Abbildung 9.4 genau an, um sich Ihre ursprüngliche Abstammung einmal vor Augen zu führen!

Im frühen 19. Jahrhundert wurden die ersten Dinosaurierfossilien gefunden und nach den griechischen Wörtern für «schrecklich» *(dino)* und «Echse» *(saur)* benannt. Offensichtlich flößte die Vorstellung ihrer leibhaftigen Erscheinung – selbst wenn sie sich erst auf diese frühen Fossilienfunde stützte – denjenigen, die sie beschrieben, Furcht ein. Doch nicht alle Dinosaurier waren groß, und wahrscheinlich wären viele von ihnen kaum fürchterlicher gewesen als gewöhnliche Tiere der heutigen Zeit.

Die ältesten Dinosaurierfossilien stammen aus der frühen Trias, vor etwa 240 Millionen Jahren. Paläontologen haben zwei Hauptlinien der Dinosaurierfamilie unterschieden. Sie richteten sich dabei nach der Körperstruktur, insbesondere nach der Anordnung der Becken- und Hüftknochen. Die sogenannten «Saurierbeckensaurier» oder «Saurischier» umfaßten sowohl riesige Fleischfresser wie den berühmten *Tyrannosaurus rex* als auch viele weniger wilde, pflanzenfressende Tiere. Die «Vogelbeckensaurier» oder «Ornithischier» waren allesamt Pflanzenfresser; zu ihnen gehörten bekannte Varietäten wie der *Stegosaurus* und der *Triceratops*.

In den letzten Jahren wurden viele der herkömmlichen Vorstellungen bezüglich der Dinosaurier verworfen oder zumindest durch neue Beweise stark angezweifelt. Die alte Auffassung, daß Dinosaurier langsame, einfältige Einzelgänger waren und im Sumpf umherwaten mußten, weil sie ihre schwere Körpermasse auf dem Festland nicht tragen konnten, wurde von der modernen Forschung überholt. In Wirklichkeit waren viele Dinosaurier sehr flink. Trotz ihrer Größe durchstreiften sie offenbar mühelos das Land. Einige verhielten sich sehr sozial: Sie wanderten in Herden, bauten Nester und kümmerten sich um ihre Jungen. Möglicherweise waren sie auch Warmblüter.

Die ersten Dinosaurier, die in der Trias auftauchten, waren von kleiner Statur, meist nicht größer als eine Katze oder ein kleiner Hund. Viele waren Zweifüßer und konnten sich flink auf zwei Beinen bewegen. Im Gegensatz zu unseren Vorfahren, den säugetierähnlichen Reptilien, besaßen schon die frühesten Dinosaurier Gliedmaßen, die direkt unter ihrem Körper saßen und nicht seitlich abgespreizt waren. Versteinerte Dinosaurierfährten weisen oft Fußspuren auf, die weit auseinanderliegen und in einer geraden Linie angeordnet sind. Dies unterstützt die Schlußfolgerung aus den Fossilien, daß die Dinosaurier sich rasch und flink fortbewegten.

Viele der kleinen, frühen Dinosaurier waren Fleischfresser. Sie ernährten sich von anderen Reptilien und von Amphibien, und vielleicht fraßen sie auch einige enge Verwandte unter den pflanzenfressenden Vogelbeckensauriern. Ein großer Teil der letzteren entwickelte schließlich eindrucksvolle Schutzmechanismen gegen «Möchtegern-Räuber». Davon zeugen der massive Panzer und die gefährlich aussehenden Stacheln am Schwanz des *Stegosaurus*, oder die spitzen Hörner des *Triceratops* (siehe Abb. 9.5). Selbst im Mesozoikum flogen einem die gebratenen Tauben nicht in den Mund; mancher Fleischfresser wird sich bei der Nahrungssuche eine blutige Nase geholt haben.

Bei der Rekonstruktion der Geschichte der Dinosaurier bereiten die Lücken in der Fossilüberlieferung große Probleme. Im Gegensatz

Abb. 9.5 Stegosaurus (oben) und *Triceratops* (unten) sind zwei der bekannteren, wild aussehenden, pflanzenfressenden Dinosaurierarten. Ihre Hörner, Panzer und Stacheln schützten sie vermutlich vor ihren fleischfressenden Verwandten. Die Platten auf dem Rücken des *Stegosaurus* werden häufig aufgerichtet dargestellt und nicht flach anliegend wie hier. Zeichnung mit freundlicher Genehmigung des Department of Geological Sciences der University of Saskatchewan in Saskatoon, Kanada.

zu marinen Gegenden, wo verendende Organismen oftmals schnell verschüttet und somit erhalten werden, bilden die Kontinente einen weit ungastlicheren Ort für sterbende Tiere. Raubtiere und Aasfresser nagen häufig die Knochen bis aufs letzte ab und verstreuen zudem die Skelette weiträumig. Selbst Knochen zersetzen sich schließlich, wenn sie lange Zeit den Naturelementen auf dem Festland ausgesetzt sind, und die Zeugnisse ihrer einstigen Besitzer gehen für immer verloren. Ströme und Flüsse tragen oftmals die tierischen Überreste weit von ihrem Herkunftsort fort und erschweren die Rekonstruktion der Umgebung, in der die Tiere lebten.

Trotz dieser Probleme konnte sehr viel in Erfahrung gebracht werden. Dinosauriereier und sogar «Dinosauriernester» wurden entdeckt, einige davon mit Eiern und winzigen Jungtieren. Fußspuren der Dinosaurier haben wichtige Hinweise auf die Art und Weise ihrer Fortbewegung geliefert, und sie haben außerdem gezeigt, daß einige Dinosaurierarten in Herden wanderten. Im Westen der Vereinigten Staaten wurden sogar ausgetretene fossilisierte Fährten entdeckt, die darauf schließen lassen, daß zumindest einige Dinosaurier möglicherweise Wandertiere waren und zu bestimmten Jahreszeiten in großen Herden herumzogen, im wesentlichen so wie die Bisons bis vor ein paar hundert Jahren oder die Karibus in der Arktis noch heute.

Eine der größten Ansammlungen fossiler Belege, die zu den Dinosauriern jemals gefunden wurden, ist in Sedimenten erhalten, die in einer weiten, tiefgelegenen Region im Westen der Vereinigten Staaten abgelagert wurden, größtenteils auf dem Gebiet der heutigen Bundesstaaten Utah, Wyoming und Colorado. Die Sedimente sind kontinentalen Ursprungs, sie wurden im Süßwasser der Seen und Flüsse abgelagert, nicht im Meer. Zu der Zeit, als sie sich absetzten, kam es im Westen zu Faltungen, Hebungen und Vulkanismus. All dies hing letztlich mit der Subduktion und dem Anfügen exotischer Formationen an den westlichen Rand des Kontinents zusammen, das in diesem Kapitel bereits erörtert wurde. Während eines Teils des Juras wurden große Mengen Schlamm und Sand, die von diesem angehobenen Stück Land im Westen erodierten, in die Flachlandgebiete transportiert, in denen die Dinosaurier lebten. Sie lieferten das Rohmaterial für die Schiefer- und Sandsteinschichten, in denen die Überreste der Dinosaurier begraben wurden. Zahlreiche und vielfältige Fossilien sind erhalten, und durch sie wurde viel über die Lebensweise dieser großartigen Tiere in Erfahrung gebracht. Das Bild, das sich ergeben hat, entspricht dem jurassischen Gegenstück der heutigen ostafrikanischen Steppe: ein weites Gebiet voller Lebensformen, mit einer sehr großen Zahl pflanzenfressender Dinosaurierarten – den Entsprechungen der heutigen Giraffen, Zebras und Gnus in Afrika – und einer geringen Population von Räubern wie dem *Tyrannosaurus,* dem jurassischen «König der Tiere».

Während ihrer gesamten, langen Herrschaft auf der Erde – beinahe 180 Millionen Jahre – entwickelten sich die Dinosaurier weiter und brachten eine Fülle unterschiedlicher Arten hervor. Die Arten, die sich in der ausgehenden Kreidezeit entwickelten, hätten ihre triassischen Vorfahren nicht erkannt. Es mag jedoch überraschen, daß fast alle wichtigen Gruppen genau bis zum Ende der Kreide existierten. Dies verleiht der Vorstellung zusätzliche Glaubwürdigkeit, daß das Aussterben der Dinosaurier durch ein plötzliches Ereignis katastrophalen Ausmaßes und nicht durch eine allmähliche evolutionäre Veränderung verursacht wurde.

Zu den offensichtlichen Tendenzen in der Fossilüberlieferung der Dinosaurier zählt die Veränderung der Körpergröße. Wie bereits erwähnt, sind die frühesten Exemplare im allgemeinen von kleiner Statur. Die meisten großen Tiere, die aus den Museen und aus dem Film *Jurassic Park* bekannt sind, lebten in der Spätphase des Juras und in der Kreide. Aus welchem genauen Grund die Entwicklung auf eine größere Statur hinauslief, liegt im dunkeln, obgleich viele Hypothesen aufgestellt wurden: angefangen mit der Meinung, daß größere Körper und längere Hälse notwendig waren, um die Nahrung in den hohen Baumkronen erreichen zu können, bis zu der Theorie, daß eine große Statur Schutz gegen Räuber bot (oder im anderen Fall Macht über andere ermöglichte). Die größten Dinosaurier waren in der Tat riesig, und ihr Gewicht wird zwischen 80 und 100 Tonnen (!) geschätzt.

Die enorme Größe, die viele Tiere erreichten, ist von unmittelbarer Bedeutung für die Frage, ob sie Warmblüter waren oder nicht, denn eine Folge einer großen Statur ist thermische Stabilität. Die Tiere geben über ihre Körperoberfläche Wärme ab, und das Verhältnis zwischen Körperoberfläche und -volumen (das wiederum eng mit dem Gewicht zusammenhängt) liefert die Erklärung dafür, warum ein Leguan nach einer plötzlichen Temperaturveränderung sehr viel schneller sein thermisches Gleichgewicht mit der Umgebung wiedererlangen würde als ein 80 Tonnen schwerer *Brontosaurus*. Aus dem gleichen Grund ist es für ein großes Tier schwieriger, durch Stoffwechselvorgänge erzeugte Wärme abzugeben, als für ein kleines Tier. Folglich wurde darauf hingewiesen, daß einige anatomische Merkmale der Dinosaurier wie die ungewöhnlichen, dreieckigen Platten auf dem Rücken des *Stegosaurus*, die in der Abbildung 9.5 ins Auge springen, vielleicht zum Wärmeaustausch eingesetzt wurden. Diese Ansicht ist nicht völlig an den Haaren herbeigezogen, da anhand detaillierter Untersuchungen der Fossilien festgestellt wurde, daß sich innerhalb dieser knöchernen Gebilde zahlreiche Blutgefäße befanden. Allerdings war der *Stegosaurus* verglichen mit anderen Dinosauriern nicht besonders groß, und da in anderen Dinosauriergruppen nichts anzutreffen ist, was mit seinen ungewöhnlichen Rückenplatten vergleichbar wäre, besteht über ihre tatsächliche Funktion noch immer Unklarheit.

Trotzdem gibt es eindeutige Indizien dafür, daß zumindest ein Teil der Dinosaurier die Körpertemperatur regulieren konnte. Einen besonders aussagekräftigen Hinweis liefert der Abstand zwischen Herz und Gehirn. Ganz offenkundig muß diese Distanz bei vielen Dinosauriern sehr groß gewesen sein, nicht weniger als einige Meter. Somit war ein sehr hoher Blutdruck nötig, um den Gehirnzellen frischen, lebensnotwendigen Sauerstoff zuzuführen. Auch wenn die weichen Körperteile des Blutkreislaufs der Dinosaurier nicht als Fossilien erhalten sind, lassen diese Indizien darauf schließen, daß die Tiere das Blut unter geringem Druck rasch vom Herz zu den Lungen pumpen konnten, um Sauerstoff zu gewinnen, und unter hohem Druck vom Herz zum Gehirn, um den Sauerstoff den Gehirnzellen zuzuführen. Kurz gesagt, die Dinosaurier hatten aller Wahrscheinlichkeit nach einen Blutkreislauf, der denen der Warmblüter ähnelte, die über einen raschen Stoffwechsel verfügen. Doch trotz dieser Hinweise bleibt eine Unsicherheit bestehen, denn wahrscheinlich wird nie jemand die Temperatur eines Dinosauriers messen.

Wie eindrucksvoll die Herrschaft der Dinosaurier auch gewesen sein mag, sie war bei weitem nicht die einzige bedeutende Episode, die sich während des Mesozoikums im Tierreich abspielte. Die säugetierähnlichen Reptilien, die eigentlich vor Beginn des Mesozoikums auftraten, wurden bereits erwähnt. Es lohnt sich, drei weiteren Gruppen von Organismen unsere Aufmerksamkeit zuzuwenden, obwohl es in einem Buch dieses Umfangs unmöglich ist, sie (sowie viele andere unberücksichtigt gebliebene Gruppen) in der gebührlichen Ausführlichkeit zu behandeln: die Vögel, Insekten und Blütenpflanzen.

Vögel und Bienen

Vögel sind für uns etwas Selbstverständliches. Wer gesehen hat, wie ein Pelikan über einer Ozeanwoge dahingleitet oder wie ein Habicht sich blitzschnell auf seine Beute hinabstürzt, muß jedesmal neu über ihre Beherrschung des Luftraums staunen. Doch erst spät im Jura, vor 140 bis 150 Millionen Jahren, erhoben sich die ersten Vögel in die Lüfte. Die Insekten hatten längst die Vorteile des Fliegens erkannt. Bevor die echten Vögel aufkamen, gab es Reptilien, die in der Luft beheimatet waren. Alle anderen Kreaturen waren jedoch entweder mit der Erde verwurzelt oder lebten im Meer.

Die ersten fliegenden Wirbeltiere waren echte Reptilien, an deren Vordergliedmaßen ein Finger extrem verlängert war; dieser hielt ein straff gespanntes Stück Haut, das als Flügel fungierte. Dies waren die Pterosaurier, das heißt die «Echsen mit Flügeln». Die frühesten Pterosaurier traten gegen Ende der Trias auf, etwa 70 Millionen Jahre bevor die ersten bekannten Fossilien echter Vögel erscheinen, und vermutlich beherrschten sie den Luftraum, bis sie schließlich von den Vögeln verdrängt wurden. Wie die Dinosaurier wurden auch einige Pterosaurier geradezu riesig; das größte entdeckte Fossil zeugt von einem Einzelexemplar, dessen Flügelspannweite mindestens 15 Meter betrug – mehr als die Tragfläche vieler Flugzeuge! Diese fliegenden Reptilien hatten große, bezahnte Kiefer, doch ihr Körper war klein und hatte vermutlich keine kräftigen Muskeln, wie sie für eine anhaltende Flügelbewegung erforderlich gewesen wären. Aller Wahrscheinlichkeit nach beherrschten sie das Gleiten ausgezeichnet, waren jedoch ungeschickte Flieger und verließen sich zur Fortbewegung auf die Windkraft.

Die Vögel entwickelten sich völlig unabhängig von den Pterosauriern, und sie waren sehr viel erfolgreicher in ihrer Beherrschung der

Luft. Sie repräsentieren ein häufiges Motiv der Evolution, nämlich die mehr oder weniger parallel verlaufende Ausbildung unterschiedlicher Körperstrukturen und -funktionen aus dem gleichen Grund, wie hier, um fliegen zu können. Obwohl die Fossilüberlieferung einmal mehr nicht vollständig genug ist, um die Evolutionslinie der Vögel so genau nachzuzeichnen, wie es wünschenswert wäre, sieht es in diesem Fall doch besser aus als für viele andere Gruppen von Tieren. Dies ist auf die außerordentlich gute Erhaltung des *Archaeopteryx* in einem Kalksteinbruch bei Solnhofen in Süddeutschland zurückzuführen. Es handelt sich hierbei um ein Tier, das von vielen als Übergangsform zwischen Dinosauriern und Vögeln bezeichnet wurde. Hätten sich diese Fossilien nicht so hervorragend erhalten, so hätten die Paläontologen sie möglicherweise tatsächlich den Dinosauriern zugeordnet. Die Fossilien weisen den Schädel und die Zähne eines Reptils auf sowie einen knöchernen Schwanz, doch in dem feinkörnigen Kalkstein, in dem sie vorkommen, lassen sich zarte Abdrücke von Federn und feinen Einzelheiten der Knochenstruktur unterscheiden, die klar erkennen lassen, daß der *Archaeopteryx* ein Vogel war. Alle modernen Vögel, vom großen Kondor der Anden bis zum kleinen Zaunkönig im Garten, haben ihren Ursprung in den mesozoischen Dinosauriern.

Die Entdeckung des *Archaeopteryx* war ein wahrer Glückstreffer für die Paläontologen, denn Vogelfossilien sind nicht gerade häufig. Aufgrund der vorliegenden Funde läßt sich jedoch festhalten, daß die Vögel die Pterosaurier während der Kreidezeit als Herrscher der Lüfte ablösten. Innerhalb dieser Zeit entwickelten sie die kräftigen, aber dennoch leichten Skelette, die sich durch hohle Knochen auszeichnen und für die modernen Vögel charakteristisch sind. Dies ließ sie zu viel erfolgreicheren Fliegern werden als die Pterosaurier oder ihre eigenen frühen Vorfahren.

Weniger auffällige, aber dennoch wichtige Bewohner des Luftraums im Mesozoikum waren die Insekten, die bereits viel früher, nämlich im Paläozoikum, auf der Bildfläche erschienen waren. Doch bei dem Massensterben am Ende des Perms erging es ihnen sehr schlecht, und zu Beginn des Mesozoikums waren sie zahlenmäßig stark zurückgegangen. Sie erholten sich aber rasch und erlebten eine beachtliche Ausbreitung ihrer Formenvielfalt, die die ganze Ära hindurch anhielt.

Die Insekten stehen in einem komplexen gegenseitigen Abhängigkeitsverhältnis mit den Pflanzen. Einige ernähren sich von Pflanzenresten, andere wiederum sind Schädlinge, die einige Pflanzenarten buchstäblich zerstören. Ein Teil der Insekten sind Symbionten, die gerade für jene Pflanzen wichtige Funktionen erfüllen, die ihnen als Nahrungsquelle dienen. Heute werden Insekten oftmals mit Blumen oder Früchten assoziiert – Würmer in den Äpfeln, Bienen in einer Blüte –, doch während eines Großteils des Mesozoikums gab es keine Blütenpflanzen. In der Tat muß die Landschaft mit nichts weiter als Farnen, Zykasgewächsen, Ginkgobäumen und Koniferen damals zwar angenehm grün, aber dennoch eintönig gewesen sein. Trotzdem haben sorgfältige Untersuchungen der Fossilien ergeben, daß die zahlreichen Ernährungsgewohnheiten und -mechanismen heutiger Insekten größtenteils bereits existiert hatten, noch bevor sich Blütenpflanzen entwickelten. Dies war eine überraschende Erkenntnis, denn man hatte lange Zeit angenommen, daß das Erscheinen der Blütenpflanzen die Evolution der Insekten entscheidend vorangetrieben haben müßte. Aber auch wenn sich zwischen bestimmten Blütenpflanzen und Insekten viele Adaptationen und wechselseitige Beziehungen entwickelt haben, profitierte alles in allem offenbar eher die Evolution der Pflanzen als die der Insekten von der Entwicklung der Blumen. Die Insekten wurden von den Blumen angezogen, was den großen, für die Fortpflanzung so wichtigen Vorteil brachte, daß sie den Blütenstaub von einer Pflanze zur anderen trugen und diese unwissentlich befruchteten.

Die Blütenpflanzen – die sogenannten Angiospermen – entwickelten sich erst vor 100 Millionen Jahren, während der Kreidezeit. Sie wurden jedoch sehr schnell zur dominanten Form des pflanzlichen Lebens auf dem Festland und sind es bis heute geblieben. Sie bevölkern die unterschiedlichsten Regionen, von trockenen Wüsten bis hin zu tropischen Regenwäldern, und sie sind vom Äquator bis in die Arktis überall anzutreffen. Nicht alle von ihnen bringen Blütensorten hervor, die in einen Blumenladen passen würden, aber alle weisen ein für die Fortpflanzung ganz entscheidendes Merkmal auf: einen Samen, der durch eine Hülle geschützt und von einem ausreichenden Nahrungsvorrat umgeben ist. Die Blütenpflanzen haben eine unglaubliche Vielfalt an Farben, Gerüchen und Früchten entwickelt, alles durch ihre komplizierte und wechselseitige Beziehung zur Tierwelt. Nicht nur helfen Insekten bei der Bestäubung der Angiospermen, sondern Vögel und andere Tiere verstreuen die Samen, oftmals über große Entfernungen. Ohne den Reichtum und die Vielfalt der Blütenpflanzen, die uns heute bekannt sind, wäre die Welt ein viel armseligerer Ort.

Die mesozoischen Ozeane

Einige Bemerkungen zum marinen Leben schließen diesen kurzen Ausflug in die Welt des Mesozoikums ab. Dort spielten sich, genau wie auf dem Festland, dramatische Veränderungen ab. Vielleicht eine der wichtigsten vollzog sich in der Spätphase dieser Ära, und zwar bei den kleinen Organismen, die den obersten, sonnenbeschienenen Teil der Ozeane bevölkern: dem Plankton. «Plankton» ist ein sehr weiter Begriff und bezeichnet alle kleineren Pflanzen und Tiere, die in den Meeren schweben oder sich aus eigenem Antrieb fortbewegen. In der Kreidezeit breitete sich jenes Plankton stark aus, das Skelette oder Schalen ausschied, die aus zwei Mineraltypen bestanden: Kieselerde und Kalziumkarbonat. (Kalziumkarbonat bildet, wie bereits erwähnt wurde, den Hauptbestandteil des Kalksteins; Kieselerde ist SiO_2, sie weist die gleiche chemische Zusammensetzung auf wie Quarz und ist der Hauptbestandteil des Hornsteins.) Diese Entwicklung führte zu einer drastischen Veränderung der Sedimenttypen, die sich auf dem Meeresboden absetzten: Während sich die organischen Teile des Planktons nach dem Tod der Organismen zersetzen, bleiben ihre mineralisierten Skelette nämlich oftmals erhalten und sinken auf den Grund. Zum ersten Mal in der langen Erdgeschichte sammelten sich nach und nach große Mengen an Skeletten aus Kieselerde in bestimmten Teilen der Tiefsee an und verfestigten sich schließlich zu Hornstein. Auch mächtige Schlickablagerungen, bestehend aus den winzigen Überresten des Kalziumkarbonat ausscheidenden Planktons, häuften sich an wie nie zuvor. Die berühmten weißen Kreidefelsen von Dover, im Südosten Englands, sind nur ein Beispiel von vielen für die riesigen Mengen dieses Materials, das sich während der Kreidezeit ansammelte. In der Tat wird die Periode der Kreide nach diesen Kreideformationen benannt. Was genau der Grund dafür ist, daß das kalkhaltige Plankton am Ende der

Kreidezeit so produktiv war, ist unklar. Solch gewaltige Mengen an Kalksedimenten wurden seitdem nie mehr innerhalb eines vergleichbaren Zeitraums abgelagert.

Die hohe biologische Produktivität der Ozeane während der Kreidezeit führte auch zu idealen Bedingungen für die Erdölanreicherung. Erdöl entsteht, wenn organisches, in Sedimenten eingeschlossenes Material langsam versenkt und erhöhten Temperaturen sowie stärkerem Druck ausgesetzt wird, wodurch die organischen Überreste zu Erdöl umgewandelt werden. Die Sedimente entlang der Ränder der Tethys, des tropischen Ozeans in Ost-West-Richtung, der beim Zerfall Pangäas im Mesozoikum entstand und bis ins Känozoikum hinein existierte, waren reich an organischem Material. In diesen Sedimenten liegen viele, heutzutage wichtige Ölfelder – in Rußland, im Mittleren Osten, im Golf von Mexiko sowie in Texas und Louisiana.

Wie bereits angedeutet, ging das Mesozoikum wahrscheinlich mit einer weltweiten Katastrophe zu Ende, die eine große Anzahl an Pflanzen- und Tierarten, darunter alle Dinosaurierarten, ausgelöscht hat. Wie es zu diesem plötzlichen Massensterben kam, ist nicht genau geklärt; vieles spricht jedoch dafür, daß der Einschlag eines großen Himmelskörpers zumindest zum Teil dafür verantwortlich gewesen sein könnte, wie im nächsten Kapitel erörtert wird. Überraschenderweise vielleicht, doch zu unserem Glück, waren die Säugetiere von dieser globalen Katastrophe offenbar kaum betroffen. Wir, die Nachfahren dieser überlebenden Arten, werden eines Tages genügend Zeugnisse aus den Steinen zusammentragen, um den Grund dafür herauszufinden.

10

Globale Katastrophen

Die Grenzen zwischen Ären, Perioden und sogar zwischen den feineren Unterteilungen der geologischen Zeitskala werden alle aufgrund von abrupten Veränderungen in der Fossilüberlieferung festgelegt. Wie in früheren Kapiteln gezeigt wurde, endete sowohl das Paläozoikum als auch das Mesozoikum mit umfassenden Massensterben, in deren Verlauf große Teile der auf der Erde existierenden Arten ausgerottet wurden. Es drängt sich geradezu die Schlußfolgerung auf, daß in diesen Zeitabschnitten ungünstige Bedingungen für das Leben auf der Erde geherrscht haben müssen. Obwohl diese Tatsachen den Geologen seit langer Zeit bekannt sind und obwohl viel über die möglichen Ursachen solcher Ereignisse geschrieben wurde, nahm die gesamte Diskussion um die Massensterben im Jahr 1980 eine unerwartete Wendung: Louis Alvarez, ein Nobelpreisträger für Physik von der University of California in Berkeley, legte nämlich in Zusammenarbeit mit Kollegen aus der Geologie – einschließlich seines Sohnes – Beweise für eine außerirdische Ursache des Massensterbens am Ende der Kreidezeit vor.

Der Einschlag an der Grenze von der Kreide zum Tertiär

Der unwiderlegbare Beweis, auf den sie stießen, mutet zunächst vielleicht ein wenig seltsam an. Alvarez und seine Mitarbeiter entdeckten in Meeressedimenten, die genau an der Grenze vom Mesozoikum zum Känozoikum abgelagert worden waren, winzige Mengen eines seltenen chemischen Elements, nämlich Iridium. Doch obwohl die tatsächliche Menge des festgestellten Iridiums gering war, war es über hundertmal mehr als das, was unmittelbar oberhalb oder unterhalb der Grenze gefunden wurde.

Was hat dies mit einer außerirdischen Ursache des Massensterbens zu tun? Die Antwort ist ganz einfach. Iridium ist – wie die mit ihm verwandten, besser bekannten Elemente Gold und Platin – ein Edelmetall, und es ist nicht sehr reaktiv. Ferner kommt es in der Erdkruste sehr selten vor. Seine Seltenheit ist dadurch bedingt, daß es leicht eine Legierung mit Eisen eingeht, so daß der Großteil des auf unserem Planeten vorkommenden Iridiums bei der Entstehung des Erdkerns von dem absinkenden, geschmolzenen Eisen aufgenommen wurde. Heute befindet es sich im Erdkern. Doch die häufigsten Meteoritentypen, die die Erde erreichen, sind die in Kapitel 2 behandelten Chondrite, das heißt Stücke kleiner Asteroiden, die nie einen planetarischen Kern herausgebildet haben. Deshalb behalten die Chondrite ihren vollen Gehalt an Iridium bei. Sie enthalten dieses Element in fast zehntausendmal höheren Konzentrationen als die meisten Teile der Erdkruste. Aufgrund dieser extrem hohen Anreicherung ist das Iridium ein höchst aussagekräftiger Indikator für außerirdisches Material, das der Erdoberfläche zugeführt worden ist. Große Meteoriten werden vaporisiert, das heißt verdampfen während eines Einschlags vollständig, und als Folge davon wird ihr Iridium weit verstreut. Nach einer relativ kurzen Zeit wird es vom Regen aus der Atmosphäre ausgefällt und setzt sich auf dem Meeresboden ab, wobei es in den Sedimenten, die sich auf dem Meeresboden ansammeln, ein schmales Band mit einem hohen Iridiumgehalt zurückläßt. Da Iridium sehr reaktionsträge ist, bleiben diese Bänder nahezu ohne Störungen erhalten, selbst über geologische Zeiträume hinweg.

Das Massensterben am Ende des Mesozoikums markiert die Grenze zwischen Kreide und Tertiär, von Geologen meist zu «K-T»-Grenze abgekürzt. In Sedimenten aus mehreren verschiedenen, weit auseinanderliegenden Regionen entdeckten Alvarez und seine Kollegen an der K-T-Grenze hohe Iridiumkonzentrationen. Gestützt auf ihre ersten Messungen, errechneten sie, daß ein Asteroid (oder möglicherweise ein Komet) von etwa zehn Kilometer Durchmesser den übermäßig hohen Iridiumgehalt liefern könnte, und sie vermuteten, daß das Massensterben an der K-T-Grenze auf die Auswirkungen der

Kollision zurückzuführen sei. Diese Erkenntnis schlug in der Welt der Wissenschaft – und in den Medien – wie eine Bombe ein. Was könnte sensationeller sein und einem Science-fiction-Roman näher kommen als die Vernichtung der Dinosaurier durch eine Kollision zwischen der Erde und einem Asteroiden? Außerdem hat der Einschlag eines solchen Objekts geradezu umwerfende Folgen, obwohl ein Asteroid mit einem Durchmesser von zehn Kilometern verglichen mit der Erde nicht besonders groß scheint.

Theoretiker haben die Auswirkungen von Asteroideneinschlägen mit ziemlicher Genauigkeit berechnet. Glücklicherweise hat noch nie jemand Einschläge auf der Erde beobachtet von Objekten, deren Größe die zehn Kilometer auch nur annähernd erreichte. Die Berechnungen beruhen auf den Ergebnissen von Experimenten mit sehr viel kleineren Körpern sowie auf Beobachtungen der Auswirkungen von Bomben. Was die wahrscheinlichen Ursachen des Massensterbens betrifft, wiesen Alvarez und seine Kollegen lediglich auf eine einzige vermutliche Folge eines großen Einschlags hin: eine die Erde umhüllende Staubwolke, die durch die Kollision aufgewirbelt würde. Ihren weiteren Ausführungen zufolge schirmte der Staub für mehrere Jahre das Sonnenlicht ab und verhinderte die Photosynthese. Dadurch wurden Pflanzen vernichtet und weitere Glieder der Nahrungskette, die aufgrund ihrer Ernährung auf sie angewiesen waren. Der Staub bewirkte außerdem eine drastische Abkühlung der verdunkelten Oberfläche unseres Planeten.

Darüber hinaus hätte solch ein Einschlag aber weitere, ebenso schlimme Auswirkungen. Beispielsweise wären Schockwellen ausgelöst worden, als zuerst der Asteroid und dann das steinige, durch dessen Kollision mit der Erde aufgewirbelte Auswurfmaterial durch die Atmosphäre geschleudert wurden. Diese Schockwellen hätten eine rasche Erwärmung und schwerwiegende Störungen der Atmosphäre zur Folge gehabt. Stickstoff und Sauerstoff, die beiden Hauptbestandteile unserer Atmosphäre, würden sich zu Stickoxiden verbinden, welche sich ihrerseits in Niederschlägen zu einem Regen aus Salpetersäure auflösen würden – aggressiver und weitreichender als irgend etwas, was bisher durch menschliche Tätigkeit erzeugt wurde. Die erwärmte Atmosphäre würde zudem die Vegetation auf der ganzen Welt austrocknen und sie für Brände anfällig machen, womöglich gar die Hitze liefern, um sie zu entfachen. Edward Anders und seine Kollegen an der Universität Chicago haben in den Sedimenten der K-T-Grenze große Mengen an Rußpartikeln festgestellt, die ihrer Ansicht nach die Folge ausgedehnter, möglicherweise globaler Feuersbrünste sind, welche in unmittelbarem Zusammenhang mit dem Einschlag stehen. In den Sedimenten finden sich ferner Beweise für Tsunamis – riesige Ozeanwellen, die in der Nähe eines ozeanischen Einschlags im Prinzip Höhen von mehreren Kilometern erreichen können. In der Tat sind die möglichen Folgen des K-T-Einschlags derart verheerend, daß einige Geologen ihre Verwunderung darüber ausgedrückt haben, daß so viele Arten das Ereignis tatsächlich überlebten. Kein Wunder – die freigesetzte Energie wäre schätzungsweise mindestens zehntausendmal höher gewesen als die des gesamten weltweiten Atomwaffenarsenals.

Fairerweise sollte darauf hingewiesen werden, daß einige Wissenschaftler die Einschlaghypothese anzweifeln. Doch der Widerstand ist abgebröckelt, als im Lauf der Jahre seit der Entdeckung von Alvarez immer mehr Beweise zusammengetragen worden sind. Mit ziemlicher Sicherheit ist sogar der Krater identifiziert worden, der durch den Einschlag verursacht wurde – bei Chicxulub, in Yucatán, Mexiko. Diese Formation ist heute nicht leicht als Krater zu erkennen, da sie während der 65 Millionen Jahre, die seit dem Ende der Kreidezeit vergangen sind, mit Sedimenten verfüllt wurde. Geophysikalische Messungen zeigen jedoch deutlich den Umriß eines runden, verschütteten Kraters, und Bohrungen in diesem Gebiet förderten geschmolzene und teilweise geschmolzene Gesteine zutage, die für Meteoritenkrater charakteristisch sind. Die Datierung einiger Gesteine läßt erkennen, daß sich der Einschlag haarscharf zur Zeit des großen K-T-Aussterbens ereignete. Die zeitliche Übereinstimmung ist zu exakt, als daß es sich um einen puren Zufall handeln könnte.

Da der Chicxulub-Krater nicht freiliegt, ist seine Größe nicht genau bekannt, doch kürzliche Untersuchungen des Gravitationsfeldes im und um den Krater herum lassen darauf schließen, daß er einen Durchmesser von sage und schreibe 300 Kilometer haben dürfte. Sollten weitere Untersuchungen dies bestätigen, läge in der Tat der Beweis für einen gewaltigen Einschlag vor. Der dafür erforderliche Himmelskörper übersteigt die ursprünglich geschätzte Größe von zehn Kilometer Durchmesser um ein Vielfaches. Sein

Auswurfmaterial wurde mit Sicherheit weit in alle Himmelsrichtungen verstreut. In Tausende Kilometer entfernten Grenzschichtsedimenten entdeckte man winzige Körner durch Schockwellenmetamorphose gebildeter Mineralien mit den charakteristischen Eigenschaften des Muttergesteins aus dem Chicxulub-Gebiet.

Somit liegt eine Vielzahl Beweise vor, welche die Einschlagtheorie untermauern. Doch das vielleicht stärkste Argument ist und bleibt der übermäßige Gehalt an Iridium, der mittlerweile global in jedem vollständigen Abschnitt der untersuchten Grenze festgestellt wurde. Dieses Charakteristikum läßt sich eigentlich nur durch eine plötzliche, gewaltige Zufuhr außerirdischen Materials erklären. Unabhängig davon, wie viele Arten unmittelbar durch diesen Einschlag ausgestorben sind, ist offenbar erwiesen, daß genau am Ende der Kreidezeit, vor etwa 65 Millionen Jahren, ein großer außerirdischer Körper mit der Erde kollidierte.

Weitere Ursachen von Massensterben

Im Zusammenhang mit der Einschlagtheorie ist zwar ein großer Teil der Aufmerksamkeit auf das Aussterben an der K-T-Grenze gerichtet worden, doch dieses Ereignis wird hinsichtlich der Anzahl ausgelöschter Arten von dem Massensterben am Ende des Paläozoikums in den Schatten gestellt. Paläontologen hatten sein gravierendes Ausmaß längst erkannt, doch die Aufregung im Umfeld der Debatte um das K-T-Aussterben hat zu einem erneuten Interesse an Massensterben generell und insbesondere an dem der Perm-Trias-Grenze geführt. Es ist unfaßbar, daß etwa 90 Prozent der Arten, die im ausgehenden Perm in den Meeren lebten, nicht die Trias erreichten. Das Leben auf dem Festland war zu der Zeit nicht so mannigfaltig wie im ausgehenden Mesozoikum, und die Fossilüberlieferung ist weniger vollständig, doch kürzliche Untersuchungen haben ergeben, daß auch Landbewohner nicht von der Vernichtung verschont blieben. Insbesondere die Insekten – eine Gruppe, welche an der K-T-Grenze nicht ganz so stark betroffen war wie andere – weisen an der Perm-Trias-Grenze einen abrupten Rückgang ihrer Artenvielfalt auf. Trotz emsiger Suche liegen aber für diesen Zeitraum keine Beweise für den Einschlag eines Asteroiden vor. Andere Vorgänge müssen für das

Massensterben verantwortlich gewesen sein. Dem Leben auf der Erde droht offenbar von verschiedenen Seiten Gefahr, und es kann auf zahllose Weisen ein Ende finden.

In diesem Zusammenhang sei daran erinnert, daß die großen Massensterben, beispielsweise an der K-T-Grenze und an der Perm-Trias-Grenze, vor dem Hintergrund eines fortlaufenden Artensterbens stattfinden, das ein normales Merkmal der Evolution ist. Die Massensterben unterscheiden davon jedoch die dramatische Zunahme der *Geschwindigkeit*, mit der die Aussterben verlaufen, sowie ihr globaler Charakter. Die Grenzen der geologischen Zeitskala, die von den ersten Geologen festgelegt wurden, kennzeichnen Zeiträume der Erdgeschichte, in denen umfassende, rasche und weitverbreitete Veränderungen stattfanden. Ihre Bestimmung erfolgte weitgehend nach qualitativen Gesichtspunkten: Alte Formen verschwanden, neue nahmen ihren Platz ein, und die Grenze wurde genau dazwischen gezogen. Modernere, exaktere Analysen der Fossilüberlieferung stützen sich auf Statistiken, um die Geschwindigkeit zu ermitteln, mit der Gruppen von Pflanzen und Tieren auftraten und verschwanden. Diese Untersuchungen haben, wie in Abbildung 10.1 dargestellt ist, fünf oder sechs wahrhaft bedeutende Massensterben aufgezeigt sowie ebenso viele kleinere Ereignisse, die seit Beginn des Kambriums stattfanden. Erwartungsgemäß fallen die meisten Aussterben mit dem Ende geologischer Perioden zusammen – eine quantitative Bestätigung der früheren Beobachtungen.

Aus Abbildung 10.1 ist ersichtlich, daß es selten zu Massensterben kommt. Genaugenommen ist die überwältigende Mehrheit der Arten, die im Verlauf der Erdgeschichte verschwanden, im Zuge des fortlaufenden Artensterbens und nicht in einer der großen Krisen ausgestorben. Von Bedeutung ist hier die Frage: Sind die Ursachen der Massensterben ebenfalls außergewöhnliche Ereignisse? Für einige Wissenschaftler sind die aussagekräftigen Indizien, die für einen großen Einschlag am Ende der Kreidezeit sprechen, Beweis genug, daß dies tatsächlich der Fall ist. Doch an keiner anderen großen, von einem Massensterben geprägten Grenze ist ein hoher Überschuß an Iridium oder ein anderer zwingender Beweis eines gewaltigen Einschlags zu finden. Und das, obwohl anhand von Informationen über Einschlagraten auf dem Mond, wie sie in Abbildung 3.1 dargestellt wurden, nachgewiesen wurde, daß andere große

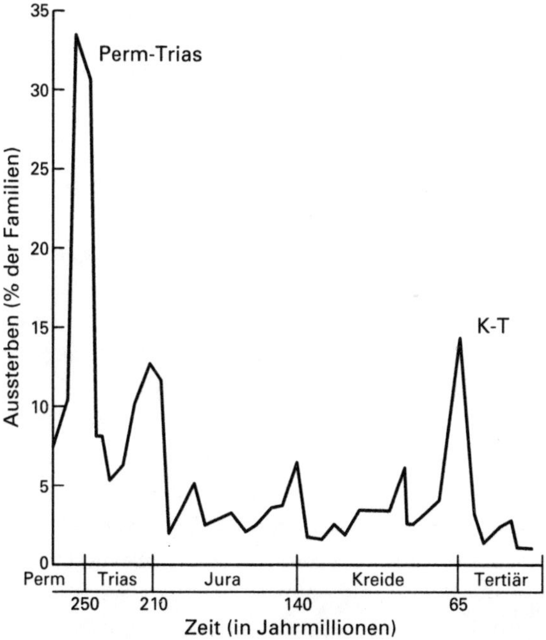

Abb. 10.1 Die Aussterberate mariner Organismen (hier dargestellt als der Prozentsatz der biologischen Familien, die vom Aussterben betroffen waren) war während der letzten paar hundert Millionen Jahre dramatischen Schwankungen unterworfen. Die höchsten Raten fallen mit den Grenzen zwischen geologischen Perioden zusammen. Modifiziert nach Abb. 1 von D. M. Raup und J. J. Sepkoski, jun., in: *Science,* 231. Jahrgang (1986), S. 832. American Association for the Advancement of Science.

Körper während der langen Erdgeschichte auf der Erde einschlugen. Der K-T-Einschlag war aber möglicherweise der größte und verheerendste während der letzten 600 oder 700 Millionen Jahre.

Unter den Hinweisen, die auf Ursachen von Aussterben schließen lassen, nimmt der genaue Zeitpunkt, zu dem verschiedenartige Organismen verschwanden, eine Schlüsselstellung ein. Starben alle Arten, die offenbar an einer bestimmten Grenze ausgelöscht wurden, gleichzeitig aus, oder zog sich das Massensterben über einen längeren Zeitraum hin? Verirrten sich einige Arten über die Grenze in einen Abschnitt, den wir eine andere Ära oder Periode nennen? Leider sind solche Fragen manchmal sehr schwer zu beantworten, insbesondere was die früheren Abschnitte der Erdgeschichte betrifft. Das hängt zum Teil mit der Unvollständigkeit der Fossilüberlieferung zusammen, zum Teil ist es durch unser Unvermögen bedingt, das genaue Alter eines bestimmten Sedimentgesteins zu ermitteln. Oftmals läßt sich nicht mit hundertprozentiger Sicherheit sagen, ob ein bestimmtes Gestein ein paar Millionen Jahre älter oder jünger ist oder ob es genau dasselbe Alter aufweist wie ein Gestein, das auf der anderen Hälfte des Erdballs gefunden wurde und unterschiedliche Fossilien enthält. Und wenn Paläontologen glauben, das letzte Fossilvorkommen eines Lebewesens gefunden zu haben, sind sie dabei stets in Sorge, daß es für einen beträchtlichen Zeitraum glücklich in einer anderen Region oder Umgebung weitergelebt haben könnte, in der es nicht fossil erhalten wurde. Daß dies in der Tat vorkommen kann, läßt sich sehr gut an dem Phänomen veranschaulichen, das die Geologen «Lazarus-Arten» genannt haben – Organismen, die anscheinend komplett aus der bekannten Fossilüberlieferung verschwinden, doch dann nach einer langen zeitlichen Lücke, möglicherweise erst nach Millionen von Jahren, wieder auftauchen. In der biblischen Geschichte wurde Lazarus nach vier Tagen von Jesus auf wundersame Weise wieder zum Leben erweckt, doch zu dem Zeitpunkt hatte Lazarus offenbar wirklich sein Leben ausgehaucht. Die Lazarus-Arten der geologischen Urkunden hingegen müssen während der Zeit, in der sie scheinbar fehlen, *irgendwo* gelebt haben, aber ihre Verstecke konnten bisher nicht ausfindig gemacht werden.

Obgleich es schwierig ist, detaillierte Informationen darüber zusammenzutragen, wie schnell sich die verschiedenen Massensterben abspielten, lassen die verfügbaren Zeugnisse darauf schließen, daß das Ereignis an der K-T-Grenze wesentlich rasanter verlief als die meisten anderen. Dies ist nur dann zu erwarten, wenn tatsächlich ein Meteoriteneinschlag, der ja wahrhaft ein abruptes Ereignis darstellt, bei den Vernichtungen eine Rolle spielte. Wenn die Ursachen der meisten Massensterben aber, wie es scheint, profaner sind als die Kollision mit einem außerirdischen Objekt, läßt sich womöglich etwas über ihre Natur erfahren, indem die Erkenntnisse über das fortlaufende Artensterben oder «normale» Aussterben untersucht werden. Was dies betrifft, gibt es etliche Fälle aus der Gegenwart oder der relativ jungen Fossilüberlieferung, die eindeutige Informationen über die Ursachen liefern. Klimaveränderungen – selbst relativ geringfügige – spielen zweifellos eine Rolle. Beispielsweise gibt es heute in den Wüsten des südlichen Kalifornien Arten kleiner Fische, die nur in einigen isolierten Oasen überleben. Wenn sie nicht vom Menschen geschützt werden, sterben sie schließlich aus. Vor ein paar tausend Jahren, als dieses Gebiet für seine Verhältnisse feucht war, gediehen die Fische in den großen Seen der Region – ebenso wie die Cahuilla-Indianer, die ebenfalls auf die Seen angewiesen waren.

Eine ganze Reihe Indizien deutet darauf hin, daß einige der größeren Aussterben in der Vergangenheit durch Klimaveränderungen verursacht wurden. Der Überlebenskampf, insbesondere der Kampf um Nahrung, gilt als eine weitere Ursache für das Aussterben, obwohl er wahrscheinlich bei einem Massensterben keine dominierende Rolle spielt. Die These wurde aufgestellt, der Überlebenskampf sei dafür verantwortlich, daß die Säugetiere während des Mesozoikums eine so unbedeutende Rolle gespielt hätten. Obwohl sie zu Beginn der Ära an der Schwelle zu Fortschritten in der Evolution standen, nahmen sie erst nahezu 200 Millionen Jahre später, als die Dinosaurier verschwanden, nach und nach eine beherrschende Stellung ein. In der Vergangenheit hat die meist unbeabsichtigte Einführung fremder Arten durch den Menschen oftmals zum konkurrenzbedingten Rückgang, bisweilen sogar zum vollständigen Verschwinden einheimischer Pflanzen- und Tierpopulationen geführt. Das bedeutsame Artensterben einheimischer australischer Beuteltiere, das mit dem Erscheinen der Europäer auf diesem Kontinent einsetzte, liefert ein Paradebeispiel.

Die Liste möglicher Ursachen von Massensterben ist lang. Sie reicht von exotischen bis zu alltäglichen Vorgängen, als Beispiele wären zu nennen: eine nahe Supernova-Explosion, welche die Erde einer tödlichen Strahlung ausgesetzt hätte, die Auswirkungen der Plattentektonik, die die Kontinente in günstige Klimazonen hinein- oder aus diesen herausbewegt, sowie das Steigen und Fallen des Meeresspiegels. Die eventuelle Bedeutsamkeit dieser Vorgänge läßt sich vielleicht am ehesten dadurch erkunden, daß die erwiesenen Massensterben detailliert untersucht werden und vor allem festgestellt wird, welche Typen von Organismen ausstarben und ob es unabhängig davon Beweise für irgendeine Veränderung der Umwelt zu dieser Zeit gibt.

Ein präkambrisches Aussterben?

Das erste Ereignis, das zumindest einige Paläontologen als ein Massensterben anerkennen, fand tatsächlich in präkambrischer Zeit statt. Über den genauen Zeitpunkt des Ereignisses herrscht Ungewißheit, doch es vollzog sich im späten Proterozoikum. Die am stärksten davon betroffenen Organismen waren die Weichtiere der Ediacara-Fauna, die in Kapitel 7 kurz erwähnt wurden, wenn auch etwa zur gleichen Zeit einige Algenarten zu verschwinden scheinen. Unter den Paläontologen ist heftig umstritten, wie die Ediacara-Fauna in den Gesamtrahmen der Evolution einzugliedern ist, und insbesondere, ob sie mit der späteren Fauna vom Typ des Burgess-Schiefers in Zusammenhang steht oder nicht. Gleich, welche Beziehung zu anderen Organismen besteht, sind die Ediacara-Fossilien jedenfalls in jenen Gesteinen weit verbreitet, die in den Flachmeeren des späten Präkambriums abgelagert wurden, und sie sind auf den meisten heutigen Kontinenten zu finden. Sowohl ihre relativ gute Erhaltung, obwohl sie keine mineralisierten Skelette oder Schalen besaßen, als auch ihr scheinbar rasches Verschwinden geben Rätsel auf.

Es wurde tatsächlich behauptet, ein Massensterben dieser Tiere habe überhaupt nicht stattgefunden, sondern ihre plötzliche Abwesenheit in der Fossilüberlieferung sei auf eine Verschlechterung der Bedingungen zurückzuführen, unter denen sie fossil erhalten werden konnten. Als mögliche Ursache für eine solche Verschlechterung wird am häufigsten eine abrupte Zunahme der Zahl der Aasfresser, der wühlenden Bodentiere oder der oxidierenden Bakterien genannt – von denen jede einzeln oder alle zusammen die zerbrechlichen Überreste der Ediacara-Fauna schnell zerstört hätten. Unabhängig davon liegen jedoch keine überzeugenden Beweise vor, daß eine zahlenmäßige Zunahme einer dieser Gruppen von Organismen tatsächlich mit dem Aussterben der Ediacara-Fauna zusammenfiel. Zudem gibt es etliche Beispiele späterer Sedimente, die keine Ediacara-Fossilien enthalten, in anderer Hinsicht jedoch sehr ähnlich sind. Diese Sedimente weisen keine Anzeichen einer drastischen Veränderung der Ablagerungsumgebung auf. Somit läßt das Verschwinden dieser sehr verschiedenartigen Fauna, gekoppelt mit Beweisen für das Aussterben einiger Algenarten etwa zur gleichen Zeit, darauf schließen, daß das späte Proterozoikum in der Tat von einem Massensterben heimgesucht wurde.

Wenn ein solches Ereignis stattfand, was war seine Ursache? Sedimente aus diesem Zeitabschnitt wurden sorgfältig auf einen hohen Gehalt an Iridium hin untersucht, der einen Meteoriteneinschlag bezeugen könnte – vergeblich. Aufgrund der verfügbaren (zugegeben spärlichen) Hinweise ist wohl die beste Erklärung, daß die bevorzugten Lebensräume der Ediacara-Fauna, nämlich Flachwassergebiete, aufgrund des fallenden Meeresspiegels in ihrer Anzahl drastisch reduziert wurden. Analysen der erhaltenen Sedimente aus dem späten Präkambrium lassen darauf schließen, daß der Wasserspiegel wiederholt anstieg und fiel. Eine der größten Absenkungen des Meeresspiegels während dieser Zeit fällt offenbar mit dem Aussterben der Ediacara-Fauna zusammen.

In der Tat ist die Ansicht weit verbreitet, daß Veränderungen des Meeresspiegels, insbesondere sein Absinken, bei vielen Aussterben eine wichtige Rolle spielte. Da Verwitterung und Erosion ganze Hügel und Gebirge letztendlich abtragen und damit die Höhe des Festlands in Relation zum Meeresspiegel verringern, befinden sich – und befanden sich wahrscheinlich schon immer – große Flächen der Kontinente in niedriger Höhe. In diesen Regionen können selbst relativ geringfügige Veränderungen des Meeresspiegels dramatische Auswirkungen haben. Flachmeere zeichnen sich durch eine hohe biologische Aktivität aus, und Zeiten hoher Meeresspiegel bieten marinen Tieren und Pflanzen viele Lebensräume. Doch wenn sich die Meere zurückziehen, sterben viele dieser Organismen aus. Der gesamte Bereich der Meeresspiegelschwankungen während der letzten 600 Millionen Jahre war offenbar sehr groß, mindestens 200 Meter.

Wenn Veränderungen des Meeresspiegels auch möglicherweise bei einem Aussterben eine Rolle spielen, so liegt doch auf der Hand, daß lediglich marine Lebensräume davon betroffen wären. Ein Aussterben, von dem auch eine große Zahl Landbewohner betroffen ist (wie bei dem Ereignis an der K-T-Grenze), kann nicht allein durch diese Veränderungen bedingt sein. Zudem fallen nicht alle bekannten Meeresspiegelschwankungen, nicht einmal alle großen, mit einem Massensterben zusammen.

Was ist ein Massensterben?

Geologen und Paläontologen sehen sich bei dem Versuch, das Phänomen des Massensterbens zu definieren und zu verstehen, mit vielen Schwierigkeiten konfrontiert, die es wert sind, hier kurz erörtert zu werden. Das wird leicht vergessen, wenn beiläufig erwähnt wird, daß zum Beispiel bei dem Aussterben an der Perm-Trias-Grenze 90 Prozent der marinen Arten vernichtet wurden. Sind wir uns dessen wirklich sicher? Wie schlüssig sind die Beweise?

Aus Untersuchungen von Lebensformen in den heutigen Ozeanen wissen wir, daß Tausende Arten keine oder bestenfalls eine sehr spärliche Fossilüberlieferung hinterlassen würden. Das gilt insbesondere für wirbellose Tiere, beispielsweise Würmer, die aber dennoch zahlreiche und wichtige Glieder der marinen Fauna bilden. Im Perm war der Anteil der marinen Organismen, die sich leicht fossilisieren ließen, wahrscheinlich sogar noch kleiner. Außerdem wurde lediglich ein nicht bekannter Bruchteil jener Organismen entdeckt und untersucht, die tatsächlich leicht fossilisiert wurden. Da die Erde ein dynamischer Ort ist, können Sedimentgesteine, die Fossilien enthalten, subduziert, metamorphisiert, angehoben und vollständig erodiert werden, und je älter das Gestein, desto unwahrscheinlicher ist es, daß es diesen Prozessen entging. Andererseits gibt es Regionen, in denen Sedimente erhalten blieben, die reichhaltige fossile Zeugnisse des Lebens im Perm und in der Trias enthalten, und die Beweise für Massensterben stammen aus sehr detaillierten und sorgfältigen Untersuchungen dieser Gebiete. Wie bereits erwähnt wurde, hat die moderne Forschung statistische Methoden angewandt. Der alte Witz von einem Statistiker, der in einem Fluß mit einer mittleren Tiefe von zehn Zentimetern ertrank, unterstreicht zwar zu Recht die Tatsache, daß statistische Erhebungen oft nur die halbe Wahrheit sagen. Dennoch gewährleistet die sehr große Zahl biologischer Familien und Gattungen, die im Hinblick auf das Aussterben untersucht worden sind, daß sich über die Ergebnisse vernünftige Rückschlüsse auf sämtliche existierende Organismen ziehen lassen.

Doch Vorsicht ist selbst bei der Vielzahl von Daten geboten, die dokumentieren, welche Pflanzen und Tiere sich über eine bestimmte Grenze hinweg erhielten und welche ausstarben. Ein bedauerlicher, aber auch verständlicher Aspekt der Paläontologie – und in der Tat der meisten Wissenschaften – ist die Spezialisierung. In der Praxis haben sich die meisten Paläontologen auf Fossilien aus einem bestimmten Abschnitt der geologischen Zeit spezialisiert – auf das Perm, die Trias oder sogar einen noch begrenzteren Teil der Zeitskala. Die Spezialisten für das Perm identifizieren also möglicherweise eine bestimmte Gruppe von Organismen, von denen die meisten Glieder am Ende dieser Periode aus der Fossilüberlieferung verschwinden. Doch die Spezialisten für die Trias ordnen das eine überlebende Mitglied dieser Gruppe vielleicht einer anderen triassischen Gruppe zu. Hier handelt es sich in gewisser Hinsicht um ein «Pseudo-Aussterben», zumindest auf der Ebene der betreffenden Gruppe: Sie «verschwindet» lediglich aufgrund des Klassifizierungssystems, nicht in Wirklichkeit.

Ein weiterer Aspekt der Aussterben, der stets kritisch geprüft werden muß, ist die Frage nach Ursache und Wirkung. Die Vermutung liegt nahe, daß der Einschlag an der K-T-Grenze einen Einfluß auf das Massensterben am Ende der Kreidezeit hatte, eben weil der Zeitpunkt des Einschlags haarscharf mit der Grenze zusammenfällt, die unabhängig davon auf der Basis von Fossilien nachgewiesen wurde. Doch dies ist kein eindeutiger Beweis für einen kausalen Zusammenhang. Die Frage nach Ursache und Wirkung betrifft das Perm-Trias-Massensterben und andere Aussterben, für die keine Beweise einer plötzlichen Katastrophe vorliegen, in noch höherem Maße. Wir können zu zeigen versuchen, daß Veränderungen des Meeresspiegels, Klimaschwankungen oder andere Faktoren mit einem bestimmten Aussterben einhergehen, doch ein kausaler Zusammenhang läßt sich erst dann mit Gewißheit herstellen, wenn eindeutig bewiesen wird, daß die zu dieser Zeit ausgestorbenen Organismen tatsächlich am anfälligsten für diese Veränderungen waren.

Die große Perm-Trias-Krise

Die spektakulären Ereignisse an der K-T-Grenze haben dazu geführt, daß die enorme Bedeutung des Perm-Trias-Aussterbens, in dessen Verlauf die meisten damals in den Ozeanen lebenden Arten verschwanden, in den Hintergrund gedrängt wurde. Die Vernichtung auf dem Festland war fast ebenso verheerend. Der Charakter des Lebens auf der Erde wurde radikal verändert, und die Auswirkungen begegnen uns heute in Form aller lebenden Pflanzen und Tiere. Über die Ursachen dieses Ereignisses – oder dieser Ereignisse – herrscht Unklarheit, doch die Wissenschaftler sind sich einig, daß sehr schlimme Bedingungen herrschen mußten, um einen so großen Teil des Lebens auf der Erde zu vernichten.

Das Bild, das sich aus Untersuchungen der Perm-Trias-Grenze ergibt, unterscheidet sich ganz gewaltig von dem der K-T-Grenze. Die Zeugnisse der Perm-Trias-Grenze enthalten angesichts komplexer Veränderungen der Umwelt, die sich teilweise gegenseitig bedingen, Hinweise auf vielschichtige Aspekte des Aussterbens. Kein eindeutiger, klar umrissener «Sündenbock» konnte ausgemacht werden, doch über die Mechanismen des Aussterbens ist eine Menge in Erfahrung gebracht worden. Dennoch ist der Zusammenhang zwischen Ursache und Wirkung noch immer relativ unklar.

Die Grenze zwischen Perm und Trias wurde von den ersten Geologen auf der Basis der großen Veränderungen definiert, die sie in marinen Fossilien feststellten. Wo sind Meeressedimente zu finden, die beide Perioden umfassen? Es sei daran erinnert, daß Pangäa während des Perms zusammengefügt wurde und daß sich zur Zeit der Perm-Trias-Grenze im wesentlichen ein einziger Kontinent von einem Pol zum anderen erstreckte (siehe Abb. 8.4). Den Atlantik gab es noch nicht. Der Großteil der marinen Sedimente, die aus dieser Zeit noch erhalten sind, wurde entlang der Ränder der Tethys abgelagert, dem Meer, das sich später nach Westen ausbreitete und Europa von Afrika sowie Nordamerika von Südamerika abspaltete, wie in Kapitel 9 erläutert wurde. Heute sind diese Sedimente in Teilen der südlichen Alpen anzutreffen, im Mittleren Osten, in Pakistan und Indien sowie in China. Die Auffindung dieser Zeugnisse wird dadurch verkompliziert, daß der Meeresspiegel gegen Ende des Perms offenbar relativ schnell absank, wodurch das Gebiet der Kontinentalschelfe, an denen Sedimente abgelagert wurden, stark abnahm. Dennoch ließen sich durch sorgfältige Untersuchungen der erhaltenen Schichtenfolgen und der Korrelation zwischen verschiedenen geographischen Regionen zumindest einige Aspekte der großen Perm-Trias-Krise zusammenfügen.

Vereinfacht und verkürzt dargestellt, läßt sich über dieses Massensterben sagen, daß marine Organismen stärker betroffen waren als Landbewohner, daß unter den marinen Arten offenbar diejenigen am meisten litten, die in Flachmeeren lebten, und insbesondere diejenigen, die an einen bestimmten Nährboden gebunden waren, und daß das Aussterben geographisch ungleichmäßig verteilt war. Es liegen schlüssige Beweise vor, daß viele Typen von Organismen bereits vor der Krise zurückgingen, und das schon seit Jahrmillionen während des Perms, doch die Wissenschaftler sind sich auch einig, daß die Aussterberate während der letzten paar Millionen Jahre des Perms entscheidend zunahm. Je nach Betrachtungsweise sind ein paar Millionen Jahre eine kurze oder eine sehr lange Zeitspanne. Offenbar zog sich aber das Massensterben an der Perm-Trias-Grenze über einen wesentlich längeren Zeitraum hin als dasjenige an der K-T-Grenze.

Was kann dieses selektive, ungleichmäßige, aber dennoch verheerende Aussterben verursacht haben, das näher als alle anderen Massensterben in der Fossilüberlieferung daran war, sämtliches Leben auf der Erde auszulöschen? Ganz eindeutig besteht offenbar ein Zusammenhang mit dem Absinken des Meeresspiegels am Ende des Perms, wodurch sich die marinen Lebensräume der Flachmeere in hohem Maße verringerten. Doch das allein hätte keine so katastrophale Auswirkung gehabt, daß es die beobachteten Phänomene erklären würde, insbesondere den Rückgang der landbewohnenden Organismen. Dazu war eine weitaus stärkere Belastung der Umwelt nötig, und die permo-triassische Welt war offenkundig so stark belastet. Das Absinken des Meeresspiegels beispielsweise war nicht etwa ein isoliertes Ereignis, sondern Teil des periodischen Ansteigens und Absinkens der Meere gegen Ende des Perms, das auf die Lebewesen in den flachen Gewässern entlang der Kontinentalränder vermutlich verheerende Auswirkungen gehabt hat. Als der Meeresspiegel sank, wurden nicht nur ausgedehnte Flachmeere als Lebensräume vernichtet, sondern es wurden auch große Mengen an organischem Material der Atmosphäre ausgesetzt, nämlich die Überreste der in den Flachmeerregionen lebenden Organismen, die in den Sedimenten abgelagert worden waren. Die Oxidation dieses Materials führte zur Bildung von Kohlendioxid (CO_2), einem «Treibhausgas». CO_2 in der Atmosphäre hält die Wärme nahe der Erdoberfläche zurück; bei zunehmendem Kohlendioxidgehalt steigt auch die globale Temperatur. Somit können Veränderungen der Konzentration von CO_2 beträchtliche Auswirkungen auf das Klima haben.

Die Oxidation organischen Materials entlang der Kontinentalschelfe war aber nicht die einzige Quelle der Kohlendioxidbildung an der Perm-Trias-Grenze. Die sogenannten Gashydrate bilden eine eigentümliche und erst vor relativ kurzer Zeit entdeckte Kategorie von Verbindungen, die in Sedimenten des Kontinentalschelfs vorkommen. Sie enthalten große Mengen an Gasen wie Kohlendioxid und Methan, ebenfalls ein Treibhausgas. Die Gashydrate können sich nur unter ganz bestimmten Bedingungen bilden und erhalten. Sie entstehen beispielsweise unter verhältnismäßig hohen Drücken und lösen sich unter dem normalen atmosphärischen Druck der Erdoberfläche auf. Durch die Beseitigung von 50 oder 100 Meter Wasser aus den Meeren, die über diesen Sedimenten lagen, fiel der Druck stark ab, infolgedessen zerfielen die Gashydrate und gaben ihre Bestandteile an die Atmosphäre ab. Und noch eine weitere Quelle für Treibhausgase existierte: Eine der größten bekannten Episoden von kontinentalem Vulkanismus ereignete sich sehr nahe an der Perm-Trias-Grenze. Diese vulkanischen Gesteine bilden heute die Sibirischen Trappe, das heißt Schichten von Lavaströmen und vulkanischen Trümmern, die einen Großteil Zentralsibiriens bedecken. (Die Bezeichnung «Trapp» für diese und ähnliche Ansammlungen von Basaltströmen beruht auf dem schwedischen Wort für «Treppe». Insbesondere nach Erosion weisen die horizontal liegenden Ströme oftmals ein treppenartiges Aussehen auf.) Viele Geologen vertreten die Auffassung, daß sich der sibirische Vulkanismus negativ auf die Umwelt auswirkte; allerdings hängt ihre Argumentation ganz entscheidend davon ab, wie schnell die Lava tatsächlich ausströmte. Die wichtigste Folge von Vulkanausbrüchen, die mit globalen Aussterben in Verbindung gebracht werden könnte, ist die Freisetzung großer Mengen an vulkanischen Gasen wie SO_2 (Schwefeldioxid) und CO_2. Interessanterweise liegen Beweise vor, daß sich einige andere Episoden von ausgedehntem kontinentalem Vulkanismus annähernd in Perioden mit hohen Aussterberaten abspielten. An erster Stelle sind die Deccantrappe zu nennen, eine große Ansammlung von Lavaströmen in Zentral- und Westindien, welche an die Sibirischen Trappe erinnert. Altersbestimmungen dieser Gesteine weisen darauf hin, daß sie etwa zur Zeit des K-T-Massensterbens ausgeworfen wurden. Ob die Ausbrüche nun direkt mit diesem Aussterben in Zusammenhang stehen oder nicht, ist nicht bekannt, doch schon die Übereinstimmung der Zeitpunkte ist faszinierend.

Die Datierung der Eruptivgesteine, welche mit Ereignissen wie der Entstehung der Deccantrappe oder der Sibirischen Trappe in Zusammenhang stehen, ist zwar relativ unkompliziert, aber technische Probleme erschweren die Altersbestimmung von Sedimentgesteinen ganz erheblich, wie in Kapitel 6 erläutert wurde. Somit besteht große Ungewißheit über den genauen Zeitpunkt einiger Ereignisse, die möglicherweise mit dem permo-triassischen Aussterben zusammenhängen. Da sich Pangäa beispielsweise gegen Ende des Perms von einem Pol zum anderen erstreckte, herrschten günstige Bedingungen für die Entstehung polarer Eiskappen, und in der Tat läßt sich im späten Paläozoikum eine Vereisung nachweisen. Leider ist nicht genau bekannt, wann dieses Ereignis seinen Höhepunkt erreichte und ob es mit einer globalen Abkühlung verbunden war. Es ist nicht auszuschließen, daß die starken, abrupten Meeresspiegelschwankungen gegen Ende des Perms zumindest zum Teil die Folge der Entstehung und des Verschwindens von Gletschern waren. Doch gleich, ob dies der Fall war oder nicht, es ist unumstritten, daß auf das deutliche Absinken des Meeresspiegels im ausgehenden Perm unmittelbar eine globale Erwärmung und ein beträchtliches Ansteigen des Meeresspiegels folgte.

Nahezu alle in größerem Rahmen durchgeführten Computersimulationen der Reaktion des Klimas auf eine globale Erwärmung sagen sehr viel größere Schwankungen voraus, als wir sie momentan erleben. Tatsächlich wären erhebliche Unterschiede zwischen den Durchschnittstemperaturen im Sommer und im Winter zu erwarten, ebenso wie in bestimmten Abständen auftretende Perioden brütender Hitze und extremer Kälte. Vermutlich war das sich erwärmende Klima im ausgehenden Perm von derartigen Schwankungen geprägt. Auf dem riesigen Kontinent Pangäa, vor allem in seinem Inneren, trat diese Tendenz wahrscheinlich besonders deutlich zutage. Man kann sich also auch ohne eine plötzliche, globale Katastrophe wie den Einschlag eines Asteroiden gut vorstellen, daß die Erde im ausgehenden Perm mit ihren Vulkanausbrüchen, Klimaschwankungen und abrupten Veränderungen des Meeresspiegels für viele Lebensformen ein besonders ungemütlicher Ort war.

Das K-T-Aussterben

Wie offenbar nach jedem Massensterben breiteten sich die Gruppen, die die Perm-Trias-Krise überlebten, im Mesozoikum stark aus und entwickelten eine reiche Formenvielfalt. Wenn es auch während dieser Ära mehrere Phasen gab, in denen die Aussterberate erneut über den normalen Durchschnittswert anstieg, ereignete sich das nächste wirklich große Aussterben in den geologischen Urkunden an der K-T-Grenze, am Übergang von der Kreidezeit zum Tertiär. Wie bereits erwähnt wurde, hat das K-T-Aussterben große Aufmerksamkeit auf sich gelenkt, weil von ihm auch die Dinosaurier betroffen waren und weil zwingende Beweise für eine damalige Kollision zwischen einem großen, außerirdischen Objekt und der Erde vorliegen. In der Tat ziehen wissenschaftliche Konferenzen, die sich mit Ereignissen an der K-T-Grenze befassen, in der Regel eine ungewöhnlich breitgefächerte Gruppe von Forschern an, von Biologen bis zu Geologen, Physikern und Chemikern.

Die sedimentären Belege des K-T-Aussterbens sind weniger lükkenhaft und leichter zugänglich als die früherer Massensterben, und die gezielte Untersuchung durch Wissenschaftler aus vielen Disziplinen hat diese Grenze zur mit Abstand am besten erforschten aller größeren Grenzen gemacht, die von einem Aussterben geprägt waren. Einige sehr aussagekräftige Hinweise stammen aus Bohrkernproben von Meeressedimenten. Informationen über die weltweiten Veränderungen der Umwelt, welche sich an der K-T-Grenze vollzogen, wurden zusammengetragen. Ein wichtiger Faktor war dabei der Umstand, daß auf dem ganzen Globus Proben von Sedimenten verfügbar waren, die weit entfernt vom Einflußbereich der Kontinente abgelagert worden waren. Leider existieren in den heutigen Ozeanen keine entsprechenden Zeugnisse der Perm-Trias-Grenze, da sämtliche Teile des Ozeanbodens, die älter als etwa 200 Millionen Jahre sind, durch Subduktion vernichtet wurden. Alle marinen Proben aus dieser Zeitspanne stammen aus Sedimenten, die an den Kontinentalrändern abgelagert wurden. Diese wiederum sind mittlerweile gehoben worden und liegen frei. Sie werden häufig von Phasen unterbrochen, in denen es infolge von Schwankungen des Meeresspiegels zu keinerlei Ablagerungen kam.

Paläontologen, die die feinkörnigen Sedimentkerne der Tiefsee untersuchen, haben bei der Bestimmung der K-T-Grenze ein relativ leichtes Spiel. Sie ist geprägt von einem sehr starken Rückgang in der Anzahl des fossilen Planktons, insbesondere der kleinen Organismen, die in Wasserschichten nahe der Oberfläche leben und Schalen aus Kalziumkarbonat bilden. Nach der K-T-Grenze erlangen diese Tiere ihre Bedeutung wieder, doch die meisten Arten haben eine Veränderung durchlaufen. In vielen Gegenden läßt sich die Grenze aufgrund des Vorkommens einer dünnen Grenzschicht aus Ton identifizieren, welche so gut wie keine Fossilien aus Kalziumkarbonat aufweist, jedoch zwischen großen Mächtigkeiten jüngeren und älteren Kalksteins liegt. Soweit sich feststellen läßt, ist dieses Schema für das Plankton von globaler Natur, und der Wandel von einer reichlichen Produktion an Schalen aus Kalziumkarbonat zu praktisch keiner Produktion vollzieht sich äußerst rasch. Es liegen zwingende Beweise vor, daß die Ursache des Aussterbens zumindest einiger Arten global war und schnelle Auswirkungen zeigte. Der obere, sonnenbeschienene Teil der Ozeane, wo das Plankton lebte, war eindeutig stark davon betroffen, und die gesamte biologische Aktivität in den Meeren ging deutlich zurück.

Auf dem Festland vollzogen sich neben der Vernichtung der Dinosaurier weitere Veränderungen. Eine davon, die möglicherweise sogar mit dem Aussterben der Dinosaurier zusammenhängt, fand im Pflanzenreich statt. Ein wesentlicher Teil der Beweise stammt nicht von Fossilien der Pflanzen selbst, sondern von den Pollen und Sporen.

Auch wenn Menschen, die an Heuschnupfen leiden, vielleicht anderer Ansicht sind, sind Pollen für die Menschen wie für die Pflanzen von großem Nutzen. Winzige Pollenkörner, die von Samenpflanzen gebildet werden und eine ganze Reihe charakteristischer Formen aufweisen, werden vom Wind und von den Tieren weit von ihrem Ursprung entfernt verstreut. Sie sind relativ widerstandsfähig und halten der Zersetzung lange stand. Sie sammeln sich in den sich langsam absetzenden Sedimenten der Seen oder seichten Binnenmeere an und bewahren ein beständiges und oftmals bemerkenswert vollständiges Zeugnis der Samenpflanzenflora der Umgebung. Im westlichen Nordamerika wurden diese Zeugnisse im Detail untersucht, und es stellte sich heraus, daß sie nahe der K-T-Grenze sehr starke Veränderungen aufweisen, die wertvolle Informationen über die Erde in der ausgehenden Kreidezeit liefern.

Das auffälligste Merkmal des Pollenbestands ist ein plötzlicher Rückgang der Pollenkörner im Verhältnis zu den Sporen genau an der K-T-Grenze. Sporen werden von Farnen gebildet, und die eben genannte Veränderung läßt auf eine abrupte Dezimierung von Samenpflanzen schließen, die von einer Zunahme der Farne begleitet war. Noch heute breiten sich Farne rasch in Gebieten aus, in denen Samenpflanzen aus irgendeinem Grund ausgerottet wurden, nur um ihrerseits – über eine längere Zeit hinweg – allmählich den «höheren» Pflanzen Platz zu machen. Im frühen Tertiär, als sich die Samenpflanzen nach der K-T-Katastrophe wieder erholten, läßt der Pollenbestand auch eine allmähliche Zunahme der Pollen im Verhältnis zu den Sporen erkennen. Über die genaue Zeitspanne, in der diese «Rehabilitierung» erfolgte, herrscht Unklarheit, doch sie war anscheinend nach geologischen Maßstäben sehr kurz. Einige Samenpflanzen der Kreidezeit kamen nie wieder auf, sie waren der Katastrophe zum Opfer gefallen. Doch nach relativ kurzer Zeit erreichte die Gesamtmenge der Pollen in den Sedimenten wieder ihr früheres Niveau.

Ein interessanter Aspekt dieser Zeugnisse ist, daß die Pollenbestände im Süden offenbar sehr viel stärker zurückgingen als im Norden. Das deuteten viele Paläontologen als Zeichen eines sich abkühlenden Klimas: Im Norden lebende, bereits an Kälte angepaßte Arten waren weniger betroffen. Das Aussterben unter den planktonischen Organismen in den Meeren folgt einem ähnlichen Muster; tropische Arten weisen höhere Aussterberaten auf als diejenigen, die in gemäßigten Gewässern lebten.

Zwischen winzigen Pollenkörnern und riesigen Reptilien besteht insofern ein Zusammenhang, als die größten Dinosaurier als Pflanzenfresser auf Pflanzen angewiesen waren. Ein plötzlicher Rückgang in der Anzahl und Mannigfaltigkeit der Samenpflanzen hätte diesen Tieren sowie den Raubtieren, die sich wiederum von ihnen ernährten, das Leben sehr schwer gemacht. Das Rätsel um Ursache und Wirkung, das sich um das Massensterben an der K-T-Grenze rankt, ist jedoch noch immer Gegenstand heftiger Diskussionen. Fielen die Samenpflanzen und die Dinosaurier gleichzeitig einer globalen Katastrophe wie dem Einschlag eines Asteroiden zum Opfer, oder waren zunächst nur die Pflanzen davon betroffen und unterbrachen so die Nahrungskette? Ist ein Einschlag für das sich abkühlende Klima verantwortlich, auf das die Merkmale des Aussterbens sowohl auf dem Festland als auch in den Meeren schließen lassen, oder ist diese Entwicklung die Folge von Vulkanausbrüchen in Indien oder einer anderen, profaneren Ursache? Solche Fragen lassen sich schwer beantworten, doch mit der Fülle an detaillierten Informationen, die heute aus den Sedimenten gewonnen werden, welche die Ereignisse an der K-T-Grenze dokumentieren, lassen sich vielleicht dennoch endgültige Antworten finden.

Auch wenn die Plötzlichkeit des K-T-Massensterbens hervorgehoben wurde, für die es unanfechtbare Beweise gibt, waren interessanterweise anscheinend einige Arten, auch einige Dinosaurier, schon während einer beträchtlichen Zeitspanne vor der Grenze im Begriff zurückzugehen. Für diese Arten finden sich in der Fossilüberlieferung Hinweise, daß ihre Zahl sich nach und nach verringerte und ihre geographische Verbreitung abnahm. So unwahrscheinlich es statistisch gesehen auch scheinen mag, viele Paläontologen gelangten zu der Annahme, daß das Ereignis an der K-T-Grenze in einer Welt, die bereits unter erheblichen biologischen Belastungen zu leiden hatte, vielen Arten den Gnadenstoß versetzte.

Sollte die Kreidezeit tatsächlich durch eine abschließende und – geologisch betrachtet – plötzliche Katastrophe beendet worden sein, so war die Ursache mit großer Wahrscheinlichkeit entweder ein Einschlag oder der starke Vulkanismus der Deccantrappe. Wohl alle in jüngster Zeit durchgeführten, genauen Untersuchungen bezüglich der Datierung haben gezeigt, daß der Zeitpunkt sowohl der Eruptionen als auch des Einschlags praktisch identisch mit dem Zeitpunkt des biologischen Massensterbens ist. Es ist durchaus nicht auszuschließen, daß *beide* Ereignisse bei dem Aussterben eine Rolle spielten. Einige der prophezeiten Auswirkungen eines großen Einschlags – globale Staubwolken, saurer Regen, riesige Ozeanwellen, verheerende Brände – wurden bereits beschrieben, und die Hinweise in den geologischen Urkunden lassen darauf schließen, daß alle diese Phänomene an der K-T-Grenze tatsächlich eintraten.

Der Chicxulub-Krater in Yucatán weist genau das gleiche Alter auf wie die K-T-Grenze. Der Umfang der heute begrabenen Formation ist ein Beweis für die enorme Größe – möglicherweise im Bereich von 20 Kilometer Durchmesser oder mehr – des Objekts, das mit der Erde kollidierte. Ein besonders interessanter Aspekt des Kraters ist jedoch, daß er zumindest teilweise in Sedimentgesteinen eingegraben wurde, die aus Kalkstein und Gips – $CaCO_3$ beziehungsweise $CaSO_4$ – bestanden. Die starke Erhitzung dieser Substanzen während des Einschlags hätte zu ihrer Zersetzung geführt, wobei sehr große Mengen an Schwefeloxiden sowie Kohlendioxid an die Atmosphäre abgegeben worden wären. Die Freisetzung von Schwefeldioxid (SO_2) aus industriellen Quellen und Vulkanen fördert heutzutage bekanntlich die Bildung von Aerosol (winzige, suspendierte Tröpfchen von SO_2 plus Wasser) in der Atmosphäre. In größeren Mengen bilden diese Aerosolpartikel einen atmosphärischen Dunst, der einen Teil der Sonneneinstrahlung abschirmt und die Erde abkühlt. Der Effekt wurde anschaulich – wenn auch in sehr viel kleinerem Maßstab als an der K-T-Grenze – demonstriert durch den geringen, aber dennoch meßbaren globalen Temperaturrückgang, der auf die Freisetzung großer Schwefelmengen bei der Eruption des Pinatubo auf den Philippinen im Jahr 1991 folgte. Für eine Zeitspanne von etwa zwei Jahren wurden weltweit kühlere Temperaturen (um etwa 0,5° Celsius) nachgewiesen. Danach stiegen sie wieder auf ihre früheren Werte an. Berechnungen zufolge hätte der bei dem Chicxulub-Einschlag freigesetzte Schwefel für einen Zeitraum von ungefähr 10 Jahren zu einer Verringerung der Intensität der Sonneneinstrahlung, welche die Erdoberfläche erreichte, um 10 bis 20 Prozent führen können. Und wenn die Laven der Deccantrappe zu dieser Zeit ebenfalls in großen Mengen ausgestoßen wurden und zusätzliches SO_2 in die Atmosphäre gelangte, hätte sich der Effekt noch verstärkt. Wenn man bedenkt, daß der Einschlag auch eine globale Staubwolke aufgewirbelt hatte, ist mit großer Wahrscheinlichkeit anzunehmen, daß die Erde für mindestens ein paar Jahre nach dem Einschlag in Halbdunkel gehüllt war und sich als Folge davon drastisch abkühlte. Zudem bildet SO_2 in Verbindung mit Wasser Schwefelsäure. Die atmosphärischen Aerosolpartikel waren stark säurehaltig, und als sie allmählich aus der Atmosphäre ausgefällt wurden, bildete sich korrodierender, saurer Regen. Kurz gesagt, am Ende der Kreidezeit war das Leben auf der Erde alles andere als ein Vergnügen.

Mit wenigen Ausnahmen fanden seit Beginn des Kambriums in jeder geologischen Periode Massensterben statt. Lediglich zwei davon, die beiden größten, wurden hier relativ ausführlich behandelt. Dies waren die wichtigsten Aussterben, die von den ersten Geologen identifiziert wurden, als sie die geologische Zeit im gröbsten Maßstab unterteilten, denn sie bilden die Grundlage für die Grenzen zwischen Paläozoikum und Mesozoikum sowie zwischen Mesozoikum und Känozoikum. Ebenso wurde, wenn auch nicht gleich detailliert, das Massensterben untersucht, welches sich gegen Ende des Präkambriums ereignete und die rätselhafte Ediacara-Fauna auslöschte. Gibt es einen roten Faden in diesen abrupten und schlimmen Unterbrechungen des Lebens auf der Erde? Im Augenblick ist die Antwort anscheinend ein eingeschränktes Nein. Eingeschränkt deshalb, weil nicht auszuschließen ist, daß bei praktisch allen Aussterben eine Klimaveränderung beteiligt war, wenn auch die Einzelheiten der Veränderungen nicht in allen Fällen übereinstimmen. Die K-T-Grenze ist offenbar insofern einzigartig, als keine andere von einem Massensterben geprägte Grenze eindeutige Beweise für einen Einschlag liefert. Vielleicht einer der faszinierendsten Zufälle – wenn es wirklich einer ist – ist die Tatsache, daß die zwei größten Aussterben des Phanerozoikums, nämlich das an der K-T-Grenze und das an der Perm-Trias-Grenze, jeweils zur gleichen Zeit wie eine wichtige Episode von kontinentalem Vulkanismus stattfanden. Basaltergüsse auf den Kontinenten wie diejenigen der Sibirischen Trappe und der Deccantrappe sind in der Erdgeschichte relativ selten, und dennoch fallen diese zwei besonders mächtigen mit den beiden ausgeprägtesten Massensterben zusammen. Liegt hier ein kausaler Zusammenhang vor? Obwohl einige Geologen behauptet haben, daß dies der Fall sei, läßt sich das zu diesem frühen Zeitpunkt eigentlich noch nicht feststellen. Nicht alle Episoden der Basaltergüsse, von den durch ein Aussterben gekennzeichneten Grenzen ganz zu schweigen, wurden mit ausreichender Genauigkeit datiert, um eine überzeugende Analyse des möglichen Zusammenhangs zu erlauben. Obwohl nie auszuschließen ist, daß irgendein unbekannter Faktor übersehen wird, ist es zudem eher unwahrscheinlich, daß die Auswirkungen selbst von sehr ausgedehntem Vulkanismus (vor allem die Abgabe von Kohlendioxid und Schwefeldioxid an die Atmosphäre) allein heftig oder plötzlich genug wären, um ein schweres, globales Aussterben zu verursachen.

11

Säugetiere, Gebirge und Eis: Das Känozoikum

Gemessen an den vorhergehenden Zeitaltern ist das Känozoikum sehr kurz. Da es jedoch den jüngsten Abschnitt der Erdgeschichte darstellt, wissen wir dennoch eine Menge darüber. Die Folgen der Vorgänge, die sich im Zuge der Plattentektonik abgespielt haben, für die Weltgeographie sind noch heute spürbar, und das Tier- und Pflanzenleben, das sich während des Känozoikums entwickelte, umfaßt die vertraute Fauna und Flora der heutigen Grasebenen, Wälder und Seen. Kurz gesagt, die Welt des Känozoikums ist leicht wiederzuerkennen und vergleichsweise behaglich; sie bereitet weniger Probleme als die älteren Abschnitte der Erdgeschichte mit ihren fremd wirkenden Kreaturen und «irr» angeordneten Kontinenten und Ozeanen.

Über die Ära des Känozoikums ist unter anderem deshalb so viel bekannt, weil die Ozeanbecken in ihren Sedimenten ein vollständiges Zeugnis seiner Geschichte enthalten. Der gesamte Meeresboden, der älter als etwa 200 Millionen Jahre ist, sowie auch ein Großteil des jüngeren Bodens wurde subduziert und in den Erdmantel zurückgeschleust; ein beträchtlicher Teil des Meeresbodens, der seit Beginn des Känozoikums vor 65 Millionen Jahren gebildet wurde, ist jedoch noch heute der Forschung zugänglich. Die Tiefsee ist bekanntlich nicht der ruhige Ort, für den sie einst gehalten wurde, sondern ein Gebiet, an dem sich ein langsamer Niederschlag aus Sedimentpartikeln auf dem Grund absetzt und sich dort ungestört ansammelt. Jedenfalls liefert sie uns ein bemerkenswert vollständiges Zeugnis der Sedimente aus der gesamten Ära. Eine der großen Leistungen der Geowissenschaften in diesem Jahrhundert war die Organisation

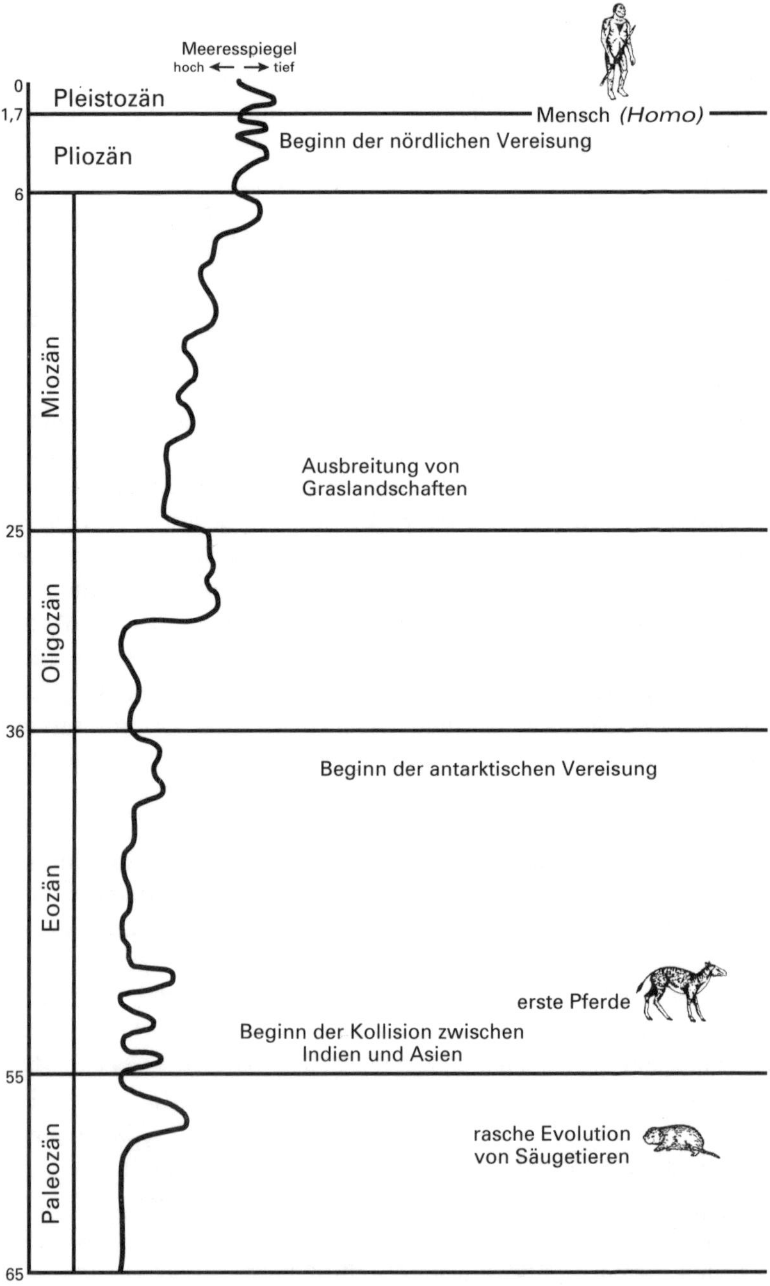
Meeresspiegel
hoch ← → tief
0
1,7
6
25
36
55
65
Pleistozän
Pliozän
Miozän
Oligozän
Eozän
Paleozän
Mensch (Homo)
Beginn der nördlichen Vereisung
Ausbreitung von
Graslandschaften
Beginn der antarktischen Vereisung
erste Pferde
Beginn der Kollision zwischen
Indien und Asien
rasche Evolution
von Säugetieren

und Durchführung des Deep Sea Drilling Project (Tiefseebohrungsprojekt), eines umfangreichen wissenschaftlichen Unternehmens, das unter anderem den Zweck hatte, diese Zeugnisse zu erschließen. Heute, das heißt mehr als ein Vierteljahrhundert nachdem das Unternehmen gegründet worden ist, trägt es einen anderen Namen und wird in einem noch breiteren Rahmen eingesetzt als ursprünglich, doch seine Ziele sind im Grunde dieselben: die Gewinnung langer Kernproben aus dem Meeresboden, die ein besseres Verständnis der Erdgeschichte ermöglichen.

Hunderte Geologen aus der ganzen Welt warten auf eine Gelegenheit, zwei Monate auf See an Bord des Bohrschiffs zu verbringen und rund um die Uhr die Kernproben, die nach und nach an Deck befördert werden, zu untersuchen, beschreiben und analysieren. Die Kerne werden schließlich zu einem der drei Aufbewahrungsorte in den USA gebracht – in die University of California in La Jolla, die Columbia-Universität in New York oder die Texas A & M University in College Station. Dort werden sie weiter untersucht und tiefgekühlt für die zukünftige Forschung aufbewahrt. Diese «Archive» der Bohrkerne bieten eine unschätzbare Quelle an Material, das die Erdgeschichte dokumentiert und sofort verfügbar ist, wenn neue Ideen oder Analysemethoden entwickelt werden. Ein gutes Beispiel ist die Frage, was sich am Übergang von der Kreide zum Tertiär ereignete. Wie im vorigen Kapitel erläutert wurde, führte zunächst die Entdeckung eines übermäßig hohen Gehalts an Iridium in Grenzschichtsedimenten zu der Annahme, daß sich vor 65 Millionen Jahren ein großer Einschlag ereignete. Doch erst durch Untersuchungen von Sedimentkernen aus der ganzen Welt konnte bewiesen werden, daß es sich dabei um ein globales Phänomen handelte und nicht um einen lokalen geochemischen Effekt, welcher mit einem Einschlag nichts zu tun hatte. Ein großer Teil dieser Untersuchungen wurde vom Deep Sea Drilling Project durchgeführt.

Gleich, welche Ereignisse am Ende des Mesozoikums stattfanden,

Ereignisse des Känozoikums; Zeitangaben in Millionen Jahren vor der Gegenwart. Es ist zu beachten, daß die Veränderungen des Meeresspiegels während des Pleistozäns sehr vereinfacht dargestellt sind; in Wirklichkeit kam es, wie in Kapitel 12 erläutert wird, während der letzten paar Millionen Jahre zu zahlreichen Schwankungen.

sie markierten jedenfalls einen großen Wendepunkt in der Erdgeschichte. Auf dem Festland wie in den Meeren änderte sich der Verlauf der Evolution grundlegend. Und obwohl das Känozoikum lediglich etwa 1,5 Prozent der Erdgeschichte in Anspruch nimmt, hat das Wirken der Plattentektonik in dem ihm eigenen gemächlichen Tempo die physische Geographie der Welt während dieser Ära von Grund auf umgestaltet. Zu Beginn der Ära existierte die Tethys, wie in Kapitel 9 erörtert wurde, noch immer als ein Kanal für Meeresströmungen in Ost-West-Richtung. Damals gab es weder den Himalaja noch die Alpen. Das Klima war sehr viel wärmer als heute: Es gibt fossile Beweise für subtropische Klimaverhältnisse am nördlichen Polarkreis. Auch wenn die Säugetiere während des gesamten Mesozoikums präsent waren, spielten sie noch immer eine untergeordnete Rolle im Tierreich. Das sollte sich jedoch bald ändern.

Ein wahrhaft faszinierender Aspekt des Känozoikums ist der Umstand, daß sich angesichts der so reichhaltigen Informationen mit sehr viel größerer Sicherheit ein Zusammenhang zwischen Ursache und Wirkung herstellen läßt als in den früheren Ären. Es liegt ganz klar auf der Hand, daß selbst die relativ geringen Veränderungen in der Lage der Kontinente während des Känozoikums große Auswirkungen auf den Verlauf der Evolution gehabt haben. Die gleichen Bewegungen haben weltweite Klimaveränderungen verursacht, welche ihrerseits ebenfalls die biologische Entwicklung beeinflußt haben. In Lehrbüchern der Erdgeschichte werden die früheren Abschnitte der Zeitskala oftmals abgehandelt, indem einfach die wichtigen Ereignisse separat aufgezählt werden: eine Gebirgsbildung hier, Vulkanismus dort; in den Ozeanen gediehen diese und jene Organismen, auf dem Festland starb die eine Gruppe aus und wurde von der anderen abgelöst. Was das Känozoikum betrifft, sind die Bezüge zwischen der biologischen und der physischen Welt hingegen, wenn auch nicht immer eindeutig, zumindest sehr viel klarer, und es versteht sich von selbst, daß diese Zusammenhänge sehr wichtig sind. Selbst Ereignisse, die global betrachtet relativ unbedeutend erscheinen – beispielsweise die Entstehung der Landenge von Panama vor etwa 3 Millionen Jahren, welche Nord- und Südamerika verband und Meeresströmungen von Ost nach West zwischen Atlantik und Pazifik unterbrach –, hatten große Auswirkungen sowohl auf das Klima als auch auf das Tier- und Pflanzenreich. Wenn es auch unwahrscheinlich ist, daß die Einzelheiten der früheren Abschnitte der Erdgeschichte jemals so klar vor Augen liegen werden wie die des Känozoikums, läßt sich aus diesem Wissen eine Lehre ziehen, die man nicht vergessen sollte, wenn man sich mit den früheren Zeitabschnitten beschäftigt. Klima, biologische Evolution und Plattentektonik müssen damals ebenso eng miteinander verflochten gewesen sein, selbst wenn es nicht unmittelbar ersichtlich ist. Auch hier erweist sich der Aktualismus im weitesten Sinne als ein nützliches Konzept, um die Vergangenheit zu beurteilen.

Der Aufstieg der Säugetiere

Das Känozoikum wird bisweilen als das Zeitalter der Säugetiere bezeichnet. Von den Ameisenbären bis zu den Elefanten, von den Wölfen bis zu den Walen, und nicht zu vergessen die Spezies Mensch, haben Säugetiere allmählich eine dominierende Stellung auf der Erde erlangt. Zu ihnen zählen winzige Kreaturen wie Spitzmäuse, die nur ein paar Gramm wiegen, wie auch der riesige Blauwal, wahrscheinlich das größte Tier, das jemals auf der Erde gelebt hat. Das Leben der Menschen ist mit dem der Säugetiere eng verflochten, sowohl im Hinblick auf unsere Entwicklung als auch bezüglich unseres Alltags. Eine ganze Menge unserer Nahrungsmittel sowie ein wesentlicher Teil unserer Kleidung stammt auf die eine oder andere Weise von domestizierten Säugetieren. Viele einschneidende Fortschritte in der Medizin werden durch Laborexperimente an Säugetieren erzielt. Und die ersten Erforschungen der Polarmeere, sowie auch Nordamerikas und Sibiriens, wurden zum großen Teil durchgeführt, um Wale beziehungsweise Pelztiere aufzuspüren, was leider für die gejagten Tiere oftmals verheerende Folgen hatte.

Die frühesten echten Säugetiere, die uns über ihre Fossilien bekannt sind, lebten in der Spätphase der Trias, gegen Anfang des Mesozoikums. Noch früher gab es säugetierähnliche Reptilien, wie bereits erwähnt wurde (siehe Abb. 9.4). Doch während einer sehr langen Zeit nach ihrem Erscheinen – mehr als 150 Millionen Jahre – blieben die Säugetiere eine kleine und unauffällige Gruppe. Die herkömmliche Forschung geht davon aus, daß dies sowohl auf die Raubzüge fleischfressender Dinosaurier als auch auf die Rivalität zu sämtlichen Dinosaurierarten zurückzuführen war. Nachdem diese Konkurrenten jedoch durch das Massensterben an der K-T-Grenze beseitigt waren, nahm die Anzahl und Formenvielfalt der Säugetiere geradezu explosionsartig zu. Kürzliche, sorgfältig durchgeführte Untersuchungen der Fossilüberlieferung zeigen, daß sich innerhalb von etwa 10 Millionen Jahren während des Übergangs von der Kreide zum Tertiär etwa 130 Gattungen der Säugetiere entwickelt hatten (unter «Gattung» versteht man eine Gruppe nah verwandter Arten); zu keiner Zeit hat es mehr gegeben. Fledermäuse, Primaten, Nagetiere, Wale – diese und andere Vorfahren der heutigen Tiere weilten bereits auf der Erde. Obgleich seitdem viele Arten ausgestorben sind und neue sich entwickelt haben, ist die Gesamtzahl der Gattungen in etwa gleich geblieben: im Durchschnitt ungefähr 90. Das läßt darauf schließen, daß das anfangs rasante Fortschreiten der Evolution der Säugetiere sehr rasch zu einer stabilen Population führte, welche sich seither – zumindest in der Anzahl der Gattungen – nicht wesentlich verändert hat. (Es lohnt sich, erneut auf einen Punkt hinzuweisen, der in einem früheren Kapitel dieses Buches bereits hervorgehoben wurde, daß nämlich Ausdrücke wie «sehr rasch» in geologischen Diskussionen stets in ihrem Kontext gesehen werden müssen. In diesem Fall ist die Entwicklung der Formenvielfalt der Säugetiere über *10 Millionen Jahre* hinweg nur dann «rasch» zu nennen, wenn sie an der früheren, bescheidenen Geschichte dieser Tiere gemessen wird, welche mehr als fünfzehnmal so lang war.)

Säugetiere zeichnen sich durch die Gewohnheit aus, ihre Jungtiere zu säugen. Darüber hinaus sind sie Warmblüter und konnten sich infolgedessen schneller an unterschiedliche Klimaverhältnisse anpassen als Kaltblüter wie beispielsweise die Reptilien. Keines dieser Charakteristika liegt jedoch ausreichend in fossiler Form vor; deshalb stützt sich die Klassifikation der Säugetiere die gesamte Erdgeschichte hindurch auf Eigenheiten der Knochenstruktur, insbesondere die Beschaffenheit des Kiefers und die verschiedenen Zahntypen. Wie sich herausgestellt hat, läßt sich an den Zähnen eine ganze Menge über die Umgebung eines fossilen Säugetiers und vor allem über seine Ernährung ablesen.

Nahezu alle heutigen Säugetiere tragen ihre Nachkommenschaft lebend aus. Die einzige Ausnahme bildet eine seltene Gruppe, die der Kloakentiere, welche Eier legen. Diese eigentümlichen Säugetiere, zu denen die Schnabeltiere zählen, kommen nur in Australien vor. Leider treten die Kloakentiere praktisch nicht in der Fossilüberlieferung auf; somit ist die Stellung dieser Gruppe in der Evolution der Säugetiere kaum bekannt. Doch obwohl die Kloakentiere hoch spezialisiert sind, weisen sie viele primitive Merkmale auf und sind wahrscheinlich Abkömmlinge der frühen säugetierähnlichen Reptilien. Die erfolgreichste Gruppe der Säugetiere sind die Plazentatiere, zu denen die Menschen ebenso wie die meisten bekannten Tiere, gezähmte wie wilde, zählen: Hunde, Katzen, Pferde, Bären, Elefanten, Hirsche und viele andere. Die Plazentatiere gebären erst nach einer langen Tragezeit, und die Jungtiere können sich (in den meisten Fällen) recht schnell in ihrer Umwelt behaupten. Beuteltiere, die zweite große Säugetiergruppe, gebären ihre Jungen in einem sehr viel früheren Entwicklungsstadium und müssen sie während ihrer frühesten Lebensphase in einer Hauttasche schützen.

Die Beuteltiere

Die heutige Verbreitung der Beuteltiere liefert ein interessantes Beispiel für die Wechselwirkung zwischen biologischer Evolution und Plattentektonik. Diese Tiere sind in Australien und auf einigen benachbarten Inseln am weitesten verbreitet und haben dort auch die reichste Formenvielfalt entwickelt (am bekanntesten sind die Känguruhs und Koalabären dieses Kontinents); auch in Südamerika kommen sie recht häufig vor. Vermutlich aufgrund der biologisch aufwendigen Art und Weise, wie der Nachwuchs der Beuteltiere auf die Welt kommt, waren die Plazentatiere den Beuteltieren offenbar überall überlegen, wo sie in direkter Konkurrenz mit ihnen lebten. Die Fossilüberlieferung läßt erkennen, daß sich beide Gruppen während der Kreidezeit aus gemeinsamen Vorfahren entwickelten und daß die Beuteltiere wahrscheinlich zunächst in Südamerika aufkamen. Gegen Ende der Kreide – kurz vor der ungewöhnlichen Explosion der Formenvielfalt von Plazentatieren – war das globale Klima warm, und der antarktische Kontinent war noch immer sowohl mit Südamerika als auch mit Australien verbunden, ein fortbestehender Überrest des ehemaligen südlichen Superkontinents Gondwana (siehe Abb. 9.1). Die Beuteltiere wanderten von Südamerika über die Antarktis

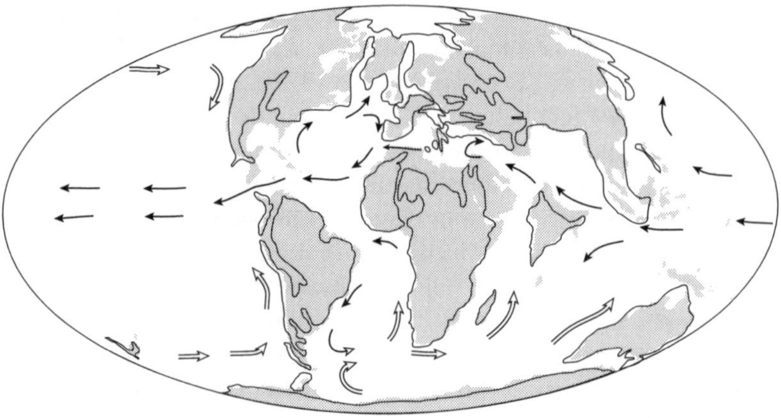

Abb. 11.1 Die Verteilung der Kontinente im frühen Känozoikum (vor ungefähr 60 Millionen Jahren). Wie in Abb. 9.1 sind die heutigen Umrisse der Kontinente grauschattiert dargestellt, während die damalige Küstenlinie durch eine dunkle Linie angezeigt wird. Es ist zu beachten, daß Australien und Südamerika sich gerade erst von der Antarktis abgespalten haben und daß sich noch keine vollständige zirkumpolare Strömung, wie sie heute existiert, gebildet hat. Die dünnen Pfeile zeigen warme Strömungen, die dicken Pfeile Bewegungen kalten Wassers an. Modifiziert nach Karte 9 in A. G. Smith, D. G. Smith und B. M. Funnell, Hg., *Atlas of Mesozoic and Cenozoic Coastlines.* Cambridge University Press 1994.

bis nach Australien. Doch im frühen Känozoikum spaltete sich Australien von der Antarktis ab und driftete nordwärts auf Asien zu. Südamerika wurde durch die Drake-Straße von der Antarktis getrennt, und seine Landbrücke nach Nordamerika wurde unterbrochen. Von da an war Südamerika ebenfalls ein Inselkontinent und blieb es auch während eines Großteils des Känozoikums, wie in Abbildung 11.1 zu sehen ist.

Vor allem in Australien konnten sich die Beuteltiere ohne übermäßigen Einfluß der Plazentatiere entfalten. Relativ schnell besetzten sie alle Nischen, die in anderen Teilen der Welt von Plazentatieren eingenommen wurden. Beuteltiere, die in ihrem Aussehen und Verhalten Wölfen, Katzen und Mäusen ähnelten (um nur einige Beispiele zu nennen), erlebten eine wahre Blütezeit. Einige davon, wie die Känguruhs, haben nirgendwo ähnliche Gegenstücke, doch sie nehmen ökologische Positionen ein, die denen anderer Tierarten, in diesem Fall der grasenden Plazentatiere, entsprechen. Leider ist ein Großteil der Beuteltiere Australiens heute gefährdet. Das liegt daran, daß die Europäer eine Reihe von Plazentatieren auf dem Kontinent eingeführt haben.

Während des Känozoikums brachten die Beuteltiere auch auf dem isolierten südamerikanischen Kontinent eine reiche Formenvielfalt hervor und wurden dort trotz der großen Menge gleichzeitig vorkommender Plazentatiere die wichtigsten Raubtiere. Wie in Australien entwickelten sich auch hier viele Formen, die den Plazentatieren in anderen Teilen der Welt entsprachen – wolfsähnliche und katzenähnliche Beuteltiere beispielsweise sind in der Fossilüberlieferung häufig vertreten. Doch als Südamerika vor etwa drei Millionen Jahren durch die Landenge von Panama wieder mit Nordamerika verbunden wurde, trugen die Einwanderer von Norden her den Sieg davon. Obwohl auch einige Beuteltiere Erfolge verzeichnen konnten, zum Beispiel das Opossum, das überlebte und sich sogar nach Norden ausbreitete, wurde der Großteil der lange isolierten Säugetierwelt Südamerikas (sowohl Beuteltiere als auch Plazentatiere) durch die eindringenden, räuberischen Plazentatiere dezimiert, die über die Landenge von Panama einwanderten.

Die Einzelheiten der Evolution der Säugetiere in Südamerika und Australien würden mehrere Bücher füllen. Sie veranschaulichen Aspekte wie den Parallelismus der Evolution, die Auswirkungen von Konkurrenz und Klima und vor allem die Rolle der Plattentektonik bei der Entwicklung der heutigen Säugetiere. Diese Episode der Evolution zeigt, daß die langsame und unaufhaltsame Bewegung der Kontinente für wandernde Tiere Barrieren sowohl errichten als auch zerstören kann, was wiederum einen großen Einfluß auf den Verlauf der Evolution hat.

Graslandschaften und Pferde

In der menschlichen Phantasie nehmen die Pferde unter den Säugetieren einen besonderen, oftmals romantisch verklärten Platz ein. Beim Thema Pferde denkt man unwillkürlich an die wilden Mustangs des amerikanischen Westens, mongolische Reiter, die über die Steppen Zentralasiens jagen, oder schöne Araber, die an einem nebligen

Morgen in England über grüne Felder galoppieren. Pferde werden seit Jahrtausenden domestiziert. Doch was ist mit ihrer früheren Geschichte? Wann entwickelten sie sich, und wie verlief ihre Evolution? Die Antworten auf diese Fragen schließen ein komplexes Wechselspiel biologischer und physischer Einflüsse mit ein. Glücklicherweise ist die Fossilüberlieferung der Pferde eine der vollständigsten innerhalb der gesamten Paläontologie, und der Großteil der wichtigen evolutionären Veränderungen, die sich von den frühesten Pferden bis zu ihren heutigen Abkömmlingen vollzogen, ist ausreichend dokumentiert. Ihre Geschichte ist geradezu ein Paradebeispiel der Evolution, an dem kein Paläontologiestudent vorbeikommt. Sie beinhaltet jedoch auch eine moralische Lehre, wie Stephen Jay Gould überzeugend argumentiert hat. Zwar lassen sich die «Verbesserungen» in der Abstammungslinie der Pferde von den frühesten Fossilien bis zum heutigen Pferd direkt nachvollziehen. Doch der Weg, der dabei skizziert wird, ist nur einer von vielen in einem Labyrinth verzweigter evolutionärer Veränderungen, und nicht etwa eine kontinuierlich verlaufende Entwicklung. Die anderen Linien sind mittlerweile ausgestorben, doch das Resultat hätte sich unmöglich vorhersagen lassen.

Es erscheint vielleicht überraschend, daß es zu Beginn des Känozoikums noch keine Prärien gab, so wie wir sie heute kennen – keine weiten Ebenen mit hohen, sanft im Wind wiegenden Gräsern. Die pflanzenfressenden Dinosaurier des Mesozoikums fraßen von Bäumen, Sträuchern und anderen großblättrigen Pflanzen. Gräser entwickelten sich erst im frühen Känozoikum, im Zuge der fortlaufenden Evolution der Blütenpflanzen. Doch bis um die Mitte dieser Ära waren sie auf wenige Regionen beschränkt. Erst dann begannen sich weite Graslandschaften auf den Kontinenten auszudehnen. Es gibt verschiedene Theorien, warum sich die Ausbreitung gerade zu diesem Zeitpunkt vollzog, angefangen von Klimaeinflüssen bis zu der Möglichkeit, daß das Grasland erst dann die Futtersuche der weidenden Tiere überstehen konnte, als es ein kontinuierliches Wachstum entwickelt hatte. Doch gleich, woran es lag, die Ausbreitung der Graslandschaften hatte einen entscheidenden Effekt auf die Evolution der Pferde sowie anderer Weidetiere.

Die allerersten bekannten Pferdefossilien stammen aus dem Eozän, und sie unterscheiden sich so sehr von der modernen Pferdeart, daß zunächst keinerlei Zusammenhang erkannt wurde. Das Urpferdchen – oder *Eohippus*, wie dieses Tier genannt wurde, obwohl sein richtiger Name *Hyracotherium* ist – war sowohl in Europa als auch in Nordamerika vertreten. *Eohippus* war ein sehr kleines Tier, etwa von der Größe eines Hündchens, das offenbar in bewaldeten Regionen lebte. Es besaß Hufe, jedoch im Gegensatz zu den modernen Pferden mehrere – vier Hufzehen an den Vorderbeinen, drei an den Hinterbeinen –, und die Hufe waren durch Ballen gepolstert (siehe Abb. 11.2). *Eohippus* hatte verglichen mit den modernen Pferden eine Knollennase, und seine Zähne weisen ihn als ein Weidetier aus, das sich von verschiedenen Pflanzen ernährte. Obwohl dieses Pferdchen ausschließlich Pflanzen fraß, besaß es Eckzähne – ein Hinweis darauf, daß viele seiner Vorfahren unter den mesozoischen Säugetieren Fleischfresser waren. Das tiefe, verlängerte Maul der heutigen Pferde ist, wie noch gezeigt wird, eine direkte Folge der Zahn- und Kieferentwicklung, die es ermöglichte, die Kost zäher und harter Gräser zu bewältigen.

Während des gesamten Eozäns und Oligozäns durchliefen die Abkömmlinge des *Eohippus* eine relativ geradlinige Entwicklung, die über ihre Fossilien gut dokumentiert ist. Sie wurden allmählich größer. Ihre Mittelzehe, die schließlich der einzige Huf der modernen Pferde werden sollte, wurde immer kräftiger und markanter, und die Mahlflächen der Zähne wurden größer, mit komplexen, widerstandsfähigen Kauleisten. Doch die Ähnlichkeit mit dem *Eohippus* war nach wie vor eindeutig. Erst im Miozän fanden gleichzeitig mit der Ausbreitung der Grasebenen abrupte Veränderungen statt, welche zu mehreren unterschiedlichen Entwicklungslinien der Pferde führten. Heute existiert nur noch eine davon: das moderne Pferd. Viele andere «Experimente» innerhalb der Evolution der Pferde schafften es nicht bis in die Gegenwart.

Der Werbespruch «Du bist, was du ißt» hätte auf Pferde gemünzt werden können. Denn einige der physischen Merkmale der heutigen Tiere hängen letztendlich mit ihrer Graskost zusammen. An erster Stelle unter den Modifizierungen während des Miozäns, die zur Entwicklung der heutigen Pferde führten, standen die Veränderungen der Zahnstruktur und der Kopfform. Gräser sind hart, viel schwieriger zu kauen und zu zermahlen als die saftigen Blätter der tropischen Bäume, die das Futter für einige Vorfahren der heutigen

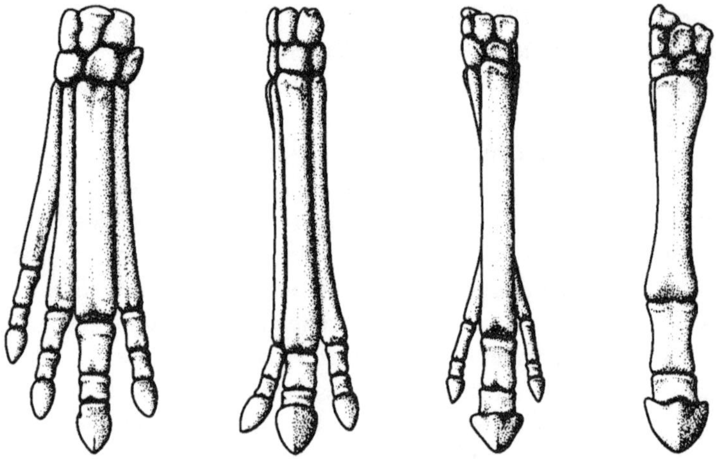

Abb. 11.2 Die Füße der Pferde haben von *Eohippus* bis zum modernen Pferd, *Equus,* eine bedeutende Entwicklung durchlaufen. Hier ist die Veränderung in der Struktur der Hinterfüße dargestellt, von vier einzelnen Hufzehen des *Eohippus* (links) zu einer einzigen des modernen Pferdes (rechts). Die ungefähren Alter dieser vier Fußanordnungen sind (von links nach rechts): frühes Eozän, Oligozän, spätes Miozän und Neuzeit. Ferner war ein enormer Größenzuwachs zu verzeichnen, auch wenn dies aus der Abbildung nicht ersichtlich ist. Reproduziert nach Abb. 319 in A. S. Romer, *Vertebrate Paleontology.* University of Chicago Press, 2. Auflage 1945.

Pferde bildeten. Gräser enthalten Kieselerde und können selbst die Schneideblätter von Rasenmähern relativ schnell stumpf machen. Als Reaktion darauf entwickelten die Pferde des Miozäns Zähne mit sehr viel komplizierteren und widerstandsfähigeren Mahlflächen und viel größeren Kronen; die Zähne konnten zumindest zum Teil nach ihrer Abnützung aus dem Zahnfleisch heraus nachwachsen. Diese Veränderungen bedeuteten, daß der Kopf und das Maul sehr viel länger sein mußten, um Platz zu schaffen für die langen Reihen von Mahlzähnen, die entlang der Backen des Pferdes angebracht waren. Ungefähr zur gleichen Zeit paßten sich die Beine und Füße der Vorfahren der heutigen Pferde in einer Weise an, die ihnen ein sehr schnelles Fortbewegen über die sich ausbreitenden Graslandschaften ermöglichte. Das geschah durch die Verschmelzung mehrerer unabhängiger Knochen der Unterbeine, wodurch diese verstärkt wurden, sowie durch weitere Belastung der mittleren Hufzehe, die inzwischen das volle Gewicht des Tieres trug. Anstelle eines Fußes hat das Pferd am Ende seines Beines eine einzelne Zehe, wie aus Abbildung 11.2 ersichtlich ist.

Im mittleren oder späten Miozän wiesen viele der damals existierenden Pferde – zumindest oberflächlich betrachtet – eine Ähnlichkeit zu den modernen Pferden auf. Die evolutionären Veränderungen setzten sich natürlich bis in die Gegenwart fort, doch wir hätten mit Leichtigkeit erkannt, daß es sich bei den Tieren des Miozäns tatsächlich um Pferde handelte. Nach der Fossilüberlieferung hat sich ihre Entwicklung offenbar weitgehend in Nordamerika vollzogen, doch zu Beginn des Pleistozäns hatte sich die moderne Pferdegattung, *Equus,* über einen großen Teil der Welt ausgebreitet. Später, erst vor acht- bis zehntausend Jahren, verschwanden die Pferde auf unerklärliche Weise aus Nordamerika. Der Grund für ihr Aussterben ist nicht bekannt. Einige vermuten, daß es durch die Ankunft der Menschen bedingt war, die über die Landbrücke, welche Alaska und Sibirien verband, in den Kontinent einwanderten. Andere behaupten, daß eine Seuche die Pferde ausgerottet haben muß. Was auch immer die Ursache war, jedenfalls fehlten diese anmutigen Tiere jahrtausendelang auf den Prärien Nordamerikas, bis die Pferde, die die ersten spanischen Eroberer aus Europa mitbrachten, ihren Besitzern davonliefen und die weiten Graslandschaften allmählich wieder bevölkerten.

Aus dem Vorhergehenden wird deutlich, daß viele bekannte Eigenschaften des modernen Pferdes – Schnelligkeit, Kopfform, Hufe und in der Tat die weite Verbreitung auf der Erde – direkt oder indirekt mit seiner Nahrung und seiner bevorzugten Umgebung, der Grasebene, zusammenhängen. Aber wie und warum entwickelten sich die Grasebenen zu diesem Zeitpunkt? Wie weiter oben erwähnt wurde, gibt es bezüglich dieser Frage einander widersprechende Theorien, doch nur einige davon stimmen mit den vorhandenen Zeugnissen überein. Die meisten führen eine Veränderung des globalen Klimas als wichtigen, möglicherweise ausschlaggebenden Faktor an. Insbesondere breiteten sich die Graslandschaften rasch aus, als das Klima in den kontinentalen Binnenländern kühler und trockener wurde.

Das Klima im Känozoikum

Verglichen mit der Gegenwart herrschte im ausgehenden Mesozoikum ein mildes Klima auf der Erde. Diese Situation dauerte bis ins Känozoikum fort, und im frühen Eozän stieg die Durchschnittstemperatur offenbar an: Der Zeitabschnitt vor etwa 55 Millionen Jahren war der wärmste der letzten 70 oder 80 Millionen Jahre. Doch kurz darauf kühlte sich das Klima schlagartig ab. Trotz einiger dazwischenliegender, recht langer Perioden mit relativ stabilen Temperaturen hat sich die Erde seitdem ständig abgekühlt. Woher wissen wir das? Temperaturen können nicht fossil überliefert werden, doch im Zuge des technischen Fortschritts wurden einige quantitative «Paläothermometer» entwickelt, mit denen sich das Klima der Vergangenheit, insbesondere das känozoische, sehr erfolgreich rekonstruieren ließ. Diese Indikatoren wurden mit eher qualitativen Beweisen kombiniert, beispielsweise mit Beobachtungen zur Verteilung bestimmter, spezielle Temperaturbereiche bevorzugender Tiere oder Pflanzen in den verschiedenen Breitengraden. Zusammengenommen lieferten beide Aussagen ein annähernd vollständiges Bild der globalen Temperaturschwankungen während des Känozoikums. Im Prinzip könnten alle Substanzen als Paläothermometer benutzt werden, die in einer vorhersagbaren Weise auf die Umgebungstemperatur reagieren und diese Reaktion als eine Art fossiles Zeugnis bewahren. Wie sich herausgestellt hat, zählen zu den wichtigsten Spuren der känozoischen Temperaturen zwei so grundlegend verschiedene Charakteristika der Fossilüberlieferung wie die Form von Pflanzenblättern und die Sauerstoffisotope in Kalkstein.

Wie kann die Form von Pflanzenblättern die Temperatur anzeigen? Überraschenderweise eignen sich die Blätter sehr gut dafür. Daß ein allgemeiner Zusammenhang zwischen Blattform und Klima besteht, ist seit Beginn dieses Jahrhunderts bekannt, doch 1978 gab Jack Wolfe vom United States Geological Survey (dem Amt für geologische Aufnahmen der Vereinigten Staaten) diesem Zusammenhang eine quantitative Grundlage. Aufgrund von Daten über heutige Wälder in Ostasien wies er nach, daß eine deutliche Wechselbeziehung zwischen der mittleren Jahrestemperatur und der Form der Blätter besteht. Die besondere Eigenschaft der Blätter, die in dieser Hinsicht am charakteristischsten erscheint, ist die Beschaffenheit des Blattrands (siehe Abb. 11.3). In tropischen Regionen, wo ein feuchtwarmes Klima herrscht, sind die Blätter meist groß und haben glatte Ränder ohne Auszackungen; oft haben sie eine schmale, längliche Spitze – bisweilen als «Abtropfspitze» bezeichnet –, die das Ablaufen des Wassers erleichtert. Im Gegensatz dazu sind die Blätter in kühleren Regionen bezeichnenderweise kleiner, schmaler, und sie weisen gewöhnlich gezackte Ränder auf. In den heutigen Wäldern sind diese Charakteristika für die klimatischen Bedingungen des gesamten Erdballs typisch, selbst wenn die eigentliche Flora in den verschiedenen Regionen ganz unterschiedlich ist. Somit ist also zu erwarten, daß das gleiche Verhältnis auch in früheren Zeiten zutraf, und die detaillierten Zeugnisse der känozoischen Temperaturen, die Paläontologen anhand von Untersuchungen versteinerter Blätter erstellt haben, lassen darauf schließen, daß dies der Fall ist.

Die Sauerstoffisotope als Paläothermometer sind ein völlig anderer Temperaturindikator, doch er sagt das gleiche aus wie die fossilen Blätter. Dies macht uns sehr zuversichtlich, daß unsere Vorstellung der känozoischen Klimaschwankungen im wesentlichen korrekt ist. Die Methode wurde von Harold Urey entwickelt, dem Nobelpreisträger für Chemie, der in Kapitel 3 wegen seiner gemeinsam mit Stanley Miller durchgeführten Experimente zur Entstehung des Lebens erwähnt wurde. Wie bereits erörtert, weisen die Isotope eines Elements dasselbe chemische Verhalten auf, unterscheiden sich jedoch geringfügig in der Masse. Folglich ist es möglich, daß ein Isotop bei einer chemischen Reaktion oder einem Vorgang wie der Verdunstung einem anderen gegenüber bevorzugt wird.

Ein gutes Beispiel für dieses Prinzip ist der Effekt, den die Verdunstung auf die Sauerstoffisotope im Wasser hat. Wie in einem früheren Kapitel dieses Buches erläutert wurde, hat der Sauerstoff drei Isotope, von denen Sauerstoff-16 bei weitem überwiegt, da er mehr als 99 Prozent des normalen Sauerstoffs ausmacht. Dennoch enthält aller Sauerstoff auch geringe Mengen an Sauerstoff-17 und Sauerstoff-18. Somit weist ein Wassermolekül mit großer Wahrscheinlichkeit die Formel H_2O-16 auf, doch es könnte auch H_2O-17 oder H_2O-18 sein. Während des Verdunstungsprozesses verdunsten zuerst die leichteren Wassermoleküle – diejenigen, die Sauerstoff-16 enthalten. Die Sauerstoffisotope im Wasser werden bei dem Vorgang fraktioniert, das heißt getrennt, da der Wasserdampf leichter ist (er enthält einen

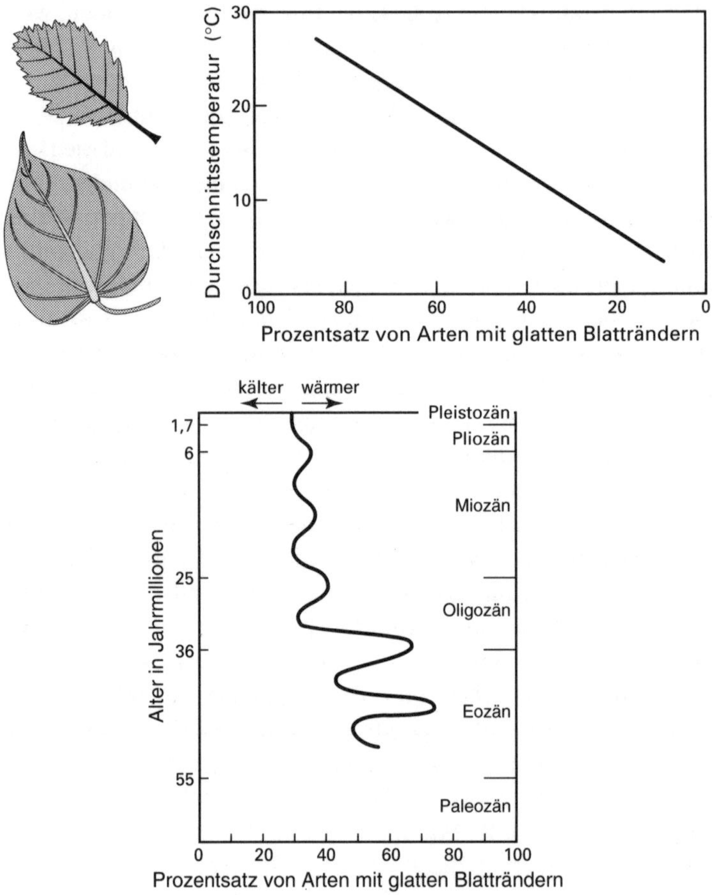

Abb. 11.3 Pflanzenblätter können glatte oder gezackte Ränder haben, wie oben zu sehen ist. In den heutigen Wäldern sind die Arten mit glatten Blatträndern in Gegenden mit hohen Durchschnittstemperaturen dominierend, wie im oberen Diagramm, das auf tatsächlichen Messungen beruht, dargestellt ist. Durch die Anwendung dieses Zusammenhangs auf die Formen fossiler Blätter des nordwestlichen Pazifiks in Nordamerika wurde die Temperaturentwicklung im Känozoikum rekonstruiert (unten). Die festgestellten Schwankungen, insbesondere der steile Temperatursturz nahe der Grenze zwischen Eozän und Oligozän, weisen eine große Ähnlichkeit zu jenen auf, die aus völlig unabhängig davon ermittelten Beweisen wie dem in Abb. 11.4 dargestellten abgeleitet wurden. Modifiziert nach Abb. 1, 2 und 3 in J. A. Wolfe, in: *American Scientist.* 66. Jahrgang, S. 695f. Sigma Xi, 1978.

größeren Anteil an Sauerstoff-16) und die übrige Flüssigkeit mit fortschreitender Verdunstung schwerer wird (mit einem größeren Anteil an Sauerstoff-17 und Sauerstoff-18).

Harold Urey hatte sich seit längerem mit der Fraktionierung von Isotopen beschäftigt und wußte, daß das genaue Ausmaß, in dem die Fraktionierung stattfand, von der während der Reaktion herrschenden Temperatur bestimmt wurde. In einem wahren Geistesblitz wurde ihm folgender Zusammenhang klar: Wenn im Meer lebende Organismen, welche die gelösten Komponenten des Meerwassers als Rohmaterial verwendeten, ihre aus Kalziumkarbonat bestehenden Schalen abwarfen, hing die relative Menge an Sauerstoffisotopen in den Schalen von der Wassertemperatur ab. Die Möglichkeiten waren geradezu atemberaubend. Im Prinzip hatte Urey damit eine Methode entdeckt, mit deren Hilfe die Entwicklung der Meerwassertemperaturen nachgezeichnet werden konnte, indem man einfach die Sauerstoffisotope in den winzigen Schalen längst toter Organismen aus den ozeanischen Sedimentkernen maß. Doch damit nicht genug: Da nämlich sowohl an der Meeresoberfläche als auch am Grund lebende Kreaturen erhalten sind, ist es möglich, etwas über den Temperaturunterschied zwischen dem Oberflächenwasser und dem Wasser am Meeresboden zu erfahren. Außerdem läßt sich möglicherweise das Temperaturgefälle vom Äquator zum Pol ermitteln, indem Proben desselben Alters von niedrigen bis zu hohen Breitengraden analysiert werden – wie sich herausgestellt hat, ein für das Verständnis des globalen Klimas wichtiger Parameter.

Wie so oft bei wissenschaftlichen Entdeckungen war es gar nicht so einfach, wie es auf den ersten Blick schien, Ureys Paläothermometer in der Praxis einzusetzen. Beispielsweise besteht der Schnee, der die polaren Eiskappen bildet, aus Wasser, das aus den Ozeanen verdunstet ist – ein Prozeß, der, wie wir gesehen haben, das Isotopenverhältnis des übrigen Meerwassers verändert. Somit können in Eiszeiten die durch die Entstehung von Polargletschern bedingten Veränderungen in den Sauerstoffisotopen des Meerwassers so groß sein wie jene, die durch Temperaturschwankungen ausgelöst werden. Dies ist jedoch lediglich ein Problem der Interpretation. Es ändert nichts an der Tatsache, daß die Veränderungen der Sauerstoffisotope stattfanden und daß sie für immer in den Schalen fossiler Organismen dokumentiert sind. Selbst wenn die exakten Temperaturen nicht mit hundertprozentiger Sicherheit festgestellt werden können, läßt sich der Zeitpunkt der Temperaturveränderungen sehr genau ermitteln. Heute sind Untersuchungen der Sauerstoffisotope fest etabliert als eine der wichtigsten Methoden, um etwas über die Klimaverhältnisse in der Vergangenheit zu erfahren.

Die Temperaturveränderungen, die anhand von Studien der Sauerstoffisotope für das Känozoikum ermittelt wurden, werden in Abbildung 11.4 dargestellt. Die durch Untersuchungen der Blattformen erbrachten Beweise bestätigen durchgängig diese Ergebnisse, insbesondere was die hohen Temperaturen des frühen Eozäns und den extremen Temperatursturz am Übergang vom Eozän zum Oligozän betrifft. Letzterer fällt mit dem Beginn der antarktischen Vergletscherung, also der Entstehung einer polaren Eiskappe zusammen. Die globale Abkühlung während des Eozäns wurde in allen Einzelheiten im Westen Nordamerikas dokumentiert, wobei die Geologen sich auf Untersuchungen fossiler Blätter stützten. Die Belege lassen erkennen, daß nicht nur die Durchschnittstemperatur abnahm, sondern auch die jahreszeitlich bedingten Temperaturschwankungen größer und das Klima trockener wurden. Wälder verschwanden, und Graslandschaften gediehen. Parallel dazu entwickelten sich Pferde und andere Weidetiere.

Das Klima hängt zwar von vielen Faktoren ab, doch die beiden stärksten und abruptesten Schwankungen während des Känozoikums – beides Temperaturrückgänge – waren vermutlich zumindest teilweise durch den Einfluß der Plattentektonik auf die Meereszirkulation bedingt. Am Ende des Mesozoikums und bis ins frühe Känozoikum hinein verhinderten die Festlandverbindungen zwischen Australien, der Antarktis und Südamerika den sogenannten zirkumpolaren Wasserstrom um den antarktischen Kontinent – die gleichen Verbindungen, die es den Beuteltieren ermöglichten, sich nach Australien auszubreiten. Statt dessen strömten kalte Wassermassen nordwärts in den Indischen, Pazifischen und Atlantischen Ozean und vermischten sich mit Wasser aus tropischen Zonen. Der Rückfluß warmen Wassers nach Süden führte dann dazu, daß die Polarregion relativ warm – und eisfrei – blieb (siehe Abb. 11.1). Als Australien und schließlich Südamerika sich im Känozoikum jedoch vom antarktischen Kontinent abspalteten, konnte das kalte Polarwasser so wie heute um den Kontinent fließen und ihn von wärmeren Wasser-

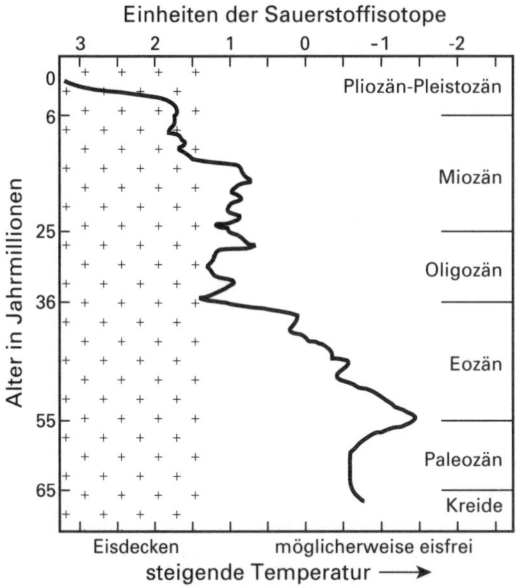

Abb. 11.4 Die Sauerstoffisotope in den Planktonschalen aus den atlantischen Tiefseebohrproben können hinsichtlich der Temperaturen des Meerwassers in der Vergangenheit interpretiert werden. Beachten Sie den steilen Temperatursturz, der nahe der Grenze zwischen Eozän und Oligozän begann und sich in den letzten paar Millionen Jahren fortsetzte; er zeigt wahrscheinlich den Beginn einer ständigen Vergletscherung in den südlichen beziehungsweise nördlichen Polarregionen an. In den hier verwendeten Einheiten entsprechen die Werte der Sauerstoffisotope, welche höher als etwa 1 liegen, offenbar den Zeitperioden starker globaler Vereisung. Modifiziert nach Abb. 1 in K. G. Miller, R. G. Fairbanks und G. S. Mountain, in: *Paleoceanography.* 2. Jahrgang (1987), S. 3. American Geophysical Union.

massen im Norden isolieren (siehe Abb. 11.5). Die Antarktis wurde kälter, und es bildete sich eine ständige Eiskappe, ein Umstand, der wiederum einen merklichen Abkühlungseffekt auf das globale Klima hatte. Der Beginn der aus anderen Beweisen abgeleiteten Vergletscherung der Antarktis scheint eng mit dem jähen Temperatursturz des Meerwassers nahe der Grenze zwischen Eozän und Oligozän (siehe Abb. 11.4) zusammenzufallen, welcher durch die Sauerstoffisotope angedeutet wird.

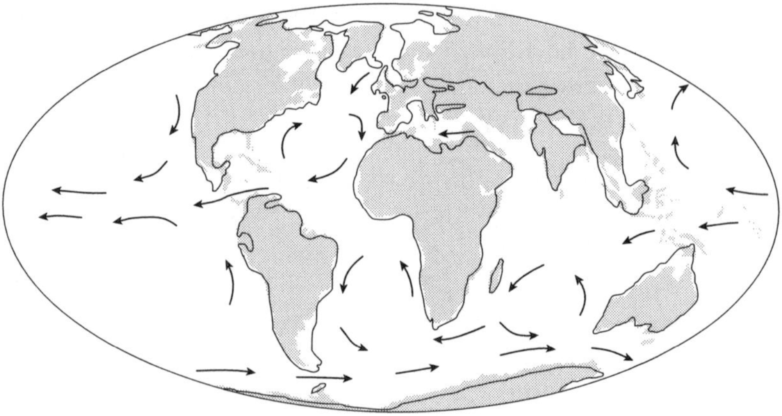

Abb. 11.5 Zu Beginn des Oligozäns war die Antarktis von den anderen Kontinenten isoliert, und eine zirkumpolare Strömung war entstanden. Die Karte zeigt die Anordnung der Kontinente vor annähernd 30 Millionen Jahren. Wie bei anderen Abbildungen dieses Typs zeigen die dunklen Linien die damaligen Kontinentalränder an, während die graue Schattierung der Form der heutigen Kontinente entspricht. Modifiziert nach Karte 5 in A. G. Smith, D. G. Smith und B. M. Funnell, Hg., *Atlas of Mesozoic and Cenozoic Coastlines*. Cambridge University Press 1994.

Der zweite jähe Temperaturrückgang, der in Abbildung 11.4 eingezeichnet ist, ereignete sich vor drei bis vier Millionen Jahren, in einer Zeit, als sich eine weitere plattentektonische Veränderung auf die Meereszirkulation auswirkte. Ungefähr zu dieser Zeit wurde die Lücke zwischen Süd- und Nordamerika durch die Entstehung der Landenge von Panama geschlossen, was verhinderte, daß äquatoriale Wassermassen des Atlantiks wie bisher nach Westen in den Pazifik strömten. Statt dessen wurde der Golfstrom stärker, der entlang der Ostküste Nordamerikas relativ warmes Wasser nordwärts transportierte. Unter den bereits kühlen Klimabedingungen in den nördlichen Regionen brachte diese warme Strömung reichlich Feuchtigkeit für Niederschläge mit sich und führte relativ schnell zur Entstehung der nördlichen Polareiskappe, was wiederum einen Temperaturrückgang in anderen Teilen des Erdballs zur Folge hatte. Genau wie der steile Temperatursturz im Eozän hatte auch diese Veränderung spürbare Auswirkungen auf das Tier- und Pflanzen reich. Die Botschaft der geologischen Befunde des Känozoikums lautet eindeutig, daß Klima, Plattentektonik und Evolution untrennbar miteinander verbunden sind.

Gebirge in Europa und Asien

Einige Geologen aus meinem Bekanntenkreis sind Bergsteiger, doch vielen Menschen, die dieses Hobby betreiben, ist wahrscheinlich nicht bewußt, in welchem Ausmaß sie ihr Vergnügen der Plattentektonik verdanken. Der Mount Everest und das Matterhorn, um nur zwei berühmte Klettergipfel zu nennen, verdanken ihre Existenz letztendlich der Auflösung Gondwanas und der langsamen Bewegung dieser Kontinentalfragmente nordwärts bis zur Kollision mit nördlicher gelegenen Landmassen. Die Kollisionen, die den Himalaja und die Alpen hervorbrachten, ereigneten sich im Känozoikum. In der Tat könnte man das Känozoikum ebensogut wie «Zeitalter der Säugetiere» auch «Zeitalter der Gebirge» nennen: Während seiner relativ kurzen Zeitspanne von 65 Millionen Jahren spielten sich erstaunlich viele Gebirgsbildungen ab. Ein Blick auf eine Reliefkarte der Erde macht deutlich, daß sich ein im großen und ganzen kontinuierlicher Gebirgsgürtel von Spanien und Nordafrika über Europa und den Mittleren Osten nach Indien, China und sogar bis nach Indonesien erstreckt. Auf Abbildung 11.6 ist dieser Gebirgsgürtel in Skizzenform dargestellt. Wenn die einzelnen Ketten dieser riesigen Gebirgsregion auch unterschiedliche Namen haben – Pyrenäen, Alpen, Kaukasus, Pamir, Himalaja und so weiter –, sind sie doch alle entstanden, als die Fragmente des ehemaligen Superkontinents Gondwana mit Europa und Asien kollidierten.

Während der Kreidezeit, gegen Ende des Mesozoikums, lag die Tethys südlich von Europa und Asien. Entlang ihrer Ränder befanden sich warme, seichte, biologisch produktive Gewässer; die Sedimente, die sich dort ansammelten, enthielten eine große Menge organisches Material, und sie decken heute einen beträchtlichen Teil des weltweiten Erdölbedarfs. Doch die Tage der Tethys waren gezählt. Als Reaktion auf die Ausbreitung des Meeresbodens im Atlantik und auf die Öffnung der südlichen Ozeane um die Antarktis driftete Afrika nordwärts auf Europa zu. Vereinfacht ausgedrückt

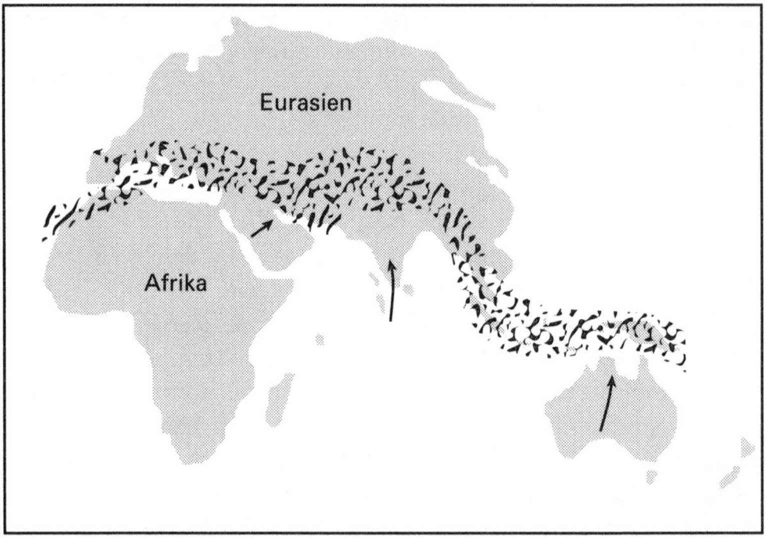

Abb. 11.6 Als die Kontinente des ehemaligen Gondwana nordwärts drifteten und mit Europa und Asien kollidierten, entstanden Gebirgsgürtel (gemustertes Gebiet), die sich vom Nordwesten Afrikas und den Alpen bis zum Himalaja und nach Indonesien erstrecken. Modifiziert nach Abb. 15.29 in R. H. Dott, jun., und D. R. Prothero, *Evolution of the Earth*. McGraw-Hill 1994.

läßt sich sagen, daß die Alpen und die dazugehörigen Gebirge in ganz Europa, Nordafrika und der östlichen Mittelmeerregion infolge der Kollision zwischen der Afrikanischen Platte und Eurasien entstanden sind. Die Natur ist jedoch in den seltensten Fällen einfach und überschaubar, und die Entstehung der Alpen bildet dabei keine Ausnahme. Selbst Geologen, die sich ihr Leben lang mit diesem Gebirge beschäftigt haben, können sich einige Aspekte seiner geologischen Beschaffenheit nicht erklären. In groben Zügen läßt sich jedoch die Entstehung des Gebirges nachvollziehen.

In der Region südlich von Europa war die Tethys nie ein sonderlich großes Meer gewesen. Wie in Kapitel 9 beschrieben wurde, hatte sie sich während des Mesozoikums infolge der fortschreitenden Aufspaltung Pangäas von Osten her gebildet. Offenbar gab es mehrere Mikroplatten, kleine Kontinentalfragmente, innerhalb der Tethys zwischen Afrika und Europa. Sie waren aus dem Prozeß hervorgegangen, der diese beiden Kontinentalmassen getrennt hatte. Die Anfangsphase der Entstehung der Alpen vollzog sich im frühen Känozoikum, als diese Mikroplatten mit Europa kollidierten und Stücke ihrer selbst sowie Teile des dazwischenliegenden Meeresbodens und Sedimente des Kontinentalschelfs zusammenpreßten und auf den nördlichen Kontinent aufschoben. Zwei dieser Mikrokontinente bilden die Regionen, die wir heute als Italien und Spanien kennen.

Die Bildung des Alpengürtels setzte sich fort, als die Afrikanische Platte unaufhaltsam nordwärts auf Eurasien zutrieb und die Tethys geschlossen wurde. Da sich etwa zur gleichen Zeit die nördlichen Teile des Atlantiks infolge der Meeresbodenausbreitung öffneten, kam es auch zu einer Bewegung in Ost-West-Richtung zwischen der Afrikanischen und der Eurasischen Platte, wodurch sowohl die Mikroplatten als auch die Ränder der Kontinente rotiert und abgeschliffen wurden. Somit wurde die Aufgabe der Geologen, die versuchen, die Geschichte der entstandenen Gebirgsketten zu enträtseln, erheblich erschwert.

Kollisionen zwischen Kontinenten spielen sich in der Regel – selbst geologisch betrachtet – über längere Zeiträume ab. Dies liegt zum Teil an der niedrigen Geschwindigkeit der Plattenbewegung und zum Teil daran, daß die Kontinentalränder üblicherweise unregelmäßig sind; selbst wenn sie geradlinig sind, verlaufen sie während einer Kollision wahrscheinlich nicht parallel zueinander. Die Kollision, die die Alpen hervorbrachte und Gebirge in Europa, Nordafrika und dem östlichen Mittelmeerraum miteinander verband, war keine Ausnahme. Sie nahm den Großteil des Känozoikums in Anspruch und kam erst vor weniger als 10 Millionen Jahren zum Stillstand. Es war ein komplexes, facettenreiches Ereignis, doch aufgrund seines relativ jungen Alters haben uns die entstandenen Gebirge einen beachtlichen Einblick in die verschiedenen Prozesse gewährt, die sich bei ähnlichen Kollisionen vollzogen haben müssen. Ältere, mittlerweile in hohem Maße erodierte Gebirgsketten wie die Appalachen im Osten der Vereinigten Staaten müssen auf dieselbe Weise entstanden sein.

Einer der eindrucksvollsten Aspekte der alpinen Geologie – zumindest für Geologen – ist die Existenz von sogenannten Überschiebungsdecken. Diese Formationen sind stumme Zeugen der gewaltigen, gegeneinander pressenden Kräfte, die bei Plattenkollisionen auftreten. Man kann sich eine Überschiebungsdecke gut vergegenwärtigen, indem man einen rechteckigen Teppich in der Mitte anhebt, so daß ein Teil davon senkrecht herabhängt und zu zwei Lagen gefaltet ist, während der restliche Teppich weiterhin flach auf dem Fußboden liegt. Läßt man den zweilagigen Teil dann los und kippt ihn leicht zur Seite, bleibt der Teppich zum größten Teil gefaltet. Analog dazu sind Überschiebungsdecken mächtige Falten im festen Gestein, die nun mehr oder weniger horizontal liegen und eine Länge haben, die ein Vielfaches ihrer Dicke ausmacht. Diese riesigen Falten wurden oftmals über Entfernungen von mehreren Dutzend Kilometern hinweg auf andere Gesteinsformationen völlig unterschiedlichen Ursprungs aufgeschoben. In alten, durch Kollision entstandenen Gebirgsgürteln, wo aufgrund von Erosion und Metamorphosen lediglich kleine Fragmente dieser Formationen übriggeblieben sind, kann ihre Beziehung zum umliegenden Gestein äußerst verwirrend sein. Auch in den Alpen sind viele Überschiebungsdekken teilweise durch Erosion zerstört, doch sie lassen sich in der Regel von einem Gipfel zum anderen durch die erodierten Täler verfolgen.

In der Mittelmeerregion spielen sich heute noch immer Subduktionsprozesse ab als Folge der allgemeinen Bewegung Afrikas in nördliche Richtung und des fortwährenden Gedränges zwischen der Eurasischen und der Afrikanischen Platte. Bei diesem Vorgang wird der Ozeanboden des Mittelmeers teilweise unter Europa geschoben. Den charakteristischen Hinweis liefert ein Bogen vulkanischer Inseln über der Subduktionszone. Die aktiven Vulkane der Inseln vor der Nordküste Siziliens, wie beispielsweise Stromboli und Vulcano, und auch die griechischen Inseln der südlichen Ägäis, verdanken ihre Existenz alle dem gleichen Prozeß, der auch die Vulkane der Aleuten, Indonesiens und der Anden hervorgebracht hat: In der subduzierten Platte eingeschlossenes und ins Erdinnere hinabgezogenes Wasser verringert den Schmelzpunkt des heißen Mantels und löst Aufschmelzungen aus.

Driftet die Afrikanische Platte weiterhin nordwärts, so wird es dem Mittelmeer ebenso ergehen wie seinem Vorgänger, der Tethys: Es wird schließlich verschwinden, während Afrika und Europa zusammengeschweißt werden. Es liegen tatsächlich Beweise aus Kernproben des Deep Sea Drilling Project vor, die darauf hindeuten, daß es in der Vergangenheit bereits Perioden gab, in denen das Mittelmeer verschwunden war, wenn auch nicht aufgrund der Zusammenfügung Europas und Afrikas. Unter den gewöhnlichen Sedimenten auf dem Grund des Mittelmeers sind große Mächtigkeiten von Salzablagerungen begraben, stellenweise mehr als ein Kilometer dick. Das Alter dieser Ablagerungen liegt bei sechs Millionen Jahren; etwa zu dieser Zeit war die Meerenge von Gibraltar offenbar vorübergehend geschlossen. Dadurch wurde der Wasseraustausch mit dem Atlantik verhindert, und das Mittelmeer verdunstete schlichtweg und ließ lediglich das Salz zurück, das in seinen Gewässern gelöst war.

Da der Salzgehalt des Meerwassers weithin bekannt ist, läßt sich leicht errechnen, wieviel Salz bei der Austrocknung des Mittelmeers abgelagert worden sein müßte. Die gemessenen Mächtigkeiten sind jedoch so groß, daß sie nicht während einer einzigen Verdunstungsperiode entstanden sein können. Anscheinend war die Barriere, die den Zustrom von Wasser aus dem Atlantik verhinderte, instabil und wurde in bestimmten Zeitabständen durchbrochen (ein Prozeß, der vermutlich beeindruckende, sich ins Mittelmeerbecken ergießende Wasserfälle hervorbrachte), und die mächtigen Salzablagerungen sind vermutlich eine Folge mehrfacher Zyklen von Auffüllung und Verdunstung.

Weit östlich der Mittelmeerregion und der Alpen befindet sich eine weitere außergewöhnliche topographische Formation der Erde: das Hochland von Tibet und der Himalaja. Diese Region ist das größte und am höchsten gelegene Hochlandgebiet der Erde. Sie ist die Heimat des sagenumwobenen Schneemenschen und – in besseren Zeiten – des Dalai-Lama. Dieses Hochland geht ebenfalls aus der Auflösung Gondwanas und einer Kollision zwischen Kontinenten hervor, in diesem Fall zwischen Indien und Asien.

Wie aus Abbildung 5.2 ersichtlich ist, gehört Indien zur gleichen Lithosphärenplatte, auf der sich auch der australische Kontinent befindet. Bei der Auflösung Gondwanas spaltete sich Indien jedoch viel früher von der Antarktis ab als Australien. Der indische Kontinent war bereits von der Antarktis weggedriftet, bevor beispielsweise Beuteltiere aus Südamerika dort einwanderten, denn in Indien wurden keine Fossilien von Beuteltieren gefunden. Einige Dutzend Millionen Jahre lang raste Indien (nach geologischen Maßstäben) nordwärts auf Asien zu, mit einer Geschwindigkeit von mehr als zehn Zentimetern pro Jahr. Der Theorie der Plattentektonik zufolge muß der dazwischenliegende Meeresboden subduziert worden sein, und in der Tat liegen in den Gesteinen des Himalaja Beweise vor, die das bestätigen. Metamorphisierte, aber noch identifizierbare Reste vulkanischer Bögen sind dort zu finden – aussagekräftige Merkmale einer Subduktionszone entlang des südlichen Randes von Asien.

Vor etwa 55 Millionen Jahren – über den genauen Zeitpunkt scheiden sich die Geister – setzte die große Kollision ein. Während einer langen Zeit vor diesem Ereignis waren kleine Krustenfragmente – «exotische Formationen» im oben verwendeten Jargon – auf dem subduzierten Ozeanboden auf Asien zugetrieben. Sie gehören heute zum Hochland von Tibet. Doch der erste Kontakt mit Indien scheint an seiner nordwestlichen Ecke stattgefunden zu haben, und der Kontinent rotierte daraufhin langsam entgegen dem Uhrzeigersinn und umschloß die übrige Fläche der Tethys wie ein gigantischer Greifarm. Dabei wurden kleine Stücke des Ozeanbodens nicht subduziert, sondern aufs Festland aufgeschoben. Diese sind heute in Tibet zu finden. Einige der höchsten Gipfel des Himalaja bestehen teilweise aus Meeressedimenten von den Rändern der Tethys, die während der Kollision abgeschabt und auf Asien aufgeschoben wurden.

Obwohl die Chronologie der Kollision bis zu einem gewissen Grad durch die Datierung von Gesteinen des Himalaja nach den in Kapitel 6 beschriebenen Methoden eingegrenzt werden kann, läßt sich nicht immer feststellen, ob diese Gesteine während der Kollision entstanden sind oder ob das jeweilige Alter sich in Wirklichkeit auf frühere Ereignisse bezieht, oder ob die geologischen Uhren durch Metamorphosen neu gestellt wurden. Glücklicherweise liegen zu dem Zeitpunkt zusätzliche Hinweise vor. Da Indien seit dem späten Mesozoikum, kurz vor dem Beginn des Zeitalters der Säugetiere, ein isolierter Inselkontinent gewesen war, bildet das Erscheinen diverser kontinentaler Säugetiergruppen, die sich in Asien entwickelt hatten, ein charakteristisches Merkmal in der Fossilüberlieferung Indiens. Diese Säugetiere tauchten vor ungefähr 45 Millionen Jahren in Indien auf, somit hatte sich zu diesem Zeitpunkt bereits eine geeignete, über Festland verlaufende Migrationsroute zwischen Asien und Indien gebildet.

Obgleich die Kollision zwischen Indien und Asien vor mehr als 50 Millionen Jahren begann, ist die Hebung, die zur Entstehung des heutigen Himalaja führte, sehr viel jünger. Wie bereits erwähnt wurde, ziehen sich Kollisionen von Kontinenten über längere Zeiträume hin, und bis die Kontinente vollständig zusammengefügt waren, verging eine lange Zeit, während der Indien nach Nordosten rotierte und die Meere entlang seines gesamten nördlichen Randes schloß. Der erste Hinweis, daß sich mächtige Gebirgsketten entwikkelten, stammt aus Sedimenten, die im Arabischen Meer, im Golf von Bengalen sowie auf dem indischen Kontinent selbst abgelagert wurden. Gebirge bringen ganz charakteristische Sedimente hervor. Unabhängig von den vorkommenden Gesteinstypen haben steile Berghänge und ein rascher Wasserabfluß zur Folge, daß das erodierte Geröll, das von den Hängen hinuntergespült wird, typischerweise grobkörnig ist. Derartige Sedimente tauchen erstmals im frühen Miozän auf, vor annähernd 20 Millionen Jahren, im Meer vor den Mündungen des Ganges und des Indus – den Hauptströmen aus dem Himalaja. Ähnliche Sedimente sind etwa zur gleichen Zeit in den Ablagerungen von Flachmeeren zu finden, die damals Teile des indischen Kontinents bedeckten.

Die Geschwindigkeit, mit der Indien nordwärts driftete, nahm schlagartig ab, als die Kollision mit Asien begann, doch die Kompression zwischen den beiden Kontinenten besteht bis zum heutigen Tag. Die Kräfte, die bei derartigen Kollisionen im Spiel sind, sind nahezu unvorstellbar. Die Kruste des indischen Kontinents, die aus kontinentalen Gesteinen von einer typischen geringen Dichte besteht, kann nicht tief in den Erdmantel subduziert werden, da sie obenauf schwimmt. Doch als sie gegen Asien gedrückt wurde, versuchte sie, dem Ozeanboden zu folgen, der vor ihr an der Subduktionszone hinabgezogen wurde. Teile der Kruste rutschten unter den asiatischen Kontinent und brachten eine kontinentale Kruste hervor, die beinahe doppelt so dick ist wie irgendeine andere Kruste auf der Welt. Die großen Spannungen, von denen dieser Prozeß begleitet war, haben in der Kruste zwangsläufig zu Rissen und Brüchen geführt. Die Hebung des Himalaja während der letzten paar Millionen Jahre kam größtenteils dadurch zustande, daß Krustensplitter, da ihnen kein anderer Ausweg blieb, entlang steil einfallender Störungen nach oben geschoben wurden, während Indien unablässig nordwärts gegen Asien preßte. Der Vorgang verläuft sporadisch, nicht kontinuierlich, in ruckartigen Bewegungen, die mit gewaltigen Erdbeben verbunden sind, die dann eintreten, wenn die Spannungen durch einen Bruch hindurch zu groß werden und zwei angrenzende Gesteinskörper aneinander vorbeigleiten.

Die unmittelbare Umgebung des Himalaja ist jedoch nicht die einzige Region, in der verheerende, mit der Kollision zwischen Indien und Asien in Zusammenhang stehende Erdbeben auftreten. Während Indien nordwärts driftete, verdickte sich die Kruste, wobei Teile davon unter die asiatische Kruste geschoben, andere wiederum entlang von Störungen nach oben gedrückt wurden. Doch damit ist längst nicht der gesamte Umfang der Bewegung erfaßt. Zusätzlich wurden Teile Asiens zusammengepreßt und nach Osten rotiert, weitab von dem indischen Kontinent. Der Großteil der Bewegung vollzog sich entlang von Störungen, die in Ost-West-Richtung verlaufen, und die Bewegung setzt sich bis heute fort, da Indien noch immer nach Norden treibt. Die Folgen sind selbst Tausende Kilometer entfernt deutlich zu spüren. Entlang jener Störungen sind Erdbeben aufgetreten, in deren Verlauf Zehntausende Menschen in China ihr Leben verloren. Und der Baikalsee im südlichen Sibirien, der größte Süßwassersee der Erde, liegt in einem Rift in der Kruste, das wahrscheinlich entstand, als Asien zusammengepreßt wurde und in einer Rotationsbewegung Indien auswich.

Bevor wir das Thema der känozoischen Gebirgsbildung abschließen, sollten wir kurz auf die Auswirkungen eingehen, die derartige Ereignisse auf das Weltklima haben können. Es wurde bereits gezeigt, daß das Klima von der Bewegung der Kontinente beeinflußt wird, wenn sich dabei die Meereszirkulation verändert. Das geschah, als Gondwana zerfiel, die Antarktis durch eine zirkumpolare Strömung isoliert wurde und eine ständige Eiskappe entstand. Andererseits beeinflussen die Gebirge die Luftzirkulation. Manchmal fungieren sie als einfache Barrieren, die die Strömung des Bodenwinds abhalten; außerdem können sie einen großen Einfluß auf die Verteilung der Niederschläge haben. Dies ist entlang der Westküste Nordamerikas der Fall, wo feuchte pazifische Luft gezwungen ist, Gebirgsketten wie die Sierra Nevada in Kalifornien zu überwinden, und dabei einen großen Teil ihrer Feuchtigkeit abgibt. Die Folge davon ist, daß sich nicht weit östlich von Skigebieten, wo im Winter Schneefälle von drei bis vier Metern oder mehr keine Seltenheit sind, die Trockenwüste des Death Valley, des Tals des Todes befindet. Der Himalaja und das Hochland von Tibet haben sogar einen noch dramatischeren Effekt, denn sie spielen eine wichtige Rolle beim indischen Monsun. Dieser ist Teil eines Systems von Luftströmungen, das die Klimastrukturen des gesamten Erdballs beeinflußt. Wenn der Sommer naht, werden das hochgelegene Plateau sowie die darüberliegenden Luftschichten von der Sonne erhitzt, wodurch sich die Struktur der Luftzirkulation verändert: Feuchte, tropische Luftschichten und willkommene Niederschläge werden von Süden und Westen an den indischen Subkontinent herangeführt. Sorgfältige Untersuchungen der Fossilüberlieferung dieser Region haben gezeigt, daß sich die starken jahreszeitlichen Monsune, die für das heutige Klima dieses Gebiets kennzeichnend sind, erst nach der Hebung des Himalaja und des Hochlands von Tibet entwickelten.

Die Abkühlung der Erde

Wie bereits gezeigt wurde, deuten verschiedene Klimaindikatoren wie Blattränder und Sauerstoffisotope darauf hin, daß die Temperaturen auf der Erde seit dem frühen Eozän gesunken sind (siehe Abb. 11.4). Am Ende wurde es in Regionen hoher Breitengrade so kalt, daß der Winterschnee das ganze Jahr über liegenblieb, und die Erde trat in ein neues Eiszeitalter ein. Solche Perioden traten sporadisch die ganze Erdgeschichte hindurch auf, doch sie sind eigentlich relativ selten. Sie hinterlassen charakteristische Spuren in den Gesteinen in Form von geröllartigen Sedimenten, die durch das Eis abgetragen und entlang der Gletscherränder abgelagert werden, entweder in Form der Warven, die in Kapitel 4 beschrieben wurden, oder als glaziale Schrammen und Furchen, die von dem vorüberfließenden Eis im Grundgestein hinterlassen werden. Die känozoische Vereisung wird bisweilen als pleistozäne Eiszeit bezeichnet, da viele offensichtliche Auswirkungen der mächtigen Eisdecken, die periodisch Teile Europas und Nordamerikas bedeckten, während des Pleistozäns hervorgebracht wurden. Doch in Wirklichkeit ist es eine Fehlbenennung. Die Zeugnisse in den Gesteinen lassen erkennen, daß die ständige Eiskappe auf der Antarktis bereits vor etwa 35 Millionen

Jahren entstand und daß es im Norden schon vor nahezu 3 Millionen Jahren ständige Gletscher gab, lange bevor das Pleistozän einsetzte.

Die känozoische Vereisung hat die Landschaft in einem Großteil der Nordhalbkugel von Grund auf verändert. Indirekt verdanken wir ihr eine unserer wertvollsten geologischen Fundgruben, nämlich Sand- und Kieselvorkommen. Sie hat so manche eindrucksvolle Landschaft hervorgebracht, und sie ist auch der Urheber der zahllosen Seen, mit denen die nördlichen Teile Rußlands, Europas, Kanadas und der Vereinigten Staaten überzogen sind. Der Verlauf der Evolution – insbesondere die Evolution des Menschen – wurde in hohem Maße von der Entstehung und dem Verschwinden polarer Gletscher während des Känozoikums beeinflußt. Und obwohl wir zur Zeit in einer Zwischeneiszeit – einer vorübergehenden Warmzeit – leben, gibt nichts Anlaß zu der Vermutung, daß die gegenwärtige Eiszeit zu Ende ist. Vor nur 15 000 Jahren waren Regionen, wo heute viele moderne europäische und nordamerikanische Städte angesiedelt sind, unter mächtigen Eisschichten begraben, und in der Zukunft könnten vorstoßende Eisdecken sie erneut überziehen. Im nächsten Kapitel schließt eine Erörterung der aktuellen Ansichten über Vereisung, Klimaveränderung sowie die Entwicklung und die Auswirkungen der «pleistozänen» Eiszeit unsere Reise durch die geologische Zeit ab.

12

Das Eiszeitalter

Auch wenn die Einwohner von Bombay oder Riad dies vermutlich bestreiten werden, erlebt die Erde zur Zeit eine Periode der Vereisung. Gewiß herrscht momentan ein Intervall relativ warmen Klimas, eine Zwischeneiszeit oder ein Interglazial, doch in den letzten paar Millionen Jahren ist unser Planet im Durchschnitt kälter gewesen als während eines Großteils seiner Geschichte. Heutzutage gibt es Eiskappen von der Größe von Kontinenten auf der Nord- wie auf der Südhalbkugel. Lediglich 300 Kilometer vom Äquator entfernt bedeckt den Kilimandscharo ein Gletscherfeld mit einer Breite von 5 Kilometern. Die Ursachen der periodischen Kaltzeiten, denen die Erde ausgesetzt war, sind offenbar sehr komplex und trotz jahrzehntelanger Forschung nicht endgültig geklärt. Doch die Einzelheiten der letzten Eiszeit, die keineswegs zu Ende ist, sind zunehmend besser dokumentiert. Aspekte wie die Veränderung der Eismasse und des Meeresspiegels, die Reaktion der Landvegetation auf das wechselnde Klima und selbst die eigentlichen Temperaturveränderungen, die in den vergangenen paar Millionen Jahren auftraten, sind genau bekannt. Die Geschichte, die diese Informationen erzählen, ist faszinierend, um so mehr, weil sich die Evolution des Menschen innerhalb dieser Phase abgespielt hat, und sie ist von dem wechselnden Klima stark beeinflußt worden. Die Informationen zeigen, daß lokale und selbst globale Klimabedingungen sich gelegentlich rasch verändert haben, in Zeitspannen, die selbst nach menschlichem Maßstab kurz zu nennen sind. Das legt die Vermutung nahe, daß kleine Veränderungen von Klimafaktoren, die für sich eher unbedeutend erscheinen, durch das Zusammenwirken mit anderen Einflüssen und aufgrund von Rückkopplungen, also den Rückwirkungen einiger Faktoren auf andere, bedeutende Klimawechsel verursachen können. Die Auswirkungen solcher plötzlicher Wechsel auf den Fortgang der menschlichen Zivilisation sind in vielen Fällen gut dokumentiert. Auch ohne künstlich bewirkte Klimaveränderungen sollten wir uns auf große Schwankungen in der Zukunft gefaßt machen: Das Klima wird aller Wahrscheinlichkeit nach noch instabiler werden.

Pioniere der Eiszeitforschung

Ob die kontinentale Vereisung anhand der Spuren in den Gesteinen erkannt worden wäre oder nicht, wenn es nicht auch heute noch zahlreiche Gletscher auf der Erde gäbe, ist eine interessante Frage. Im frühen 19. Jahrhundert realisierten mehrere europäische Wissenschaftler, daß die Gletscher, die sie in den Alpen und an anderen Orten erforschen konnten, zu einem früheren Zeitpunkt vermutlich weit ausgedehnter gewesen waren. Dies schlossen sie aus der Beobachtung, daß weit entfernt von den heutigen Eismassen Ablagerungen anzutreffen sind, die den Ablagerungen an den Rändern aktiver Gletscher stark ähneln. Im Jahre 1795 hatte der schottische Geologe James Hutton, der als erster das Prinzip des Aktualismus propagierte, in einer Druckschrift erwogen, daß Gletscher die merkwürdigen, sogenannten erratischen Blöcke in der Nähe von Genf dorthin gebracht und dort abgelagert haben mußten. Als er das schrieb, lagen die nächsten Gletscher Dutzende Kilometer entfernt von den Blökken. (Auch wenn Hutton das nicht wissen konnte, stammten die Findlinge in Wahrheit aus noch größerer Entfernung.)

Am engsten wird jedoch der Name Louis Agassiz mit der allgemeinen Anerkennung der Theorie kontinentaler Vereisungen verknüpft, ein schweizerischer Geologe, der Informationen über glaziale Ablagerungen in ganz Europa und später auch in Nordamerika zusammentrug. Anfangs eher skeptisch eingestellt, gelangte Agassiz aufgrund der Spuren zu der Überzeugung, daß ein großer Teil Nordeuropas in der Vergangenheit unter einer dicken Eisdecke begraben war. Nur wenige Zeitgenossen stimmten ihm zu – ja, einige ältere Gelehrte damals hielten es für einen guten Rat an einen jungen fehlgeleiteten Wissenschaftler, ihm nahezulegen, er solle doch lieber zu den Studien der fossilen Fische zurückkehren. Mit diesen hatte er sich bereits einen Ruf als hervorragender Paläontologe erworben, ehe er sich den Gletschern zuwandte. Aber Agassiz ließ sich nicht entmutigen. Er bestieg mit seinen Assistenten zahllose Berge, um die Gletscher aus nächster Nähe zu beobachten, maß ihre Fließgeschwindigkeit und untersuchte die Moränen (Haufen von Geröll und Gesteinsblöcken), die sich an ihren Rändern abgelagert hatten. Seine Beweise waren so zwingend, daß er schließlich selbst die ärgsten Zweifler überzeugte. Im Jahr 1847 zog Agassiz in die Vereinigten Staaten und wurde Mitglied des Lehrkörpers der Harvard-Universität. Bei seinen Reisen in den Nordosten der neuen Heimat entdeckte er eine wahre Fülle von Anzeichen für Gletschertätigkeit. Agassiz war geradezu hingerissen. Er war ein begnadeter Redner und aufopfernder Lehrer, der seine Studenten ermahnte, nicht allein aus den Büchern zu lernen, sondern auch von der Natur. Er setzte zwar auch seine Studien auf dem Gebiet der Paläontologie fort, doch mit seinen berühmten Vorlesungen über Inlandeismassen erwarb er sich breite Anerkennung. Zu Ehren seiner Beiträge auf diesem Gebiet wurde ein großer Gletschersee, der sich entlang des Randes des zurückgehenden Eises in Nordamerika vor etwa 12000 Jahren gebildet hatte, Lake Agassiz genannt (siehe Abb. 12.3). Sein Mittelpunkt lag ungefähr in der Gegend, wo sich heute der Winnipegsee befindet, in der kanadischen Provinz Manitoba, und bei seiner größten Ausdehnung bedeckte der Lake Agassiz ein Gebiet, das mehr als viermal so groß war wie der Obere See.

Die Forschungsarbeit von Agassiz und anderen zeigte, daß Nordeuropa, der größte Teil Großbritanniens, Kanada und der nördliche Teil der Vereinigten Staaten in nicht allzu ferner geologischer Vergangenheit unter mehreren *Kilometern* Eis begraben waren (siehe Abb. 12.1). Diese Pioniere der Gletscherkunde konnten sich keiner radioaktiver Zeitmesser noch anderer moderner Forschungsinstrumente bedienen, um die Merkmale der Vereisungsperioden zu bestimmen und zu datieren. Sie kamen lediglich zu dem Schluß, daß es einst große dauerhafte Gletscher gegeben hatte, die sich möglicherweise vom Nordpol bis in die bewohnten Breiten Europas und Nordamerikas erstreckten. Sie verwiesen auf Grönland als Beispiel für die Bedingungen, die ihrer Ansicht nach in der Vergangenheit in der Umgebung von Edinburgh oder Montreal geherrscht hatten. Heute wissen wir aus den Einzelheiten der geologischen Urkunden, daß das Eiszeitalter der vergangenen paar Millionen Jahre weit komplexer gewesen ist. Die Vorstellung, daß eine einzige Eisdecke vom Pol aus vorrückte, ist mit Sicherheit falsch; tatsächlich gab es zahlreiche Zentren der Eisanhäufung in Nordamerika, Europa und Asien, von denen aus sich das Eis in alle Richtungen ausbreitete. Wir wissen auch, daß das Eis mehrmals vorstieß und sich wieder zurückzog – in bemerkenswert regelmäßigen Abständen – und daß das Klima in höheren Breiten entsprechend schwankte von einem Klima, das dem heutigen glich, zu einem, das eine strenge Kälte auszeichnete. Auf der Nordhalbkugel verschoben sich die Vegetationszonen – die Tundra in der Nähe des Eises im Norden, der Nadelwald und schließlich der Laubwald weiter südlich – auf den Kontinenten nach Norden und nach Süden, je nachdem, ob die Gletscher ab- beziehungsweise zunahmen. In der Nähe des Äquators waren die Schwankungen weniger spürbar, in den mittleren Breiten hatten sie jedoch gravierende Auswirkungen. Der letzte Vorstoß der Gletscher erreichte seinen Höhepunkt vor lediglich 20000 Jahren, als das Eis sich bis zu den Großen Seen in Nordamerika erstreckte und Skandinavien, Nordeuropa, Teile von Nordrußland und einen großen Teil Großbritanniens bedeckte. Auf beinahe einem Drittel der heutigen Landmasse unseres Planeten lastete eine Decke aus Eis. Ähnliche Verhältnisse können durchaus in nicht allzu ferner Zukunft herrschen, denn wenn man sich überhaupt nach der Vergangenheit richten kann, wird unsere gegenwärtige Warmzeit bald zu Ende gehen. Da jedoch nicht genau bekannt ist, wodurch Vereisungen gefördert werden, ist diese Möglichkeit noch in hohem Maß reine Spekulation.

Spuren von Vereisung auf dem Festland

Wie im vorigen Kapitel gezeigt, wird die Zusammensetzung der Sauerstoffisotope im Meerwasser von der Wassertemperatur und auch von dem Umfang des Gletschereises auf den Kontinenten beeinflußt. Glücklicherweise wirken sich Temperaturabkühlungen und Eisbildungen in gleicher Weise auf die Isotopwerte aus, so daß der Zeitpunkt der glazialen Schwankungen sehr gut dokumentiert ist, auch wenn sich die beiden Effekte nicht genau auseinanderhalten

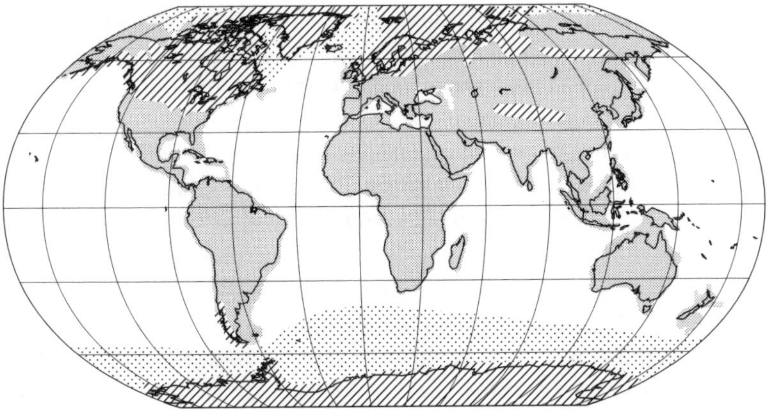

Abb. 12.1 Eine Weltkarte, die das Ausmaß der Eisdecke auf dem Höhepunkt der letzten Vereisung zeigt. Die Zunahme des trockenen Landes über die heutige Küstenlinie hinaus zur Zeit des glazialen Maximums, als der Meeresspiegel etwa 120 Meter tiefer stand als heute, wird grauschattiert angezeigt. Beachten Sie die Landbrücke zwischen Asien und Nordamerika. Eine dicke Eisdecke über den Kontinenten ist schraffiert gekennzeichnet; die gepunktete Markierung bezeichnet Eisdecken über dem Wasser.

lassen. Die plötzlichen Veränderungen, die vor etwa 35 Millionen Jahren, um die Grenze vom Eozän zum Oligozän, und dann wiederum in den vergangenen paar Millionen Jahren (siehe Abb. 11.4) auftraten, sind jeweils dahingehend interpretiert worden, daß sie den Beginn einer Vereisung und die rasche Zunahme kontinentaler Eiskappen in der Antarktis und der Arktis widerspiegeln.

Die letzte Vereisung der Nordhalbkugel ist am besten dokumentiert. Die Erkenntnisse, die mittels der Sauerstoffisotope in der Tiefsee gewonnen wurden, zeigen an, daß die Vereisung vor etwa drei Millionen Jahren in vollem Umfang einsetzte; andere Hinweise dekken sich mit dieser Schlußfolgerung. Die Glazialgeologie hat zwar bereits seit langem eine begeisterte Anhängerschaft, doch erst in den letzten Jahrzehnten sind auf internationaler Ebene große Anstrengungen unternommen worden, um die Klimaveränderungen, die während dieses Eiszeitalters eingetreten sind, detailliert herauszuarbeiten und ihre Ursachen zu verstehen. Wenn auch nur die geringste Hoffnung bestehen soll, das künftige Klima und die Störungen vorherzusagen, die durch die Eingriffe des Menschen eintreten können, so ist es von großer Bedeutung, die jüngste Vergangenheit zu verstehen.

Nach der Tradition früherer Forscher versuchten die Geologen, die als erste die glazialen Ablagerungen Europas und Nordamerikas erforschten, ihre Beobachtungen geologischen Abschnitten zuzuordnen. Sie konnten die radioaktiven Uhren der späteren Forschung noch nicht nutzen. Wollten sie eine relative Zeitfolge aufstellen, so waren sie darauf angewiesen, die unterschiedlichen Merkmale der Vereisung an verschiedenen Orten zueinander in Korrelation zu bringen. An den meisten Stellen haben die periodisch vorstoßenden Eismassen die Spuren vorheriger Vereisungen abgetragen, doch an einigen Orten entdeckten die Geologen mehrfache Schichten aus glazialen Sedimenten, auf denen sich in den eisfreien Warmzeiten Erdboden gebildet hatte, der wiederum unter dem wild durcheinandergeworfenen Geröll des nächsten Vorstoßes begraben wurde. In Europa und Nordamerika ließen die Spuren dieser Ereignisse im einzelnen vermuten, daß es vier oder fünf zu unterscheidende Perioden gegeben hatte, während derer Eismassen einen großen Teil der Nordhalbkugel bedeckten. Jede wurde gemäß althergebrachter geologischer Tradition nach einem Ort bezeichnet, an dem die Spuren in den Gesteinen sehr gut erhalten sind. Im Gegensatz zu den früheren Abschnitten der geologischen Zeitskala sind aber in Europa und Nordamerika unterschiedliche Bezeichnungen für vermutlich dieselben Perioden gewählt worden, zum Teil weil in glazialen Sedimenten selten Fossilien vorkommen und es daher schwerfiel, das Verhältnis einzelner Perioden über den Atlantik hinweg herzustellen. In Nordamerika wurde die letzte Vereisung Wisconsin-Eiszeit genannt; in Nordeuropa heißt die entsprechende Periode Weichsel-Eiszeit, in den Alpen Würm-Eiszeit. Sie setzte vor etwa 130000 Jahren ein und endete nach der traditionellen Forschungsmeinung vor 10000 Jahren. Allerdings begannen die Eismassen kurz nach dem sogenannten Maximum des Eisvorstoßes vor etwa 20000 Jahren mit einem Male zurückzugehen und haben ihren Rückzug im wesentlichen bis heute fortgesetzt, wie die mit Hilfe der Sauerstoffisotope gewonnenen Erkenntnisse gezeigt haben (siehe Abb. 12.4). Wir wissen nunmehr, daß es wesentlich mehr Kaltzeiten während des gegenwärtigen Eiszeitalters gegeben hat als vier oder fünf, die von den frühen Forschern unterschieden wurden; volle zwanzig Zyklen, die sich über die vergangenen zwei Millionen Jahre erstrecken, sind anhand von Bohrkernen aus der Tiefsee erkannt worden. Diese Bohrkerne dokumentieren im Gegensatz zu den glazialen Sedimenten auf den Kontinenten im wesentlichen fortlaufend die Klimaveränderungen über lange Zeiträume hinweg.

Die Abfolge der letzten Vorstöße und Rückzüge des Inlandeises ist in einem schwierigen Verfahren gewissenhaft herausgearbeitet worden. Eine detaillierte Kartierung der Gletscherablagerungen war dazu nötig, und häufig fiel es schwer, die Bezüge der einzelnen Ereignisse über große Gebiete hinweg aufzuzeigen, weil sich das Eis offenbar lokal unterschiedlich verhielt – ein Vorstoß in einer Region, während es sich in einer anderen zurückzog. Die in Kapitel 6 beschriebenen Datierungsmethoden haben hier weitergeholfen, doch auch sie bilden kein Patentrezept, weil die nützlichste, die Kohlenstoff-14-Methode, auf die letzten etwa 50 000 Jahre beschränkt ist – weniger als die Hälfte des letzten Vereisungszyklus. Für die meisten anderen Methoden gilt das ständige Problem der Datierung von Sedimentgesteinen, das in Kapitel 6 beschrieben wurde: In der Regel finden sich in glazialen Sedimenten keine Bestandteile, die zu der Zeit ihrer Ablagerung entstanden sind. Das bedeutet, daß das Alter, das beispielsweise für Kieselsteine in einer Gletschermoräne ermittelt wird, nicht mit dem Zeitpunkt der Vereisung übereinstimmt; vielmehr gibt es an, wann das Muttergestein entstanden ist. Die Geologen haben sich aber etwas einfallen lassen, und eine Vielzahl anderer Methoden ist entwickelt worden zur Bestimmung des Alters glazialer Formationen. Zum Beispiel sind im Westen der Vereinigten Staaten die Vulkane des Kaskadengebirges in den letzten paar Millionen Jahren periodisch ausgebrochen. Die Aschewolken der größeren Ausbrüche hinterließen dünne Bänder vulkanischen Materials in glazialen Ablagerungen im ganzen Westen und Mittelwesten. Diese Bänder lassen sich mit Hilfe der konventionellen Methoden datieren und sogar bis zum Vulkan ihres Ausbruchs zurückverfolgen. Ferner ist entdeckt worden, daß dieselben kosmischen Strahlen, die Kohlenstoff-14 in der Atmosphäre erzeugen, auch auf der Erdoberfläche ankommen – wenn auch stark abgeschwächt – und radioaktive Isotope in Gesteinen hervorbringen. Sobald frisch abgeschliffenes Grundgestein wieder freiliegt, nachdem es unter dickem Eis begraben war, wird es dieser Strahlung ausgesetzt. Die Menge an radioaktiven Isotopen, die Proben solchen Materials enthalten, ist eine Maßeinheit für die Zeit, seit der das Gestein von seiner Eisdecke befreit wurde. Weitere neue Methoden sind entwickelt worden, so daß sich nach und nach eine genaue Chronologie der Vereisungsperioden ergeben hat.

Welche Merkmale in der Gesteinsfolge genau sind denn nun kartiert und datiert worden, um das Ausmaß und den Zeitpunkt der Vereisungen in der Vergangenheit zu bestimmen? Die offenkundigsten Merkmale sind die Ablagerungen von glazialen Sedimenten wie Moränen, Geschiebemergel und erratischen Blöcken, die allesamt in der Nähe heutiger Gletscher zu finden sind. Erratische Blöcke sind, wie der Name sagt, ungewöhnliche Gesteine, die keine Ähnlichkeit mit dem Grundgestein der Gegend haben, in der sie liegen: zum Beispiel große Granitblöcke in einer Gegend, in der ansonsten nur Kalkstein vorkommt. Die ersten Beobachter, die erkannten, daß solche Findlinge aus einer Gegend fern von ihrem jetzigen Ort stammen mußten, dachten, daß die Wassermassen der biblischen Sintflut sie transportiert hätten. Wie bereits erwähnt, vermutete James Hutton als einer der ersten, daß Gletscher sie befördert hätten. Geschiebemergel ist eine allgemeine Bezeichnung für eine unsortierte Mischung von Gesteinsmaterial – von feinkörnigem Boden und Ton bis hin zu Kies und Blöcken –, die von Gletschern transportiert und abgelagert wird. Geschiebemergel ist in einem großen Teil Nordeuropas, im Norden der Vereinigten Staaten und in Kanada weit verbreitet. Insbesondere an Stellen, wo fließendes Wasser ihn von neuem bearbeitete, liefert er die Quelle für das wirtschaftlich wertvollste Nebenprodukt der Gletscher: Sand und Kies für das Baugewerbe. Moränen sind einfach Geschiebemergel, der in besonderen Hügeln angehäuft wurde, in der Regel entlang eines Gletscherrands. Ihre Höhe liefert einen Anhaltspunkt für die Mächtigkeit des Gletschers: Der größte Teil von Long Island in New York ist zum Beispiel eine Moräne. Auf diese vom Eis gebildeten Formationen ist auch die reizvolle, wellenförmige Landschaft zurückzuführen, die im Gebiet der Großen Seen von Nordamerika weit verbreitet ist.

Der größte Teil des Geschiebemergels, der von den mächtigen Inlandeisdecken abgelagert wurde, stammte ursprünglich von weitentfernten Orten. Die Gletscher strömten unter dem Druck ihres eigenen Gewichts aus den Regionen ihrer größten Mächtigkeit aus, schürften den Boden und sogar einen Teil des Grundgesteins ab und nahmen an ihrer Sohle Kiesel und Gesteinsbrocken auf. Ihre Aktivität ist vergleichbar mit einem riesigen Stück Sandpapier, das sich über die Landschaft schob und die Topographie an einigen Stellen einebnete, an anderen wiederum hervorhob. Weichere Gesteinspartien wurden abgetragen, härtere schwächer in Mitleidenschaft gezogen. Die entstandenen Schrammen und Schliffe sind noch heute zu sehen, ihre Länge reicht von wenigen Zentimetern bis zu Dutzenden Kilometern. Mit Hilfe von Luftaufnahmen und Satellitenbildern haben Geologen die Ausrichtung dieser Markierungen wie auch der langen Schotterfelder, die sich zum Teil über Hunderte Kilometer erstrecken, kartographisch erfaßt, um die Richtung des Eisflusses zu ermitteln und die mächtigsten Regionen der Eisanhäufung auszumachen. Diese Studien haben ergeben, daß es allein auf dem nordamerikanischen Kontinent mehrere Zentren gab. Als die Gletscher sich während dem jeweiligen Interglazial wieder zu diesen Zentren zurückzogen, verloren sie die mitgeführte Ladung aus Sand, Kies, Gesteinsmehl und Findlingen und ließen einen großen Teil der vergletscherten Landschaft unter einer Ansammlung von Geschiebemergel begraben zurück.

Erwähnenswert bei der Erforschung von glazialen Geschieben ist noch die Entdeckung, daß sie an einigen Stellen in den Vereinigten Staaten Diamanten enthalten haben. In den Bundesstaaten, die unmittelbar südlich der Großen Seen in der Nähe der Südgrenze der letzten großen Eisdecken liegen, sind etwa achtzig unterschiedlich große Diamanten aus glazialen Sedimenten herausgelöst worden. Die ersten wurden vor über einem Jahrhundert entdeckt, und schon bald wurde erkannt, daß sie vermutlich aus einer Region weit im Norden von Gletschern herangeführt worden waren. Diamanten werden tief im Erdinnern gebildet, in Tiefen von 200 Kilometern oder mehr, und sie werden in seltenen vulkanischen Magmen, sogenannten Kimberliten, an die Oberfläche befördert. Die Geschiebe mit den Diamanten lassen vermuten, daß es irgendwo im Norden der Großen Seen, vermutlich in der Umgebung der Hudsonbai oder der James Bay, Kimberlite gibt. Obwohl mit beträchtlichem Aufwand nach diesen Vorkommen geforscht wurde, konnte bislang keines gefunden werden. Irgendwo in der Tundra Kanadas liegen Diamantminen, die auf ihre Entdeckung warten.

Eis ist kein besonders dichtes Material, ein drei Kilometer dicker Gletscher fügt aber dennoch der Erdkruste ein enormes Gewicht hinzu. Wie die Kruste sich hebt, wenn durch Erosion in Gebirgsgegenden Material entfernt wird (wie in Kapitel 4 erörtert wurde), sinkt die Kruste entsprechend ab, wird ihr Masse hinzugefügt. Die Oberflächengesteine im Zentrum von Grönland sind heute vom Gewicht der Eisdecke beinahe bis auf die Höhe des Meeresspiegels niedergepreßt. Eis hat etwa ein Drittel der Dichte von Gesteinen im Erdmantel, so daß die Hinzufügung einer drei Kilometer dicken Eisschicht zum Ausgleich ein Einsinken der Kruste um einen Kilometer in den darunterliegenden fließfähigen Mantel zur Folge haben müßte. In Wirklichkeit ist der Effekt vermutlich nicht so groß, weil der Mantel zwar nachgibt, aber sehr zäh ist. Reaktionen auf Veränderungen der Eismasse, das Absinken wie die Hebung, verlaufen langsam. Jedenfalls wurde die Kruste in Skandinavien, in Nordamerika um die Hudsonbai und in anderen Regionen mit mächtigen Eisdecken merklich gepreßt. Als das Eis sich während der gegenwärtigen Zwischeneiszeit zurückzog, hob sich die Kruste wieder, aber langsam. An einigen Stellen dauert diese sogenannte postglaziale Hebung noch an. Obwohl der Meeresspiegel ebenfalls stieg, als die Eisdecken schmolzen, hob sich das Land meist schneller, und die Hebung hat sich auch nach dem Verschwinden des Eises fortgesetzt – eine Reihe hochliegender Strände ist oftmals die Folge, ehemalige Küstenlinien, die nunmehr deutlich über dem Meeresspiegel liegen. Wie die anderen glazialen Formationen sind auch diese Strände sorgfältig kartiert worden. Sie zeigen fein säuberlich, wo das dickste Eis lag, weil das die Regionen sind, die am stärksten niedergepreßt wurden und sich infolgedessen auch am stärksten hoben. In vielen Fällen sind die hochliegenden Strände mittels der Kohlenstoff-14-Methode (anhand von enthaltenen Holzteilen oder organischem Material) datiert worden, und mit diesen Informationen läßt sich die Geschwindigkeit der Hebung errechnen. Ein klassisches Beispiel, das in Abbildung 12.2 gezeigt wird, stammt aus Skandinavien. Mit Hilfe hochliegender Strände und anderer Formationen wurden konzentrisch angeordnete Umrißlinien der Hebung der Kruste rekonstruiert, die seit dem Abschmelzen des Eises vor etwa 10 000 Jahren eingesetzt hat und noch heute anhält.

Zwei weitere Auswirkungen der letzten Eiszeit, welche die Ober-

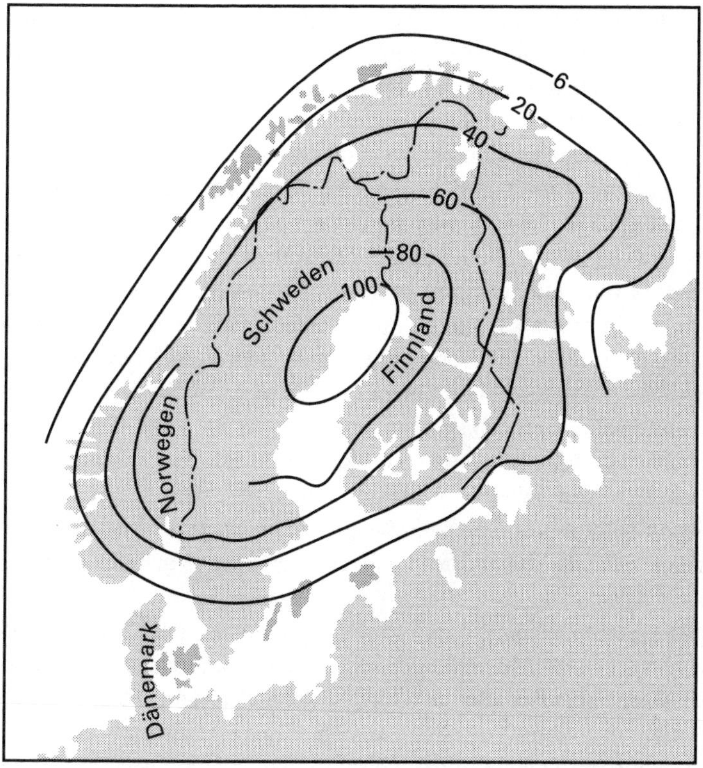

Abb. 12.2 Erhöhte Küstenlinien und andere Hinweise deuten darauf hin, daß die Kruste in Skandinavien deutlich herausgehoben worden ist, seit das Eis des letzten glazialen Höhepunkts schmolz. Die Umrißlinien geben die Hebung in Metern an und zeigen genau, wo die Eisdecke am dicksten war. Abgeändert nach Abb. 19.30 in F. Press und R. Siever, *Earth*. W. H. Freeman and Co., 4. Auflage 1986.

fläche der Landschaft geprägt haben, sind es wert, erwähnt zu werden: zum einen die weite Verbreitung von Löß, einem feinkörnigen, vom Wind verwehten Sediment, das in einem großen Teil der Kontinente zu finden ist, und zum anderen die Existenz bizarrer Landschaften, die auf sintflutartige Überflutungen schließen lassen.

Löß kann auf viele verschiedene Arten entstehen, doch sämtliche Ablagerungen dieses besonderen Sediments stammen offenbar aus der Zeit der größten Vereisung und sind sorgfältig erforscht worden.

In einigen Fällen ist Löß einfach das Gesteinsmehl, das die Gletscher gemahlen haben und das vom Wind verweht wurde; manche Lößschichten haben aber andere Ursprünge. Während Vereisungsperioden war das Innere der Kontinente, vor allem in mittleren, aber auch in niederen Breiten, kühler und trockener als heute, oftmals war auch die Vegetation zurückgegangen. Die Windströmungen sind vermutlich ebenfalls heftiger gewesen. Die Folge war eine erhöhte Erosion und der verstärkte Transport feinkörnigen Materials. Wir wissen, daß die Zunahme des Staubes in der Atmosphäre globale Ausmaße hatte, weil Untersuchungen von Eiskernen aus der Antarktis und aus Grönland zeigen, daß Schichten, die den größten Vereisungen entsprechen, «staubiger» sind als andere Schichten dieser Proben. Die berühmtesten Lößvorkommen liegen in China, wo Menschen zur Behausung Höhlen in mehrere hundert Meter dicke Ablagerungen geschabt haben. Die Einzelheiten der feinen Struktur der Lößablagerungen dokumentieren die Schwankungen im glazialen Klima, ganz ähnlich wie die Sedimente der Tiefsee, die im folgenden Abschnitt untersucht werden.

Während sich die Eisdecken der Nordhalbkugel nach dem Maximum der Wisconsin- oder Weichsel-Eiszeit zurückzogen, bildeten sich Gletscherseen wie der Lake Agassiz entlang ihrer südlichen Ränder. Ihr Abfluß veränderte sich ständig, während das Eis sich zurückzog (und manchmal in kurzen Kälteperioden wieder vorstieß), weil die Kruste als Reaktion auf den Rückzug der Gletscher sich hob und weil Flußtäler Gesteinsbarrieren durchstießen. Gelegentlich durchbrachen tiefe Seen Dämme aus Eis oder andere Hindernisse und bahnten sich neue Abflußwege; die Folge waren katastrophale Überschwemmungen. Die mit am besten dokumentierte Überschwemmung betrifft einen Gletschersee im östlichen Teil des heutigen Bundesstaates Washington im Westen der Vereinigten Staaten. In diesem Gebiet durchlief in der Zeit vor 12 000 bis 16 000 Jahren ein großer See, Lake Missoula, mehrere Zyklen der Auffüllung und durchbrach schließlich einen Damm aus Eis – gewaltige Wassermengen ergossen sich nach Westen über die Basalte des Columbia-Plateaus und in den Columbia River. Bei diesem Vorgang gruben die Fluten Schluchten in das Grundgestein, höhlten riesige Gletschertöpfe aus und ließen gigantische Wellenformationen zurück, die mehr als 5 Meter hoch sind und über 100 Meter auseinanderliegen.

Die Gegend, die von diesen glazialen Fluten erfaßt wurde, ist als die Channeled Scablands (zerfurchtes Schorfland) bekannt – ein Name, der eine Vorstellung von der Einzigartigkeit der Topographie vermittelt. Ihr Aussehen verwirrte lange Zeit die Geologen, insbesondere diejenigen, die sich so sehr Huttons Vorstellungen vom Aktualismus verschrieben hatten, daß sie sich keine periodisch auftretenden Katastrophen vorstellen konnten, die eine Landschaft geprägt hatten, doch letzten Endes wurde der Ursprung dieser Formationen erkannt. Zahlreiche andere Überflutungen sind im Zusammenhang mit der schwindenden Eisdecke erkannt worden, in Europa wie in Nordamerika. Vermutlich die größte von ihnen ereignete sich vor etwa 8000 Jahren, als der Lake Agassiz, der bis zu dem Zeitpunkt mit anderen Seen entlang des Randes der zurückweichenden kanadischen Eisdecke verbunden war (siehe Abb. 12.3), plötzlich das Eis durchbrach und sich nach Norden in die Hudsonbai ergoß. Auch wenn die Geschwindigkeit, mit der dies geschah, unbekannt ist, war die beteiligte Wassermenge gewaltig: Schätzungen zufolge stieg der Spiegel des *gesamten Ozeans* infolge dieser Flut um 20 bis 40 Zentimeter an!

Spuren von Vereisung in der Tiefsee – und im Eis selbst

Wie bereits erwähnt, hat sich in den Ozeanen eine sehr kontinuierliche Abfolge der Klimaveränderungen während der Eiszeiten erhalten. Selbst in den Tropen, fern von dem unmittelbaren Einflußbereich der polaren Eiskappen, weisen die Sedimente Merkmale auf, die eng mit den periodischen Vorstößen und Rückzügen der Gletscher verknüpft sind. Ja, erst als lange Bohrkerne von Meeressedimenten der Forschung zur Verfügung standen, ist es überhaupt möglich geworden, die genauen Einzelheiten des Eiszeitalters zu entziffern. Die Sedimente enthalten zwar zahlreiche Hinweise auf das glaziale Klima, doch den vermutlich wertvollsten liefert die Folge der Zusammensetzung der Sauerstoffisotope im Meerwasser.

Im Meer lebende Organismen, die ihre Schalen aus Kalziumkarbonat bilden, schließen bei diesem Vorgang die Merkmale der Sauerstoffisotope im umgebenden Meerwasser mit ein. Folglich nehmen sie einen Indikator auf, der die Wassertemperatur und die Wassermenge angibt, die in Gletschereis gebunden ist. Daten wie die in

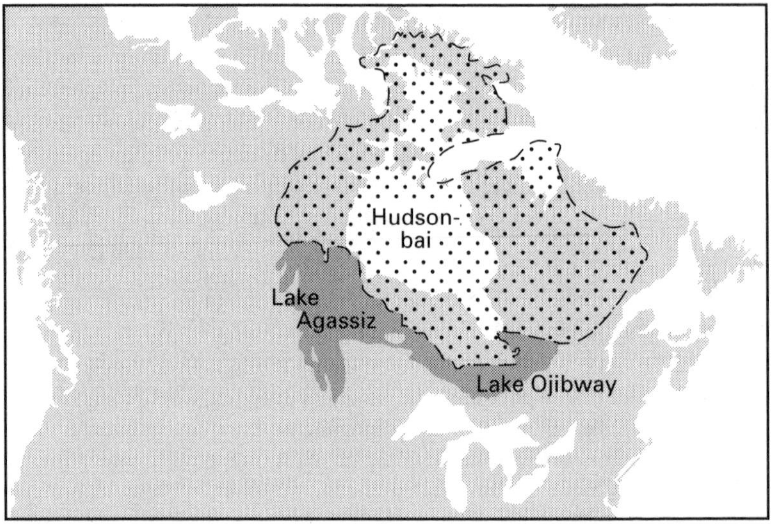

Abb. 12.3 Die Karte zeigt die Lage der zurückweichenden nordamerikanischen Eisdecke (gepunktete Fläche) vor etwa 8500 Jahren an. Ein riesiger ständiger See (dunkelgraue Schattierung), der die Wassermassen des Lake Agassiz und anderer kleiner Seen umfaßte, war entlang des südlichen Randes der Eisdecke aufgestaut. Vor etwa 8000 Jahren durchbrachen diese Wassermassen den schmelzenden Gletscher und ergossen sich über die Hudsonstraße in den nördlichen Atlantik. Die Lage der Eisdecke und der Seen stützt sich auf Angaben aus A. G. Dawson, *Ice Age Earth.* Routledge 1992.

Abbildung 11.4 gezeigten deuten darauf hin, daß die letzten paar Millionen Jahre eine Zeit ständiger Abnahme von Meeresvolumen und -temperatur gewesen sind. Wie in Abbildung 12.4 aber veranschaulicht wird, ist die Sachlage weit komplizierter, wenn der Maßstab vergrößert wird und die Einzelheiten der letzten paar hunderttausend Jahre abgebildet werden.

Dieses Diagramm weist einige bemerkenswerte Aspekte auf. An erster Stelle ist seine Regelmäßigkeit zu nennen: Die Zusammensetzung der Sauerstoffisotope im Meerwasser, und damit das Ausmaß der Vereisung, hat sich in den letzten 500 000 Jahren verblüffend regelmäßig verändert. Hier werden lediglich fünf Vereisungsperioden angezeigt; würde man die Kurve jedoch weiter in die Vergangenheit bis vor etwa drei Millionen Jahren zurückverfolgen, bliebe das

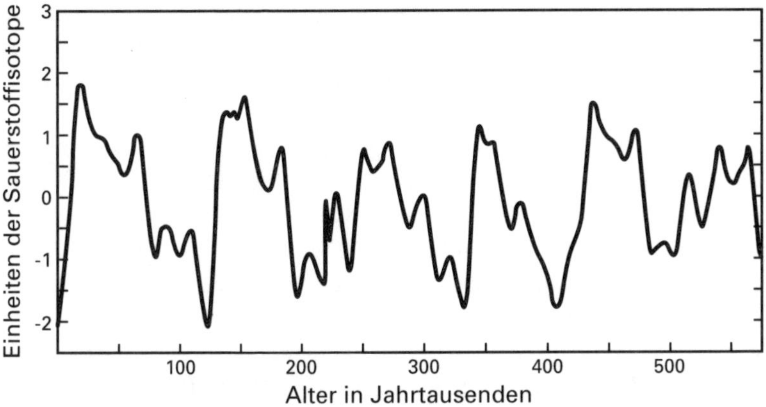

Abb. 12.4 Die regelmäßigen Veränderungen der Zusammensetzung der Sauerstoffisotope in Schalen von am Meeresgrund lebenden Organismen spiegeln die Veränderungen der Wassertemperatur und des Eisvolumens der letzten 600 000 Jahre wider. Positive Werte auf dieser Kurve zeigen Eiszeiten an, negative Warmzeiten. Die Dokumentation anhand von Tiefseebohrkernen erstreckt sich weit länger zurück in die Vergangenheit, als hier dargestellt wurde, und weist zahlreiche weitere Schwankungen zwischen Eiszeiten und Zwischeneiszeiten auf.

Muster ähnlich. Das weist darauf hin, daß Kalt- und Warmzeiten periodisch abwechselten. Die Dauer der in Abbildung 12.4 gezeigten Zyklen beträgt grob 100 000 Jahre. In den früheren Abschnitten der Aufzeichnung waren die Zyklen offenbar etwas kürzer, doch dessenungeachtet ist offenkundig, daß irgend etwas das Erdklima sehr regelmäßig beeinflußt. Die Vereisungsperioden weisen einen bestimmten Rhythmus auf, der von einem äußeren, sich in ähnlicher Weise verändernden Einfluß bestimmt wird. Nach dem heutigen Kenntnisstand erscheint einzig die Erklärung plausibel, daß die Ursache außerhalb der Erde liegen muß und vermutlich mit dem Ausmaß an Wärmeenergie zu tun hat, das unseren Planeten von der Sonne erreicht.

Eine weitere wichtige Beobachtung läßt sich anhand von Abbildung 12.4 machen: Die letzten fünf Eiszeiten haben erheblich länger gedauert als die Zwischeneiszeiten, und der Beginn der Warmzeiten folgte in der Regel sehr rasch dem Maximum der Eisdecke. Wenn die gegenwärtige Zwischeneiszeit dem Muster der letzten Intervalle folgt, müssen wir nicht lange warten, bis sich das Klima von neuem verschlechtert, auch wenn die größte Ausdehnung der Weichsel-Eiszeit erst 20000 Jahre zurückliegt. Die Ursachen für das plötzliche Einsetzen und die kurze Dauer der Warmzeiten sind unbekannt.

Bislang sind wir davon ausgegangen, daß die Veränderungen in der Zusammensetzung der Sauerstoffisotope zuverlässig die Veränderungen der globalen Temperatur und der Eisdecke dokumentieren. Tun sie das wirklich? Besteht eine Möglichkeit, diese Schlußfolgerung anderweitig zu überprüfen? Einer der überzeugendsten damit übereinstimmenden Hinweise stammt von einer auf den ersten Blick etwas ungewöhnlich erscheinenden Quelle: den tropischen Korallen. Korallenriffe wachsen bis nahe an die Meeresoberfläche. Steigt der Meeresspiegel um einige Meter, so sterben die Korallen ab – auf ihnen wachsen aber neue Korallen näher an die neue Meeresoberfläche heran. Durch das ständige Wachstum halten die Korallen Schritt mit dem Anstieg des Wasserspiegels und sind damit sehr gute Indikatoren für die Höhe des Pegels in der Vergangenheit. Unter anderem in der Karibik sind solchen Riffen Bohrkerne entnommen und untersucht worden, und ihre Alter sind beispielsweise mit Hilfe der Kohlenstoff-14-Methode bestimmt worden. Korallen, die vor Jahrtausenden in der Nähe der Meeresoberfläche lebten, sind heute in Tiefen von Dutzenden Metern zu finden, unter ihrer Nachkommenschaft im Riff begraben. Durch die Bestimmung ihres Alters und der Tiefe, in der sie heute liegen, ist eine Kurve der Meeresspiegel in der Vergangenheit erstellt worden (siehe Abb. 12.5). Sie veranschaulicht, daß der letzte Tiefstand des Meerwassers zur gleichen Zeit auftrat, zu der die Daten der Sauerstoffisotope einen Höhepunkt der Vereisung anzeigen: vor etwa 20000 Jahren. Die Kurve zeigt ferner an, daß der Meeresspiegel in den letzten 20000 Jahren zwei- oder dreimal sehr rasch anstieg, nach geologischen Maßstäben nahezu augenblicklich, vermutlich als Folge eines besonders raschen Schmelzens der Eisdecke. In den vergangenen 20000 Jahren sind die Meere um mehr als 110 Meter angestiegen und bedecken sehr große Gebiete, die während des Höhepunkts der Eiszeit trockenes Land waren.

Die Zusammensetzung der Sauerstoffisotope in den Meeren der Vergangenheit hat zwar vermutlich detailliertere Erkenntnisse über die Funktionsweise der Vereisungszyklen geliefert als jeder andere

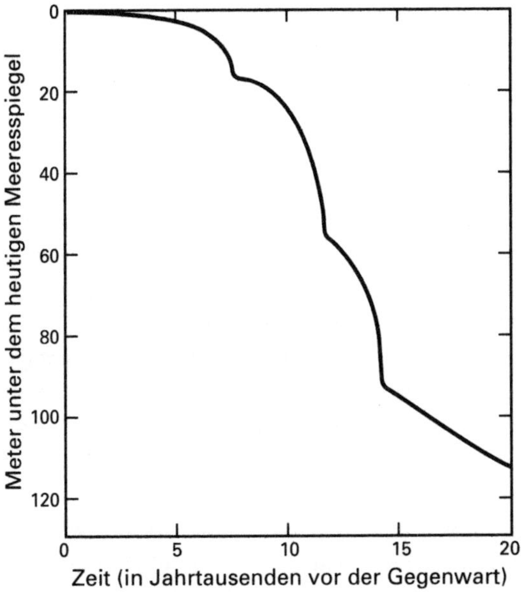

Abb. 12.5 Der Meeresspiegel ist in den vergangenen 20 000 Jahren um beinahe 120 Meter angestiegen, als die Inlandeismassen schmolzen. Die Kurve beruht auf Untersuchungen inzwischen begrabener Korallen; sie zeigt, daß der Meeresspiegel wenigstens an drei Intervallen sehr rasch anstieg: vor etwa 14 000 Jahren, vor 11 500 Jahren und erneut vor 7600 Jahren. Das Schmelzen der Eisdecken auf Grönland und der Antarktis würde den Meeresspiegel um weitere 65 bis 70 Meter erhöhen. Abgeändert nach Abb. 3 von P. Blanchon und J. Shaw, in: *Geology.* 23. Jahrgang (1995), S. 5. Geological Society of America.

einzelne Hinweis, doch sie ist nicht der einzige in den Meeressedimenten enthaltene Anhaltspunkt. Die Fossilüberlieferung des Planktons zeigt zum Beispiel, daß erwartungsgemäß die Verbreitung von Spezies, die in warmem Wasser leben, während Eiszeiten zurückgegangen ist und während Warmzeiten zugenommen hat. Einige Arten, die gegen Kälte weniger resistent waren, sind während der Eiszeiten ausgestorben. Pollenstaub, der von Flüssen und vom Wind zum Meer getragen wurde, hat ebenfalls reichhaltige Informationen über die klimatischen Verhältnisse während der Vereisungszyklen geliefert. Untersuchungen der Pollen, die in Sedimentkernen aus dem Gebiet entlang der Westküste Nordamerikas und aus anderen

Regionen erhalten sind, zeigen, daß sich die Vegetation an jedem einzelnen Ort parallel zu den Zyklen verändert hat, die mit Hilfe der Sauerstoffisotope festgelegt worden sind. Zusammengenommen haben die verschiedenen Hinweise aus den Meeressedimenten ein weit klareres Bild der Klimaveränderungen während des Eiszeitalters ergeben, als es allein mit Hilfe der Spuren auf dem Land je hätte ermittelt werden können. Und kürzlich ist dem Arsenal der Eiszeitforscher eine weitere Informationsquelle hinzugefügt worden: das Eis selbst. In der Antarktis wie in Grönland sind tiefe Kerne in die Eisdecke gebohrt worden. Selbst in der sehr kalten Antarktis reichen die Veränderungen der Temperaturen und Niederschläge vom Winter zum Sommer aus, um in dem neugebildeten Eis Schichtflächen zurückzulassen, so daß die Kerne sehr genau datiert werden können, indem die Schichten sorgfältig gezählt werden. Die tiefsten Kerne erstrecken sich über zwei Vereisungszyklen zurück bis in die Zeit vor etwa 250 000 Jahren. Sauerstoffisotope im Eis liefern eine Ergänzung der Zeugnisse im Meerwasser. Darüber hinaus enthalten die Eiskerne weitere Informationen, die sich anhand der Meeressedimente nicht gewinnen lassen. Der Fingerzeig auf den Staubgehalt der Atmosphäre ist bereits erwähnt worden, doch der vielleicht wertvollste Hinweis hängt mit der tatsächlichen Zusammensetzung der Atmosphäre zusammen. Bei seiner Bildung schließt das Eis kleine Bläschen atmosphärischer Gase ein, und Geochemiker haben sie behutsam aus den Eisproben herausgelöst und sind damit in der Lage gewesen, die letzten Veränderungen der Zusammensetzung der Atmosphäre zu rekonstruieren. Ein besonders interessantes Ergebnis dieser Untersuchung ist die Beobachtung, daß es Schwankungen in der Konzentration zweier Treibhausgase gab, die möglicherweise Temperaturveränderungen verursacht haben, nämlich Kohlendioxid und Methan. Diese Gase verändern sich parallel zu den Zyklen der Sauerstoffisotope: Ihre Konzentration war während Kaltzeiten deutlich niedriger und während Warmzeiten höher. Ob dies die Ursache oder eine Folge der Temperaturschwankungen war, ist noch immer heiß umstritten.

Was verursacht globale Vereisungen?

Würden wir die Antwort auf diese Frage mit Sicherheit kennen, dann müßten sich zahlreiche Wissenschaftler, die zu diesem Thema forschen, eine andere Aufgabe suchen, der sie ihre kreative Energie widmen wollten. Bleiben wir fair: Die allgemeinen Bedingungen, die erforderlich oder zumindest ausreichend sind, um die Erde in eine Kaltzeit zu stürzen, sind bereits sehr gut erforscht worden. Weniger klar ist jedoch, welche Art von Auslöser die Erde in den letzten paar Millionen Jahren mit solcher Regelmäßigkeit zwischen Kalt- und Warmzeiten schwanken ließ. Es mangelt keineswegs an Ideen in dieser Frage, doch kein einziger Erklärungsversuch hat sich eindeutig als der beste entpuppt. Den inzwischen zusammengetragenen Hinweisen zufolge müssen aber offensichtlich komplexe Wechselwirkungen und Rückkopplungen einer Reihe verschiedener Faktoren zusammenkommen, die jeder für sich nicht in der Lage sind, die beobachteten Veränderungen auszulösen, wenn sie aber gemeinsam eintreten, eine Klimaveränderung verursachen. Schon eine leichte Abweichung reicht aus, um das Gleichgewicht zu stören. Global betrachtet kann der Temperaturunterschied zwischen Kalt- und Warmzeiten lediglich einige Grad Celsius betragen, allenfalls zehn.

Ein Merkmal der Vereisung ist seit langem bekannt, hat aber erst seit der Entdeckung der Plattentektonik große Bedeutung erlangt: Polare Eiskappen können sich nicht auf offener See bilden. Selbst wenn andere Faktoren eine Abkühlung des Planeten zur Folge haben, kann eine umfassende Vereisung nur dann eintreten, wenn in höheren Breitengraden Festland vorhanden ist. Der Umstand, daß der große antarktische Kontinent genau über dem Südpol liegt, ist zweifellos der Grund, weshalb sich seine Eiskappe eher gebildet hat als die der Nordhalbkugel und selbst während warmer Interglaziale ein wichtiges Merkmal bleibt (wie zum Beispiel heute). Auch zu anderen Zeitpunkten in der Vergangenheit, für die es Hinweise auf weiträumige Vereisungen gibt, zeigen Rekonstruktionen der Kontinentlagen stets große Landmassen in der Nähe der Pole. Zum Beispiel enthalten sämtliche Südkontinente, die Gondwana bildeten – Indien, Australien, Afrika, die Antarktis und Südamerika –, glaziale Geschiebemergel, abgeschürftes Grundgestein und andere Hinweise auf eine Eisdecke, die ins späte Paläozoikum zurückdatiert wird, vor

250 bis 300 Millionen Jahren. Genau zu der Zeit lag Gondwana über dem Südpol.

Kontinente in höheren Breitengraden sind eine notwendige Voraussetzung für eine Eiszeit, ebenso aber zwei weitere Faktoren: ein bereitstehender Vorrat an Schnee und niedrige Temperaturen, vor allem im Sommer. Paradoxerweise ist für die erste Bedingung relativ warmes Meerwasser erforderlich, zumindest in mittleren Breiten, damit mehr Wasser verdunstet und sich die Luftfeuchtigkeit erhöht. In den Polarregionen kommt es folglich zu stärkeren Niederschlägen. Wie schon in Kapitel 11 erwähnt, geht eine der Theorien über die Ursache der Vereisung der Nordhalbkugel davon aus, daß durch die Bildung der Landenge von Panama vor etwa drei Millionen Jahren warmes Wasser aus dem Atlantik nach Norden umgelenkt wurde und den Niederschlag in Ostkanada, Grönland und Skandinavien erhöhte – drei der Hauptzentren der gewaltigen Eisanhäufung. Doch selbst verstärkter Schneefall würde keine Vereisungsperiode einleiten, wenn im Sommer alles wegschmelzen würde. Die Temperaturen müssen tief genug sein, damit am Ende Eis angehäuft wird.

Die Temperatur an dem jeweiligen Ort der Erdoberfläche wird durch eine Vielzahl von Faktoren geregelt, global betrachtet sind aber die wichtigsten, wieviel Energie die Erde von der Sonne erreicht und wieviel von den Ozeanen und der Atmosphäre aufgenommen und nicht wieder ins All zurückgestrahlt wird. Lange bevor bekannt war, daß die Erde regelmäßige glaziale Vorstöße und Rückzüge miterlebt hat, hatten Mathematiker und Astronomen gezeigt, daß sich das Ausmaß an Energie, die an jedem Ort von der Sonne eingestrahlt wird, aufgrund der Besonderheiten der Erdumlaufbahn in der Vergangenheit regelmäßig verändert haben muß. Die astronomische Theorie der Vereisung wird in der Regel auf den jugoslawischen Mathematiker Milutin Milankovitch zurückgeführt. In der Tat hat er die Theorien am ausführlichsten dargelegt und im wesentlichen die heute anerkannten Thesen formuliert. Doch schon vor Milankovitchs Werk hatten andere vermutet, daß die Vereisung die Folge von Veränderungen der Erdumlaufbahn sein könnte, die wiederum dazu führten, daß weniger Sonnenenergie die Erde erreichte. Der vielleicht bemerkenswerteste unter ihnen war der schottische Gelehrte James Croll, der seine Ideen 1864 erstmals veröffentlichte. Crolls Lebensgeschichte ist bemerkenswert: Als seine Arbeit zur Vereisung publiziert wurde, arbeitete der Autodidakt als Hausmeister, einer der zahlreichen Berufe, die er ausübte, während er zu einer Vielzahl verschiedener Themen forschte und veröffentlichte. Schließlich wurde seine Begabung erkannt, und er wurde in das Scottish Geological Survey (das schottische Amt für geologische Aufnahmen) berufen, doch mit der Zeit wurde seinen Theorien zum Eiszeitalter immer weniger Glauben geschenkt. Verschiedene Einwände wurden gegen sie erhoben, in erster Linie die Tatsache, daß die durch orbitale Abweichungen ausgelösten Veränderungen der Sonneneinstrahlung auf die Erde zu unbedeutend erscheinen, um einen merklichen Klimawechsel auszulösen.

Lange nachdem Croll gestorben war und seine Theorien über die Vereisung um ein Haar in Vergessenheit geraten waren, begann Milankovitch seine mathematischen Erforschungen der Abweichungen der Erdumlaufbahn und ihrer Auswirkungen auf das Klima. Seine Anfangsarbeit wurde in den zwanziger Jahren veröffentlicht, sämtliche Berechnungen hatte er von Hand ausgeführt – eine bewundernswerte Leistung. Milankovitch berechnete in mühseliger Kleinarbeit die Schwankungen der Sonneneinstrahlung, die in den letzten 600 000 Jahren die Nordhalbkugel erreichte. Bei seinen Berechnungen (und bei anderen seither angestellten) wurde davon ausgegangen, daß die Energieabgabe der Sonne über diese Zeitspanne hinweg konstant blieb. Dieser Aspekt von Milankovitchs Theorie ist umstritten, weil schon geringfügige Veränderungen in der Energieproduktion der Sonne für die Erde bedeutsame Folgen haben können. Doch selbst bei einer konstanten Abgabe mußte Milankovitch drei verschiedene Möglichkeiten berücksichtigen, wie sich das Ausmaß der einfallenden Energie verändern könnte: durch kleine regelmäßige Schwankungen der Neigung der Erdachse zur Sonne, durch leichte Änderungen des Verlaufs der elliptischen Erdumlaufbahn, welche die Erde an den Wendepunkten der Bahn näher an die Sonne heran oder weiter von ihr weg führte, und durch eine langsame Rotation der Erdachse, die allmählich den Zeitpunkt der nächsten Annäherung an die Sonne vom Winter in den Sommer verschiebt und wieder zurück. Diese Abweichungen wirken alle in verschiedenen Zeitabständen, gelegentlich verstärken sie einander, gelegentlich heben sie sich gegenseitig auf, entscheidend ist aber, daß sie regelmäßig eintreten. Wie Crolls frühes Werk lösten Milankovitchs Berechnungen großes

Aufsehen aus, als sie erstmals veröffentlicht wurden, und eifrig versuchten Gelehrte, die bekannten glazialen Ablagerungen zu Milankovitchs Zyklen in Beziehung zu setzen. Milankovitchs Arbeit verlor jedoch, wiederum wie Crolls Ideen, an Popularität, als Einwände gegen sie erhoben wurden. Die Lage veränderte sich aber mit einem Schlag, als Geologen einen Weg entwickelten, Sedimentkerne aus der Tiefsee zu sammeln und erforschen. Wie bereits gezeigt, weisen Sedimente, die in den letzten paar Millionen Jahren abgelagert wurden, bemerkenswert regelmäßige Schwankungen bei einer ganzen Reihe von Merkmalen auf, die allesamt mit den Vereisungszyklen zusammenhängen.

Computer haben in den letzten Jahren Milankovitchs Berechnungen noch einmal durchgeführt und in einigen Punkten verbessert, doch im wesentlichen blieb alles beim alten. Auch wenn der Einwand weiterhin gilt, daß die im Zuge dieser Zyklen auftretenden Schwankungen der Sonneneinstrahlung allein nicht stark genug sind, um eine Vereisung einzuleiten oder zu beenden, stimmen die mathematischen Simulationen des Klimas in der Vergangenheit, welche die von Milankovitch errechneten Abweichungen mitberücksichtigen, mit den tatsächlichen geologischen Urkunden überein. Dieser Umstand hat die meisten Wissenschaftler, die auf diesem Gebiet forschen, davon überzeugt, daß astronomische Faktoren mit im Spiel sind, womöglich als Auslöser fungieren – der sprichwörtliche Tropfen, der das Faß zum Überlaufen bringt –, sofern die übrigen Voraussetzungen gegeben sind.

Die Zyklen von Milankovitch zeigen, wie stark sich die Sonneneinstrahlung mit der Zeit verändert hat; wieviel Energie ist aber von der Erde aufgenommen worden? Dies ist eine weit kompliziertere Frage als die Berechnung der orbitalen Abweichungen, weil die Aufnahme der Energie unter anderem von der Verteilung von Festland und Wasser, von der Beschaffenheit der Erdoberfläche und von der Zusammensetzung der Atmosphäre abhängt. Meerwasser absorbiert zum Beispiel den größten Teil der Sonnenenergie, die es erreicht, Eis oder Wüsten reflektieren das meiste davon. Kontinentale Eisdecken reflektieren somit die Sonneneinstrahlung und kühlen unseren Planeten allein durch ihre Existenz weiter ab. Doch die Eiskappen befinden sich in den höheren Breiten, in denen die eingestrahlte Energie weit geringer ist als in den Tropen. Somit würde der abkühlenden Wirkung von Gletschern in höheren Breiten eine Landverteilung mit großen Ozeanen und wenigen Kontinenten in niederen Breiten entgegenwirken. Die Verteilung der Kontinente verändert sich aber sehr langsam, und während sie mit Sicherheit die Anfälligkeit der Erde auf Abweichungen in anderen Parametern beeinflußt, kann sie nicht die raschen Schwankungen zwischen glazialen und interglazialen Bedingungen während des Eiszeitalters erklären.

Die Zusammensetzung der Erdatmosphäre hingegen verändert sich in kurzen Abständen. Analysen der Gase, die im Eis von Grönland beziehungsweise der Antarktis eingeschlossen sind, zeigen, wie bereits angedeutet, daß sich der Anteil an Kohlendioxid und an Methan in der Atmosphäre parallel zu dem Klima während der Vereisungszyklen verändert hat. Diese beiden Treibhausgase stauen die Wärme, die von der Erdoberfläche ins All abgestrahlt wird, und Bohrkerne aus Eis zeigen, daß die Konzentration der beiden Gase während Warmzeiten zu- und während Kaltzeiten abnahm. Allerdings deuten genaue Untersuchungen des Zeitpunkts dieser Veränderungen an, daß sie in den meisten Zyklen erst kurz nach den Temperaturschwankungen eintraten. Sollte dies durch weitere Studien bestätigt werden, hieße das, sie wären eher die Folge von Vereisungszyklen als ihre Ursache. Doch selbst wenn dem so wäre, würden die Temperaturschwankungen zusätzlich verstärkt werden, wobei eine hohe Konzentration der Treibhausgase die Erde während Warmzeiten leicht wärmer hielte, während eine geringere Konzentration eine weitere Abkühlung während Kaltzeiten gestatten würde.

Schon anhand dieser kurzen Erörterung dürfte klar geworden sein, daß viele Antworten möglich sind auf die Frage: Was verursacht globale Vereisungen? Da so viele verschiedene Faktoren dabei eine Rolle spielen und sich teilweise gegenseitig beeinflussen, ist die Entwicklung von Hochgeschwindigkeitscomputern ein wahrer Segen gewesen für die Forschung an dem Klima des Eiszeitalters. Mit ihrer Hilfe kann simuliert werden, wie die klimatischen Verhältnisse auf verschiedene Konzentrationen von Kohlendioxid in der Atmosphäre reagieren würden, auf unterschiedliche Kontinentlagen, auf verschiedene Teile der Zyklen von Milankovitch und auf eine Unmenge anderer möglicherweise bedeutender Faktoren. Die Fachliteratur ist voller Arbeiten über Modelle zum Kreislauf des Klimas, sogenannte General Circulation Models (GCMs, wie sie unter Eingeweihten heißen), die Temperaturverteilungen, Windströmungen und viele andere Merkmale des Klimas für mehrere mögliche Bedingungen in der Vergangenheit vorhersagen können. Eine Vielzahl hilfreicher Erkenntnisse ist mit Hilfe dieser mathematischen Modelle gewonnen worden. Genau wie bei langfristigen Wetterprognosen haben kleine Veränderungen der Voraussetzungen eine große Wirkung auf die Ergebnisse, und die Vorhersagen gelten nur bis zu dem Grad, in dem die Urheber des Modells zutreffend herausgefunden haben, auf welche Weise sämtliche Parameter zusammenwirken. Endgültige Informationen aus der Erde selbst, die Zeugnisse in den Gesteinen, die tatsächlich eingetretene Klimawechsel widerspiegeln, sind das Maß, an dem diese theoretischen Abhandlungen gemessen werden müssen.

Glaziales Klima, menschliche Evolution und die Zivilisation

Die ältesten bekannten Fossilien von Hominiden (mit *Hominidae* wird die biologische Familie bezeichnet, zu der unsere Gattung *Homo* gehört) sind annähernd 4,4 Millionen Jahre alt. Sie sind in Äthiopien entdeckt worden, in engem Zusammenhang mit Ablagerungen von Vulkanasche, die sich sehr genau datieren lassen. Das Alter der Fossilien ist somit bekannt. Es handelt sich aller Wahrscheinlichkeit nach um Überreste unserer direkten Vorfahren.

Etwa 800 000 Jahre nach diesen frühen Hominiden entstand ein bemerkenswertes, andersartiges Fossil im heutigen Tansania, nahezu 2000 Kilometer vom Fundort der äthiopischen Fossilien entfernt: Hier bedeckte eine Reihe von Vulkanausbrüchen die Landschaft mit mehreren Schichten Vulkanasche. Nach Regenfällen wurde die Asche zu einem nassen Mörtel, und jedes Lebewesen, das darüberspazierte, hinterließ Spuren. Auf diese Weise entstand ein lebendiges Abbild der Fauna, die in diesem Teil Afrikas gedieh. Doch zusätzlich zu den Fährten aller Tiere von Kaninchen bis hin zu Elefanten findet sich eine weitere Spur in dieser Momentaufnahme des Lebens vor mehr als 3,5 Millionen Jahren: Fußabdrücke einer Gruppe Hominiden, die durch die Gegend streifen. Mit großer Wahrscheinlichkeit glichen die «Menschen», die diese Spuren hinterließen, den Wesen, die von den älteren äthiopischen Fossilien repräsentiert werden. Einige Forscher, die diese fossilen Spuren untersucht haben, sind der Ansicht, daß sie von einer Familie – Mutter, Vater und Kind – stammen; vielleicht noch wichtiger ist aber der Umstand, daß die Fußspuren darauf hindeuten, daß diese frühen Hominiden wie moderne Menschen auf zwei Beinen gingen. Vor etwa vier Millionen Jahren, oder gar noch früher, waren unsere Vorfahren von den Bäumen des tropischen Waldes in Afrika herabgestiegen und breiteten sich, aufrecht gehend, über die Grasebenen aus. Viele Paläontologen sind der Ansicht, dieser Übergang sei durch die allmählich zunehmende Trockenheit verursacht worden, die in Afrika eintrat, als sich das Klima abkühlte. Die Ausdehnung der Wälder ging daraufhin zurück, und die Graslandschaften dehnten sich aus. Die wahre Strenge des Eiszeitalters stand jedoch noch bevor, auch wenn es sich in den Tropen vielleicht nicht so gravierend auswirkte wie in höheren Breitengraden.

Die Australopithecinen, wie die erwähnten äthiopischen Fossilien (und andere ähnliche Hominiden) genannt werden, hatten kleine Gehirne. Sie waren möglicherweise Zweifüßer, doch sie waren vermutlich nicht sehr intelligent. Dennoch existierten sie mehrere Millionen Jahre lang, während eines Teils dieser Zeit parallel zu unserer eigenen Gattung. Die Gattung *Homo* findet sich erstmals vor etwa zwei Millionen Jahren unter den hominiden Fossilien Afrikas. Zu etwa derselben Zeit tauchen behauene Steinwerkzeuge in den Sedimenten auf. Eines der wichtigsten Unterscheidungsmerkmale des neuen Hominiden ist sein großes Gehirn, zumindest im Vergleich mit dem Gehirn der Spezies *Australopithecus,* die ihm vorausging. Warum trat *Homo* genau zu der Zeit auf, und weshalb war sein Gehirn größer als das früherer Hominiden? Wie bei so vielen in diesem Buch angesprochenen Themen gibt es auch auf diese Frage keine endgültige, allgemein anerkannte Antwort, hingegen sind zahlreiche Theorien aufgestellt worden. Eine Theorie geht davon aus, daß die Übereinstimmung zwischen dem Auftreten von *Homo* und dem Einsetzen der Vereisung der Nordhalbkugel kein Zufall ist. Dieser Ansicht zufolge hatte das sich verändernde Klima, insbesondere der Wechsel zwischen langen Glazialen und kurzen Interglazialen, Lebewesen begünstigt, die in der Lage waren, sich den Veränderungen anzupassen, Individuen mit Erfindungsgabe und Intelligenz.

In Afrika waren die Eiszeiten kalt und trocken, und das Dasein gestaltete sich gewiß schwieriger als während der vergleichsweise feuchten Warmzeiten. Ob diese Interpretation zutrifft, ist offen. Doch die gewaltigen Veränderungen der Umgebung, die mit den Zyklen kalter und warmer Klimaverhältnisse in den letzten paar Millionen Jahren einhergingen, haben mit Sicherheit eine Rolle gespielt, indem sie Populationen der Gattung *Homo* wie auch anderer Tiere zu Migrationen zwangen oder isolierten. Die rasche Evolution neuer Arten und Unterarten, die bei den Säugetieren allgemein und ganz gewiß bei der Gattung *Homo* häufig zu beobachten ist, war die unweigerliche Folge.

Vor etwa einer Million Jahren war eine Spezies der Gattung *Homo*, der *Homo erectus*, aus Afrika nach Europa und Asien gewandert. Es liegen nur spärliche Fossilien vor, und Anthropologen wie auch Paläontologen haben bei dem Versuch, die Entwicklungslinie des modernen Menschen zurückzuverfolgen, einige Schwierigkeiten zu bewältigen, doch es ist bekannt, daß vor etwa 100 000 Jahren, also in der Anfangsphase der letzten Eiszeit, eine Gruppe des *Homo sapiens*, die als «Neandertaler» bekannt ist, in Europa und im Nahen Osten lebte. Trotz der Karikaturen von Neandertalern als zurückgebliebenen Höhlenmenschen mit einer Keule in der Hand hatten diese Hominiden große Gehirne – so groß wie die unseren –, lebten in Gemeinwesen und waren vermutlich sehr intelligent. In Europa lebten sie in einem Klima, das sich bis zur größten Kälte der Eiszeit ständig verschlimmerte. Der Neandertaler verschwindet aber vor etwa 30 000 Jahren aus der Fossilüberlieferung und wird von dem im wesentlichen modernen Menschen abgelöst, dem Cro-Magnon-Typus. Diese Menschen waren Zehntausende Jahre früher in Afrika aufgetaucht, hatten sich vor etwa 45 000 Jahren nach Europa ausgebreitet und existierten eine Weile neben den Neandertalern. Im Gegensatz zu diesen fertigten die Cro-Magnon-Menschen offenbar genähte Kleidung und zumindest rohe Schutzhütten an; damit waren sie vermutlich besser gegen das strenge Klima gerüstet. Sie erlebten die kalten Klimabedingungen der Eiszeit unmittelbar mit und hinterließen als Augenzeugen auch herrliche Wandmalereien, die uns einen Eindruck von inzwischen ausgestorbenen Tieren vermitteln, die damals die eiszeitliche Landschaft durchstreiften wie das riesige, mit enormen Stoßzähnen bewaffnete, zottige Mammut.

Neben dem Klima selbst haben die Schwankungen des Meeresspiegels, die mit den Vereisungszyklen einhergingen, bedeutenden Einfluß auf die Entwicklung der Menschen gehabt. Wegen des niederen Wasserstands während des Maximums der Weichsel-Eiszeit lagen sehr große Gebiete des Festlandes frei, die heute vom Wasser bedeckt sind. An einigen Stellen lieferten sie Migrationsrouten für Frühmenschen ebenso wie für Tiere. Australien und Neuguinea waren durch trockenes Land miteinander verbunden. Ein großer Teil Indonesiens war zu Fuß erreichbar oder über sehr kurze Seereisen, und Gruppen des *Homo sapiens* zogen von Asien aus dorthin. Vielleicht die bekannteste Folge des gefallenen Meeresspiegels ist die Besiedelung Amerikas. Vor 20 000 oder 30 000 Jahren war es möglich, über die Beringstraße von Sibirien nach Alaska zu gelangen. Mammute und andere große Säugetiere zogen über die Landbrücke nach Nordamerika, und etwa zum Maximum der Weichsel-Eiszeit folgten ihnen wißbegierige sibirische Stämme. Auch wenn ein Großteil von Ostsibirien und Alaska eisfrei war, lag eine Eisdecke über dem Rest des nördlichen Nordamerika, und die neuen Einwanderer wurden daran gehindert, nach Osten oder Süden weiterzuziehen, bis das Klima sich in dem bis heute andauernden Interglazial erwärmte und die Gletscher schmolzen. Die genaue Chronologie dieser Migrationen ist noch immer umstritten, doch wird allgemein davon ausgegangen, daß sich beim Anstieg der Temperaturen ein Nord-Süd-Korridor öffnete zwischen den Gletschern der Rocky Mountains im Westen und den zur Hudsonbai zurückweichenden Eisdecken im Osten. Dieser Korridor gestattete die Migration in wärmere, südlichere Klimazonen. Wir wissen, daß vor etwa 12 000 Jahren Menschen im Südwesten der heutigen Vereinigten Staaten lebten; bis vor etwa 10 000 Jahren hatten sie sich bis nach Südamerika ausgebreitet.

Unsere unmittelbaren Vorfahren überstanden zwar die Not der Weichsel-Eiszeit, doch die menschliche Zivilisation hat sich erst während des folgenden Interglazials entwickelt. Dennoch war das Klima keineswegs so stabil und gleichmäßig, wie wir wegen der Kürze unseres eigenen Lebens in der Regel vermuten. Mit zunehmender Genauigkeit haben Paläoklimatologen eine beeindruckende Darstellung des Klimas der letzten Jahrtausende erstellt, wobei sie von schriftlichen historischen Dokumenten bis hin zu den Abweichungen in der Dicke der Wachstumsringe uralter Bäume alle Arten von

Beweisen miteinbezogen. Diese Studien lassen keinen Zweifel daran, daß in regionalen wie in lokalen Klimaverhältnissen große Schwankungen eintraten. Gegenstand heftiger Diskussionen ist die Frage, inwieweit diese Veränderungen den Verlauf der Zivilisation beeinflußt haben. Hier stellt sich das gleiche Problem wie bei den Forschern, die sich mit den Massensterben in der fernen geologischen Vergangenheit befassen, nämlich Ursache und Wirkung miteinander zu verknüpfen.

Wir wissen, daß selbst lokale, kurzzeitige Klimaschwankungen große Not bei der menschlichen Bevölkerung nach sich ziehen; ein aktuelles Beispiel hierfür liefern die Jahre der sogenannten Dust Bowl (Staubschüssel) in den Vereinigten Staaten während der dreißiger Jahre: Eine Dürreperiode im Verein mit armseligen landwirtschaftlichen Anbaumethoden hatte wirtschaftliche Verarmung zur Folge (der Ackerboden wurde buchstäblich zu Staub und vom Wind fortgetragen) und zwang schließlich Tausende, von Oklahoma nach Kalifornien auszuwandern, eine Episode der amerikanischen Geschichte, die John Steinbeck in seinem Roman *Früchte des Zorns* für die Nachwelt festhielt. Doch weit stärkere Klimaveränderungen haben den Planeten seit Beginn der Zivilisation heimgesucht. Hier können nur einige gestreift werden.

Die Anfänge des Ackerbaus werden in der Regel als Anzeichen für den Beginn der Zivilisation betrachtet. Nach dieser Definition setzte die Zivilisation in der Alten wie in der Neuen Welt etwa zur selben Zeit ein. Für die Zeit vor 6000 bis 7000 Jahren finden sich im Nahen und Mittleren Osten Hinweise auf die Domestizierung von Schafen und den Anbau von Getreide. Zu etwa derselben Zeit begannen die Menschen in Südmexiko Mais anzubauen. Klimastudien zeigen, daß zu dieser Zeit auch die günstigsten Klimaverhältnisse während des gegenwärtigen Interglazials herrschten: Global betrachtet lag die Temperatur im Jahresdurchschnitt deutlich höher, und beinahe auf der ganzen Erde fielen wesentlich stärkere Niederschläge. Genaugenommen gibt es zu der Zeit keinerlei Hinweise auf die Existenz großer Wüsten. Ist dies nur ein weiterer Zufall, oder besteht ein Zusammenhang zwischen diesem günstigen Klima und dem Beginn der Zivilisation?

Mehrere tausend Jahre nach diesem klimatischen Höhepunkt, vor etwa 4200 Jahren, brach plötzlich eine blühende Hochkultur, das

Reich von Akkad, zusammen, das im Mittleren Osten etwa zwischen der heutigen Türkei und dem Persischen Golf aufgekommen war. In den nördlichen Gebieten ging der Ackerbau rapide zurück. Nach den Überlieferungen, die auf Tontafeln entdeckt worden sind, zog ein Großteil der Bevölkerung in die südlichen Städte des Reiches entlang von Euphrat und Tigris. Die Flüchtlinge lösten damit eine Krise aus, welche die damalige Regierung vor große Probleme stellte. Jahrzehntelang rätselten Archäologen über die Ursachen dieser Ereignisse. Neue Forschungen zeigen, daß der Beginn der Krise mit den Spuren einer plötzlichen Dürreperiode zusammenfällt, einer Dürre, die in den nördlichen Teilen des Reichs von Akkad etwa 300 Jahre lang anhielt. Ein solcher Klimawechsel würde die gut dokumentierten Migrationen erklären, weil die vom Ackerbau lebenden nördlichen Regionen auf regelmäßige Regenfälle angewiesen waren und über keine fortschrittlichen Bewässerungssysteme verfügten. Im Süden lieferten der Tigris und der Euphrat weit beständigere Wasservorräte.

Es ist schwierig, den Grund für den überlieferten Klimawechsel genau zu bestimmen, der offenbar das Reich von Akkad erfaßte. Auf jeden Fall haben einige Archäologen eingewandt, daß eine Klimaveränderung allein nicht ausreiche, um den raschen Niedergang dieser Hochkultur zu erklären. Vor weniger lange zurückliegenden Zeiten liegen uns besser dokumentierte Hinweise für einen plötzlichen Klimawechsel und seinen Einfluß auf das menschliche Leben vor. Vor etwas mehr als 1100 Jahren, gegen Ende des 9. Jahrhunderts, erwärmte sich das Klima im Gebiet des Nordatlantiks und blieb für etwa 300 Jahre relativ mild. Klimatologen haben diese Periode scherzhaft das «kleine Optimum» genannt. Neben den historischen Dokumenten (in denen nur gelegentlich Einzelheiten des Klimas erwähnt werden) bestätigen die Abweichungen der Sauerstoffisotope von Jahr zu Jahr in den Eiskernen aus Grönland, daß damals tatsächlich eine Wärmeperiode herrschte. Genau zu dieser Zeit besiedelten die Wikinger, seefahrende skandinavische Abenteurer, Teile von Grönland. Von hier aus wagten sie sich über die relativ eisfreien Gewässer des Nordatlantiks nach Westen und erreichten Nordamerika. Eine gut erhaltene (und inzwischen restaurierte) Wikingersiedlung, die etwa aus dem Jahr 1000 stammt, befindet sich in Neufundland, das vermutlich dem Land entspricht, das in Wikingersagen Vinland genannt wird. Die Wikinger blieben jedoch nicht lange in Nordamerika; unter anderem mußten sie sich der eingeborenen Amerikaner erwehren, die Jahrtausende zuvor nicht von Europa, sondern von Sibirien aus auf den nordamerikanischen Kontinent gelangt waren.

Ende des 14. Jahrhunderts hatte sich das Klima im Gebiet des Nordatlantiks wieder so sehr verschlechtert, daß anfangs nur selten und dann praktisch überhaupt keine Verbindung zwischen Skandinavien und den Wikingersiedlungen in Grönland bestand. Schließlich starben die Zurückgebliebenen aus. Die sogenannte «kleine Eiszeit», die auf das kleine Optimum folgte, währte etwa von 1450 bis 1850 und war weit über die Grenzen Grönlands hinaus zu spüren. Während des klimatischen Höhepunkts hatten sich der Ackerbau und die Bevölkerung in Europa ausgedehnt, doch in der folgenden Kälteperiode kam es zu Überschwemmungen, Hungersnöten und Seuchen. Vor allem in einigen nördlichen Gegenden, in denen während des kleinen Optimums der Getreideanbau aufgeblüht war, hatte das kalte Wetter wiederholt Mißernten zur Folge. Höfe wurden aufgegeben, zahlreiche ländliche Gegenden verödeten, und es gab immer wieder Unruhen. Die vom Hunger geschwächte Bevölkerung konnte sich kaum vor der Pest schützen. Die historische Überlieferung dokumentiert eindeutig die Strenge des Klimas in Europa: Holländische Künstler malten Schlittschuhläufer auf den Kanälen in Holland, und im 17. Jahrhundert wurden im Winter häufig *frost fairs* (Frostfeste) auf dem Eis der Themse in London gefeiert. Der Fluß ist seit 1814 nicht mehr zugefroren.

Die eben beschriebenen Klimaschwankungen waren von kurzer Dauer, zu kurz, um unmittelbar mit den weit längeren Vereisungszyklen in Verbindung gebracht zu werden. Die vorliegenden Spuren von ihnen sind ferner lokal begrenzt – sie stammen aus Europa und dem Nordatlantik. Die meisten Forscher sind der Ansicht, daß sie durch Veränderungen der Meeresströmungen verursacht wurden, insbesondere die Menge warmen Wassers, die von Süden in den Nordatlantik strömte. Die Ursachen solch plötzlicher Veränderungen der Zirkulation, und ob sie charakteristisch für Interglaziale sind oder nicht, bleiben unbekannt. Allerdings lassen kürzliche Untersuchungen der Eiskerne aus Grönland vermuten, daß es während des vorhergehenden Interglazials, das vor etwa 130 000 Jahren herrschte, in weit kürzeren Abständen zu Klimaschwankungen kam als während des gegenwärtigen. Vielleicht ist es pures Glück, daß uns während des Aufstiegs der Industriegesellschaft in den letzten 150 Jahren ein verhältnismäßig stabiles Klima beschert worden ist.

Im weitesten Sinne sind die modernen Menschen wahrhaft die Kinder des Eiszeitalters. Unsere Gattung, *Homo,* tauchte in Afrika nach Beginn der Vereisung der Nordhalbkugel auf, und unsere Spezies besiedelte während der Weichsel-Eiszeit alle Kontinente der Welt, als der Meeresspiegel abgesunken war. Es ist häufig schwierig, Ursache und Wirkung auseinanderzuhalten, doch die Schwankungen des interglazialen Klimas in den letzten 10 000 Jahren haben offenbar den Verlauf der menschlichen Zivilisation bedeutend beeinflußt. Nach geologischem Maßstab sind 10 000 Jahre aber eine sehr kurze Zeit. Wenn sich aus dem Studium der Erdgeschichte eine Lehre ziehen läßt, so lautet sie, daß Veränderung nach jedem Zeitmaßstab, der bei der Erforschung der Erde angelegt werden kann, eine feste Größe ist: die evolutionäre Veränderung, die Veränderung in der Anordnung der Kontinente und Meere, die Veränderung des Klimas. In unserer kurzen Reise durch die geologische Zeit sind nur sehr wenige Veränderungen untersucht worden, die innerhalb der viereinhalb Milliarden Jahre währenden Existenz unseres Planeten eingetreten sind. Die geologischen Urkunden, die Spuren in den Steinen, enden in der Gegenwart, kurz vor Ende eines Interglazials innerhalb des Eiszeitalters. Es bleibt nur noch die Frage: Welche Veränderungen sind für die Zukunft zu erwarten?

13

Die Zukunft: Geologie und der Mensch

Auf lange Sicht ist das Schicksal unseres Planeten klar: Er wird vom glühenden Feuer der Sonne verschluckt werden, sobald diese sich ausdehnt und zu einem «roten Riesen» wird. Wie alle Sterne wird die Sonne durch Kernreaktionen in ihrem dichten Inneren mit Energie versorgt. Dort stoßen Wasserstoffatome auf so engem Raum aufeinander, daß sie verschmelzen und schwerere Elemente bilden, wobei gewaltige Energiemengen freigesetzt werden. Aufgrund der Beobachtung anderer Sterne im Weltall ist bekannt, daß der innere Teil der Sonne zu einem noch dichteren Kern kollabieren wird, sobald ihr Wasserstoff durch diesen Prozeß aufgebraucht ist. Gleichzeitig wird sich eine äußere, «kühlere» Hülle (jedoch noch immer mehrere tausend Grad heiß) bis weit jenseits der Erdumlaufbahn in das Sonnensystem ausdehnen und dabei alles vernichten, was ihr in die Quere kommt. Doch das wird erst Jahrmilliarden in der Zukunft geschehen, zu einem Zeitpunkt, der etwa so weit von der Gegenwart entfernt ist wie die Entstehung der Erde in der Vergangenheit, und er ist ebenso schwer vorstellbar. Bis dahin wird die Spezies Mensch längst verschwunden sein.

Noch einige weitere Dinge lassen sich mit Gewißheit über die Zukunft der Erde sagen. Die Hitze im Erdinneren, die die Vorgänge der Plattentektonik in Gang hält und teilweise durch radioaktiven Zerfall neu entsteht, teilweise noch aus der Zeit der Erdentstehung vor 4,5 Milliarden Jahren stammt, diese Hitze nimmt allmählich ab, doch so langsam, daß die geologischen Prozesse, die sie antreibt, wahrscheinlich noch Milliarden von Jahren weiterhin im wesentlichen in der gegenwärtigen Form ablaufen werden, vielleicht bis zum

Untergang unseres Planeten. Ozeanbecken werden entstehen und verschwinden, Kontinente werden kollidieren und große Gebirgsketten auffalten, die dann durch die Einwirkung chemischer und physikalischer Erosion bis auf Meeresspiegelniveau abgetragen werden. Wenn die entsprechenden Bedingungen gegeben sind, wird ein Teil der Erde wieder unter Eisdecken begraben werden. Und während seiner Reise durch das All wird unser Planet mit ziemlicher Sicherheit mit Trümmern kollidieren, die in unserem Sonnensystem verstreut sind. Obwohl diese Fragmente nach kosmischen Maßstäben nicht sehr groß sind, haben sie dennoch genug Masse, daß ihre Einschläge die Bedingungen auf der Erdoberfläche grundlegend verändern werden, wenn auch – geologisch betrachtet – nur für eine relativ kurze Zeit.

Nimmt man jedoch eine kürzere Zeitspanne, so wird unser Planet während der nächsten Generationen des Lebens auf der Erde unter anderen, unmittelbareren Belastungen zu leiden haben. Ein Kollege von mir weist nur allzugern immer wieder darauf hin, daß der wichtigste Faktor der geologischen Veränderungen zu diesem speziellen Zeitpunkt der Erdgeschichte der Mensch ist. Wir sind die erste Spezies mit der Fähigkeit, die Oberfläche des Planeten, seine Atmosphäre und sein Klima in globaler und drastischer Weise zu verändern. Abbildung 13.1 veranschaulicht, wie sich die menschliche Bevölkerung der Erde mit der Zeit verändert hat und wie nur eine unserer Einwirkungen auf die Umwelt – die Abgabe von Kohlendioxid an die Atmosphäre – mit dieser Entwicklung Schritt hielt. In der Vergangenheit vollzogen sich infolge natürlicher Ursachen sehr viel größere Veränderungen des Kohlendioxidgehalts, als sie in der Abbildung dargestellt werden. Doch soweit sich dies feststellen läßt, verliefen sie weit langsamer, und ihre Auswirkungen, wenn sie auch für einige Pflanzen und Tiere schlimm waren, trafen keine komplexe Gesellschaft wie die unsere, die an das Durchschnittsklima der letzten etwa 100 Jahre angepaßt ist und auf Veränderungen sehr empfindlich reagiert. Wenn der zunehmende Kohlendioxidgehalt der Atmosphäre, wie viele Wissenschaftler prophezeien, einen globalen Temperaturanstieg um einige Grad verursacht, wird dies katastrophale Folgen haben. Ganze Agrargürtel hoher Produktivität werden nicht mehr nutzbar sein, oder zumindest werden sie sich lediglich für völlig andere Getreidesorten eignen als die gegenwärtig angebauten.

(Andererseits könnten Regionen hoher Breitengrade, die heute für die Landwirtschaft von geringem Nutzen sind, insbesondere in Rußland und Kanada, plötzlich ein großes Potential zur Nahrungsmittelproduktion besitzen.) Mit der steigenden Temperatur wird auch der Meeresspiegel ansteigen, teils, weil die polaren Eiskappen weiter abschmelzen, teils, weil sich das Meerwasser bei seiner Erwärmung ausdehnt. Dadurch werden viele tiefliegende, dichtbesiedelte Regionen überflutet und andere verstärkt tropischen Stürmen ausgesetzt werden. Solange die Menschheit an der Verbrennung fossiler Brennstoffe festhält – der Hauptquelle des Kohlendioxids, das der Atmosphäre hinzugefügt wird –, besteht kaum eine Möglichkeit, seine Zunahme zu verhindern, obgleich es durch gemeinsame, internationale Anstrengungen gelingen könnte, den Anstieg zu verzögern. Langfristig wird sich die Gesellschaft zweifellos den zwangsläufig kommenden Veränderungen anpassen. Da sich diese Veränderungen jedoch selbst nach menschlichen Maßstäben rasch vollziehen, werden sie mit großer Wahrscheinlichkeit in vielen Teilen der Welt große Not und schwere Unruhen verursachen.

Es ist nicht auszuschließen, daß der Temperaturanstieg, der sich mit Sicherheit aus dem zusätzlichen Kohlendioxid in der Atmosphäre ergibt, dem Beginn einer neuen Eiszeit entgegenwirken wird. Nach Zeugnissen, die wie jene in Abbildung 12.4 über einen langen Zeitraum hinweg ausgewertet wurden, steht diese Eiszeit unmittelbar bevor. Es ist jedoch unwahrscheinlich, daß die beiden Effekte sich genau die Waage halten werden. Die meisten Wissenschaftler, die sich mit dem Problem befaßt haben, sind der Ansicht, daß die durch das CO_2 verursachte Erwärmung die Oberhand gewinnen wird und daß uns ein «Superinterglazial» – also eine außergewöhnlich lange Warmzeit – bevorsteht, das solange andauern wird, bis der Großteil unserer fossilen Brennstoffvorräte aufgebraucht ist. Zu diesem Zeitpunkt, in einigen Jahrhunderten, wird die Konzentration des atmosphärischen Kohlendioxids mindestens dreimal so hoch sein wie in vorindustriellen Zeiten. Ein großer Teil dieses zusätzlichen CO_2 wird nach und nach von den Meeren absorbiert werden, und ohne erneute Zufuhr wird seine atmosphärische Konzentration sinken. Dadurch wird die Erde schließlich in eine leicht verzögerte Eiszeit übergehen können.

In der langfristigen, geologischen Betrachtungsweise der Erde bilden die vom Menschen verursachten Veränderungen, wie beispiels-

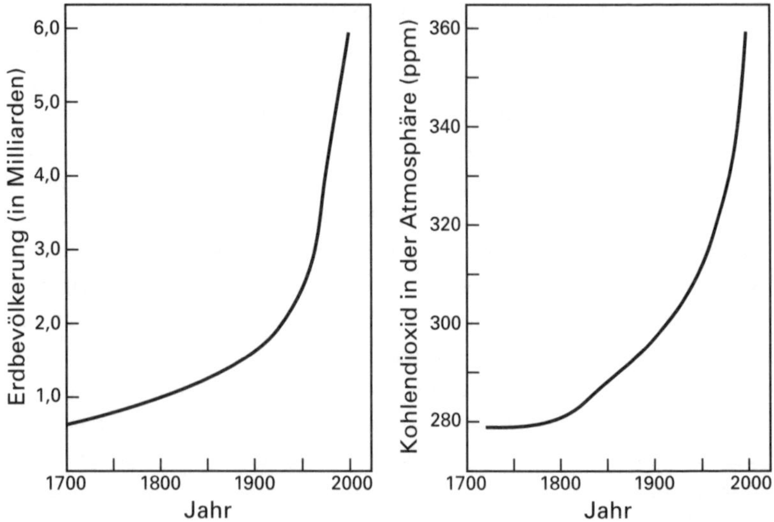

Abb. 13.1 Die Kurven zeigen die Veränderungen in der Erdbevölkerung (links) und im Kohlendioxidgehalt der Atmosphäre (rechts) seit etwa 1700 an. Die verwendeten Daten stammen aus verschiedenen Quellen. Die Konzentrationen des CO_2 werden in Teilen pro Million (ppm) dargestellt; Mitte der neunziger Jahre des zwanzigsten Jahrhunderts betrug der Kohlendioxidgehalt der Atmosphäre etwa 360 ppm. Obwohl die prozentualen Veränderungen in den beiden Fällen sehr verschieden sind, wird deutlich, daß die Zuwachsrate sowohl der Bevölkerung als auch des atmosphärischen Kohlendioxids in der zweiten Hälfte des zwanzigsten Jahrhunderts rapide gestiegen ist.

weise der erhöhte Kohlendioxidgehalt der Atmosphäre, nur geringfügige Störungen. Aus den vorigen Kapiteln sollte deutlich geworden sein, daß die Erde in der Vergangenheit weit einschneidendere Störungen der Umwelt erlebte, aber dennoch sind deren Spuren in den Gesteinen im allgemeinen sehr fein. Würden die Menschen morgen von dem Planeten Erde verschwinden, wären in einigen Millionen Jahren nur schwache Anzeichen unserer Existenz übriggeblieben. Doch aufgrund unserer begrenzten individuellen Lebenszeiten richten die meisten Menschen ihre Aufmerksamkeit eher auf die nähere Zukunft, und in diesen Maßstäben lassen sich dank unseres guten Verständnisses der Funktionsweise der Erde einige Voraussagen darüber machen, was uns möglicherweise erwartet.

Unsere begrenzten Rohstoffvorräte

Die Geologie als Wissenschaft bildete sich zum großen Teil infolge der Suche nach Rohstoffen heraus. Bis vor relativ kurzer Zeit gingen die meisten Leute, die professionell in den Geowissenschaften ausgebildet wurden, davon aus, daß sie in der Erdölindustrie oder im Bergbau Arbeit finden würden. Tatsächlich folgte die Zahl der Einschreibungen in den geologischen Seminaren der Colleges und Universitäten in ganz Nordamerika sehr genau den wirtschaftlichen Schwankungen der führenden Ölgesellschaften, den wichtigsten Arbeitgebern für die Hochschulabsolventen. Nach einer überaus langen Zeit niedriger Erdölpreise und mit einer stärkeren Gewichtung des Umwelt- und Naturschutzes in den letzten Jahren wandelt sich das Bild allmählich. Noch immer bilden aber die Entdeckung und Gewinnung von Rohstoffen, die für unsere komplexe Welt erforderlich sind, wichtige Aspekte der Geowissenschaften. Zudem sind in diesem Bereich die Arbeitsaussichten relativ sicher.

Von frühesten Zeiten an haben die Schürfer (in Ermangelung eines besseren Ausdrucks) mit Hilfe ihrer Intuition, Erfahrung und Intelligenz geologische Rohstoffe aufgespürt, die nützlich und gefragt sind. In der Neuzeit wurde ihrem Arsenal noch die moderne Technik, insbesondere die der Fernerkundung, hinzugefügt. Dadurch konnte die Suche nach Rohstoffen auf entlegene Regionen ausgeweitet werden, die zuvor schwer zugänglich gewesen waren, sowie auf die Tiefen der Ozeane und die unter der Erdoberfläche befindlichen Gebiete der Kontinente. Warum sind bei der Suche nach diesen Bodenschätzen solche Anstrengungen nötig? Die Antwort lautet: Auch wenn selbst in den alltäglichsten Materialien nahezu alle chemischen Elemente des Periodensystems in winzigen Mengen enthalten sind – der Ozean enthält gelöstes Gold, der Boden im Garten Kupfer –, sind sie sehr fein verteilt und lassen sich auf keine ökonomische Art und Weise gewinnen. Selbst Aluminium, das dritthäufigste Element in der Erdkruste, kann nicht ohne weiteres an jedem beliebigen Ort geschürft werden. Während der Erdgeschichte wurden jedoch durch geologische Prozesse Aluminium und viele andere Elemente angereichert und wertvolle Lagerstätten gebildet. Der Trick besteht darin, herauszufinden, wie diese Prozesse abliefen. Und mit diesem Wissen läßt sich die Suche nach Rohstoffvorkommen auf jene beschränken, die unter angemessenem Kostenaufwand abgebaut werden können. Die Erforschung derartiger Fundorte, die auf einem immer höheren technischen Standard betrieben wird, ist noch immer im Gange. Doch ausgedehnte Gebiete der Erde wurden bereits sehr detailliert erkundet, und die Geschwindigkeit, mit der neue Entdekkungen aufeinanderfolgen, hat abgenommen. Neue Maschinen ermöglichen die Gewinnung gewünschter Rohstoffe aus Lagerstätten, die einst für wertlos gehalten wurden. Aber dennoch sind die geologischen Ressourcen nicht unerschöpflich. Ihre Anreicherung erfolgte über mehrere Milliarden Jahre der Erdgeschichte hinweg, und nach menschlichen Zeitmaßstäben lassen sie sich nicht erneuern. In einigen Fällen brauchen wir sie innerhalb von Jahrzehnten auf.

Das herausragende Beispiel für dieses Phänomen betrifft das Erdöl. Aufgrund seiner enormen Bedeutung für die moderne Gesellschaft wurde die Entstehung und Verbreitung von Erdöllagerstätten sehr genau untersucht, und Milliarden Dollar wurden für die Erforschung und Gewinnung dieses Rohstoffes aufgewendet. Obwohl an die Erdoberfläche empordringendes Rohöl seit Jahrtausenden bekannt war und zu vielerlei Zwecken verwendet wurde, wurde die erste Ölquelle 1859 in Pennsylvania angebohrt. Zu dieser Zeit als «Drake's Folly» (Drakes Torheit) bekannt und belächelt, brachte dieses kleine Unternehmen eine gigantische, globale Industrie hervor, die praktisch jeden Winkel der Erde erfaßt hat. Doch bereits ein Jahrhundert nach der ersten Nutzung dieser Quelle, als Tag für Tag Millionen Barrel Öl (1 Barrel = 159 Liter) aus der Erde gepumpt wurden, prophezeiten erste vorsichtige Stimmen, daß unser hemmungsloser Verbrauch dieses nicht erneuerbaren Rohstoffes schreckliche Folgen haben werde. Obwohl sich einige der extremeren Prophezeiungen nicht bewahrheitet haben, hauptsächlich aufgrund einer effizienteren Energienutzung, einer globalen Verlangsamung des wirtschaftlichen Wachstums und der Entdeckung neuer Lagerstätten, besteht kein Zweifel daran, daß uns Öl und Erdgas früher oder später ausgehen werden. Es ist lediglich eine Frage der Zeit. Obgleich die geologischen Erdölvorkommen über Millionen von Jahren hinweg entstanden sind, werden sie nur ein paar *hundert* Jahre lang für unseren übermäßigen Verbrauch verfügbar sein!

Der Rohstoff, mit dem wir so verschwenderisch umgehen, die Substanz, die unsere Häuser heizt und unsere Autos antreibt, ist in

Wirklichkeit die Sonnenenergie früherer Zeitalter, die von der Natur als Erdöl gespeichert wurde. Chemisch betrachtet besteht Erdöl größtenteils aus Kohlenstoff, in Verbindung mit 15 bis 20 Prozent Wasserstoff. Es entsteht nur in ganz bestimmten geologischen Regionen, nämlich in den schlammigen Sedimenten, die in warmen Flachmeeren abgelagert werden. An diesen Stellen sammeln sich die organischen Überreste des Planktons, der kleinen, schwebenden Organismen, die an der sonnenbeschienenen Oberfläche der Ozeane leben, schnell auf dem Meeresboden an und werden versenkt. Die Versenkung bewahrt die organischen Überreste vor der Zerstörung, doch über komplexe Prozesse wird dieses fein verteilte, kohlenstoffhaltige Material in Erdöl umgewandelt. Die wichtigsten Faktoren sind offenbar Temperatur und Zeit. Während das organische Material immer tiefer begraben wird, steigen die Temperaturen an, denen es ausgesetzt ist. Der günstigste Temperaturbereich für die Erzeugung von Erdöl liegt anscheinend zwischen 65 und 150° Celsius, was üblicherweise Tiefen von mehreren Kilometern entspricht. Doch selbst wenn das organische Material in Öl umgewandelt ist, läßt es sich nicht ohne weiteres aus den feinkörnigen Sedimenten herausholen, in denen es entstand. Nur wenn es in grobkörnigem Material mit großem Porenvolumen vorkommt, beispielsweise in Sandstein, läßt es sich leicht gewinnen. Glücklicherweise ist Öl eine Flüssigkeit geringer Dichte – es schwimmt auf dem Wasser – und steigt mit der Zeit nach oben, bisweilen in benachbarte Gesteinsformationen. Die meisten ergiebigen Ölfelder sind somit nicht in den Gesteinen anzutreffen, wo das Erdöl entstand, sondern in benachbarten, porösen Gesteinsschichten.

Bereits diese rudimentären Informationen erleichtern die Aufgabe der Erdölforschung ungemein. Da zur Entstehung von Erdöl eine große Anzahl mariner Lebewesen nötig ist, ist es unwahrscheinlich, daß Gesteine aus der präkambrischen Zeit, in der es nur spärliches Leben gab, Erdöl enthalten. Das gleiche gilt für stark metamorphe Gesteine jedes Zeitalters, da sie derart hohen Temperaturen ausgesetzt waren, daß jegliches Erdöl, das sie vielleicht einmal enthielten, zerstört wurde. Die wichtigsten Ziele für die Suche nach Öl waren also mächtige Ansammlungen phanerozoischer Sedimente, die in Flachmeeren entlang der Ränder heutiger oder früherer Kontinente entstanden oder auch in den Binnenmeeren, die periodisch Teile der

Kontinente überfluteten. Die Erkenntnisse, die durch Bohrungen in diesen Regionen gesammelt wurden, ermöglichen auch ziemlich exakte Voraussagen über die noch unentdeckte Menge an Öl und Gas. Diese Voraussagen, in Verbindung mit Schätzungen, wie schnell Erdölvorräte in der Zukunft erschöpft sein werden, lassen darauf schließen, daß die Menschen in hundert Jahren den Großteil des auf der Welt vorkommenden Erdöls aufgebraucht haben werden (siehe Abb. 13.2). Leider verschleiern die relativ rosigen Kurzzeitperspektiven leicht den Grund zur Sorge über langfristige Knappheiten, die mit Sicherheit eintreten werden. Alternative Energiequellen müssen ebenso entwickelt werden wie Rohstoffe, die das Erdöl ersetzen, welches für so verschiedenartige Produkte wie Kleidung aus Polyester, Düngemittel und Medikamente verwendet wird. Dies sollte besser heute als morgen geschehen.

Obwohl Erdöl und Erdgas alarmierende und ernüchternde Beispiele liefern, werden auch viele andere Bodenschätze mit einer Geschwindigkeit aufgebraucht, die keinesfalls beibehalten werden kann. Zudem ist die Verbreitung dieser Materialien genau wie die von Erdöl und Erdgas von geologischen Faktoren abhängig und nicht von politischen Grenzen. Somit ist die Abhängigkeit der modernen Industriegesellschaft von bestimmten Rohstoffen besonders bedenklich. Ein gutes Beispiel liefert das Element Kobalt, ein wesentlicher Bestandteil der Legierungen, die für Dauermagnete, Düsentriebwerke und andere Hochleistungsgeräte verwendet werden. Die Vereinigten Staaten, ja die meisten Industrienationen verfügen im Grunde über keine eigenen Kobaltvorkommen. In den späten siebziger Jahren trieb der Bürgerkrieg in Zaire, einem führenden Kobaltlieferanten, den Preis dieses Rohstoffs auf mehr als das Zehnfache seines früheren Wertes hoch. Die Knappheit war nicht von langer Dauer, aber dennoch war es eine deutliche Mahnung, daß die Vorräte an Bodenschätzen begrenzt sind.

Einige Fanatiker der Weltraumforschung haben vorgeschlagen, daß der Mond oder sogar die Asteroiden als zukünftige Rohstoffquellen für die Erde dienen könnten. Es stimmt zwar, daß alle notwendigen chemischen Elemente auf dem Mond vorhanden sind, doch ihre Gewinnung würde riesige Energiemengen erfordern. Im Gegensatz zur Erde haben die geologischen Prozesse auf dem Mond selten zu Mineralablagerungen geführt, wie wir sie kennen. Ein

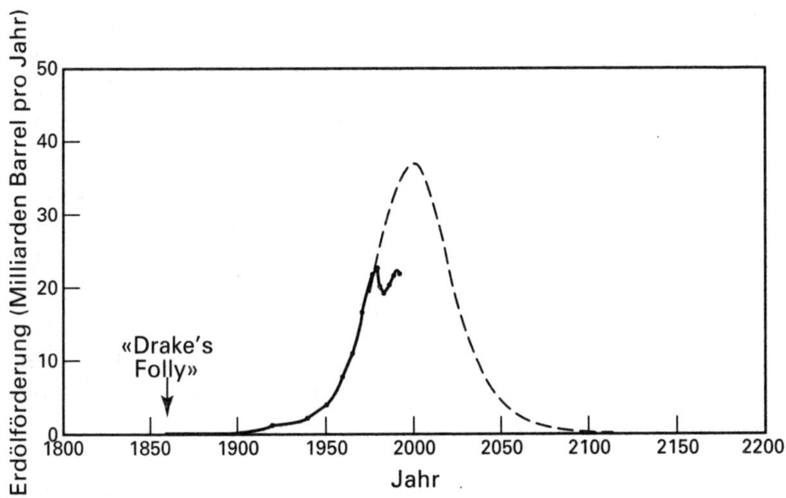

Abb. 13.2 Die dicke Linie zeigt eine vereinfachte Kurve der weltweiten Erdölförderung. Die Kurve erstreckt sich vom Jahr 1859, als die erste Ölquelle angebohrt wurde, bis 1991. Die Punkte entlang der Kurve zeigen die tatsächlichen Fördermengen nach dem Jahrbuch *International Petroleum Encyclopedia* (PennWell Publishing Company) an. Die gestrichelte Linie gibt eine «optimistische» Voraussage der zukünftigen Ölförderung, die der Geologe M. King Hubbert, vom U.S. Geological Survey, 1969 machte. Die Voraussage basiert auf seiner günstigsten Schätzung der Menge bekannter und unentdeckter Ölreserven. Auch wenn der Rückgang des Erdölverbrauchs in den frühen achtziger Jahren die Zeit, in der reichlich Öl vorhanden ist, ein wenig weiter in die Zukunft verschieben wird, geht aus der Abbildung doch klar hervor, daß wir zu den wenigen Menschengenerationen gehören, die die Vorteile dieses Rohstoffes genießen können.

erstaunlich großer Teil der Mechanismen zur Anreicherung von Bodenschätzen auf unserem Planeten funktioniert nämlich nur, wenn Wasser in flüssiger Form vorhanden ist. Einige Ablagerungen werden direkt aus dem Meer ausgefällt, beispielsweise die in Kapitel 4 behandelten gebänderten Eisenerze, die den Ursprung eines Großteils unseres Eisens bilden. Andere wiederum sind Produkte der vom Wasser unterstützten Verwitterung: Aluminium wird angereichert, wenn die hohe Niederschlagsmenge und die warmen Temperaturen der tropischen Regionen nahezu alle übrigen Bestandteile des lokalen Muttergesteins herauslösen und lediglich das unlösliche, aluminiumhaltige Mineral Bauxit zurücklassen. Gold sowie viele andere wertvolle Metalle kommen im allgemeinen in sogenannten Gängen vor, da sie dort aus heißen, wasserhaltigen Lösungen abgelagert wurden, die durch Spalten in den Gesteinen der Erdkruste strömten. Aus Gründen, die mit der Entstehung des Mondes zusammenhängen, gibt es dort jedoch kein Wasser, und die meisten Vorgänge, durch die auf der Erde Mineralien angereichert werden, haben dort nie stattgefunden. Folglich sind ökonomisch wertvolle Elemente in den Gesteinen des Mondes lediglich in fein verteilter Form anzutreffen. Das unersättliche Verlangen der modernen Gesellschaft nach Rohstoffen muß – zumindest in der nahen Zukunft – offenbar durch irdische Quellen befriedigt werden. Dies kann durch die Entwicklung von Methoden einer effizienten Rohstoffgewinnung aus Erzen geringerer Anreicherung geschehen, durch die Erhaltung und Wiederverwertung wertvoller Materialien und durch die Entwicklung von Ersatzstoffen für einige der seltensten Mineralien und Elemente. Somit hat sich die Rolle der Geowissenschaftler gewandelt (zumindest teilweise), nämlich von einfachen Ausbeutern der reichhaltigen Mineralvorkommen der Erde zu Verwaltern dieser Vorräte, die, wie inzwischen erwiesen ist, begrenzt sind. Geologen verfügen über das nötige Wissen, um die langfristigen Konsequenzen abschätzen zu können, die sich aus dem Verbrauch wichtiger Materialien im derzeitigen Tempo ergeben, und einige haben sich der Verantwortung gestellt, die Regierungen wie auch die ganze Bevölkerung vor den wahrscheinlichen Auswirkungen eines derartigen Verbrauchs zu warnen.

Die Gefahr eines Einschlags

Die geologischen Urkunden lassen kaum Zweifel daran, daß es in der Zukunft der Erde zu Einschlägen kommen wird. Die aktuelle Diskussion der Wissenschaftler konzentriert sich auf die Fragen, wie groß die Wahrscheinlichkeit eines gewaltigen Einschlags mit weitreichenden Schäden ist und ob es Mittel und Wege gibt, eine solche Katastrophe zu verhindern.

Die Beweise für einen riesigen Einschlag vor 65 Millionen Jahren, der eine globale Krise auslöste, welche möglicherweise zur Vernichtung der Dinosaurier und vieler anderer Kreaturen führte, wurden in

Kapitel 10 erläutert. Bei dem Himmelskörper, der die Katastrophe an der K-T-Grenze verursachte, handelte es sich wahrscheinlich um einen Asteroiden, der in eine Umlaufbahn gelangte, die sich mit der Erdbahn überschnitt. Es ist allgemein anerkannt, daß sehr große Ereignisse wie der K-T-Einschlag selbst nach der geologischen Zeitrechnung selten sind, doch häufig wird der Umstand übersehen, daß Hunderte, möglicherweise sogar Tausende Asteroiden mit mehr als etwa 100 Meter Durchmesser (die somit erheblichen Schaden anrichten könnten, würden sie auf unserem Planeten einschlagen) exakt zum gegenwärtigen Zeitpunkt auf Umlaufbahnen kreisen, die die Erdbahn kreuzen. Jeder dieser Asteroiden kann theoretisch auf der Erde einschlagen, und die geologischen – und sogar historischen – Zeugnisse lassen erkennen, daß derartige Kollisionen in der Vergangenheit regelmäßig stattgefunden haben.

Wie groß ist die Wahrscheinlichkeit, daß sich solche Kollisionen wiederholen werden, und welchen Schaden werden sie anrichten? Derzeit werden erhebliche Anstrengungen unternommen, um diese Fragen zu beantworten. Obwohl Voraussagen immer einen gewissen Unsicherheitsfaktor enthalten, ist die Bedrohung so reell, daß bereits ernsthaft die Möglichkeit einer frühzeitigen Identifizierung und eventuell sogar Ablenkung jener Objekte erörtert wurde, die sich augenscheinlich auf Kollisionskurs mit der Erde befinden. Kürzlich führten Clark Chapman vom Planetary Science Institute in Tucson, Arizona, und David Morrison vom Ames Research Center der NASA in Kalifornien eine Analyse durch, die 1994 in der wissenschaftlichen Zeitschrift *Nature* veröffentlicht wurde: Sie sagten voraus, mit einer Wahrscheinlichkeit von eins zu zehntausend werde während des nächsten Jahrhunderts ein Asteroid von ausreichender Größe, um die Umwelt zu zerstören und einen Großteil der Erdbevölkerung zu töten, auf der Erde einschlagen. Die Wahrscheinlichkeit ist also sehr gering, doch aufgrund der überaus hohen Zahl der Toten, die ein solcher Einschlag mit sich brächte, ist rein statistisch die Wahrscheinlichkeit, durch einen Einschlag zu sterben, für Otto Normalverbraucher ungefähr gleich groß wie die, bei einem Flugzeugabsturz ums Leben zu kommen. Die Sicherung des Luftraums ist ein berechtigtes Anliegen sowohl der Regierungen als auch der Bürger; sollte nicht ebenfalls die Aufspürung eines Asteroiden ein solches Anliegen sein?

Die erforderlichen Hinweise, um abzuschätzen, wie groß die Wahrscheinlichkeit eines Einschlags ist, stammen aus verschiedenen Quellen, einschließlich der geologischen Urkunden. Da uns die Atmosphäre vor kleineren Himmelskörpern schützt – sie verglühen durch die Reibungserwärmung, ehe sie die Erdoberfläche erreichen – und da Verwitterung und plattentektonische Vorgänge die Landschaft ständig verändern, ist die Oberfläche unseres Planeten nicht gerade dicht mit Kratern übersät, verglichen mit einigen unserer Nachbarn. Dennoch gibt es viele gut dokumentierte Beispiele von Einschlägen. Der Meteoritenkrater in Arizona wurde bereits erwähnt; es handelt sich hierbei um eine relativ junge und weithin bekannte Einschlagsformation. Viele terrestrische Krater weisen eine enorme Größe auf und wurden zunächst erst an ihrer runden Form erkannt, nachdem sie durch Luft- oder Satellitenbeobachtung gesichtet worden waren. Alte, abgetragene Teile der Erdkruste, beispielsweise der präkambrische Kanadische Schild in Nordamerika, enthalten viele alte Krater. Glücklicherweise trug die Verschüttung unter einer Schicht von Sedimentgesteinen und Erde zu ihrer Erhaltung bei, bis diese schützende Decke durch die kürzliche Vereisung der Nordhalbkugel abgeschabt wurde und die Krater somit wieder an der Oberfläche freilagen. Über die gründliche Untersuchung der Größen und Alter dieser sowie anderer Krater erhielten Geologen eine Datensammlung, die die Häufigkeit eines Einschlags von Körpern unterschiedlicher Größen dokumentiert. Ähnliche, jedoch noch umfassendere Indizien stammen aus Untersuchungen von Kratern auf dem Mond (siehe Abb. 3.1), der keine schützende, kleinere Körper abfangende Atmosphäre besitzt und auf dem sich keine Vorgänge wie Verwitterung oder Plattentektonik abspielen, welche die Krater auf der Erde zerstören. Somit geben große Teile der Mondoberfläche stummes Zeugnis ab von sämtlichen Einschlägen, die sich im Verlauf von Jahrmilliarden ereigneten.

Die zusammengetragenen Hinweise lassen darauf schließen, daß am untersten Ende des Größenspektrums ein Himmelskörper mit derselben Energie wie die Atombombe, die am Ende des Zweiten Weltkriegs über Hiroshima abgeworfen wurde (das heißt 20 Kilotonnen TNT), *jedes Jahr* mit der Erde kollidiert! Nach ihrer tatsächlichen physischen Größe sind diese Objekte klein; die Atmosphäre schützt uns vor ihren Auswirkungen, und sie verglühen oder explodieren infolge der Reibung sehr hoch über der Erdoberfläche. Abgesehen von der Tatsache, daß sie von Überwachungssatelliten registriert werden, sind wir uns nicht einmal ihrer Existenz bewußt. Selbst hundertmal so energiereiche Objekte, von denen in jedem Jahrhundert ein oder zwei zu erwarten sind, werden von der Erdoberfläche ferngehalten. Doch es treiben sehr viel größere Asteroidenstücke in der Nähe der Erde umher, und in der relativ jungen Vergangenheit gab es gut dokumentierte Fälle sowohl von Beinahezusammenstößen als auch von tatsächlichen Einschlägen. Im Jahr 1989 kam es um ein Haar zu einem Zusammenstoß, als ein Asteroid von mehreren hundert Metern Durchmesser, Schätzungen zufolge mit einer Energie von mehr als 1000 Megatonnen TNT, in einer Entfernung an uns vorüberzog, die weniger als das Doppelte der Distanz zwischen Erde und Mond betrug. Eine etwas andere Umlaufbahn hätte womöglich bewirkt, daß das Objekt auf die Erde gestürzt wäre, was katastrophale Folgen gehabt hätte. Der Asteroid hätte mit Sicherheit die Erdoberfläche erreicht und einen Krater von mehreren Kilometern Durchmesser ausgeworfen (oder bei einem Aufprall im Ozean gigantische Wellen ausgelöst). Er hätte bei einer Kollision mit der Erde ungefähr hundertmal verheerendere Auswirkungen gehabt als das in Kapitel 3 erwähnte Objekt, das 1908 über Sibirien in der Atmosphäre explodierte. Dieser sogenannte Tunguska-Einschlag wurde in Europa durch atmosphärische Schockwellen registriert, und als Wissenschaftler den entlegenen Ort viele Jahre nach dem Ereignis schließlich erreichten, fanden sie über ein Gebiet von mehr als 2000 Quadratkilometern hinweg umgelegte Wälder vor sowie Beweise, daß die Explosion nahe dem Zentrum der betroffenen Region einige Feuer entfacht hatte. Keine Bruchstücke von Asteroiden sind je gefunden worden, doch jüngsten Berechnungen zufolge handelte es sich wahrscheinlich um ein felsiges Objekt, das in einer Höhe von etwa 10 Kilometern in der Atmosphäre explodierte. Glücklicherweise war das Einschlagsgebiet unbewohnt; ansonsten hätte die Explosion schlimme Konsequenzen gehabt.

Große Einschläge sind selten, doch ihre Auswirkungen können so verheerend sein, daß sie eine geologische Gefahr darstellen, die sich ihrem Wesen nach von nahezu allen anderen Risiken völlig unterscheidet. Kollisionen wie jene, die die Kreidezeit beendete, werfen so viele feine Trümmer in die Atmosphäre aus, daß – abgesehen von dem Licht der Brände, die durch den Einschlag entfacht werden – der ganze Erdball für einige Zeit in Dunkelheit getaucht würde. Selbst deutlich kleinere Einschläge könnten das die Erde erreichende Licht der Sonne noch immer so sehr reduzieren, daß die Landwirtschaft womöglich für mehr als eine Wachstumsperiode zum Erliegen käme – die Folgen wären katastrophal: Menschen und Gemeinwesen auf dem ganzen Globus wären davon betroffen; kein Land bliebe verschont und wäre in der Lage, anderen in ihrer Not zu helfen, wie es bei Überschwemmungen, Erdbeben oder Dürren der Fall ist. Glücklicherweise sind die wirklich großen Objekte mit Durchmessern von einem Kilometer oder mehr im Weltall sehr leicht zu entdecken. Mit Hilfe technischer Geräte ist es möglich, die Umlaufbahnen solcher Körper ausfindig zu machen und zu verfolgen. Außerdem haben wir Glück, daß hochauflösende Teleskope und gründliche Beobachtungen wahrscheinlich eine ausreichende Frühwarnung (mindestens einige Jahre) gewährleisten, um eine Abwehrstrategie zu entwickeln. Maßnahmen können in die Wege geleitet werden, mit denen ein Einschlag der Objekte verhindert wird, die sich erwiesenermaßen auf Kollisionskurs mit der Erde befinden. Einen Asteroiden abzulenken ist ein sehr teures Unterfangen, doch wahrscheinlich würden sich wenige Menschen über die Kosten beklagen, wenn es darum ginge, die Erde vor potentieller Verwüstung zu schützen.

Vulkane und Erdbeben

Große Erdbeben und Vulkanausbrüche stellen eine wesentlich näher liegende, wenn auch lokal begrenztere Gefahr für die Gesellschaft dar. Solche Phänomene haben die meisten Menschen vor Augen, wenn sie sich geologische Katastrophen vorstellen. Mit dem gegenwärtigen Wissen über die Funktionsweise der Erde ist es relativ einfach, Voraussagen über die Wahrscheinlichkeit dieser Ereignisse zu machen. Es läßt sich mit nahezu hundertprozentiger Sicherheit voraussagen, daß San Francisco oder Tokio irgendwann in den nächsten Jahrhunderten von einem großen und äußerst verheerenden Erdbeben heimgesucht werden. Es ist jedoch noch nicht möglich, lange im voraus zu sagen, wann genau dies stattfinden wird oder, was ebenso wichtig ist, welches Ausmaß ein solches Erdbeben haben wird. Bei den kurzfristigeren Voraussagen werden jedoch ständig Fortschritte erzielt. In den meisten Fällen ist dies mit einer sorgfältigen Überwachung der Regionen verbunden, die ein hohes Risiko aufweisen. Dabei benutzen Geologen sowohl Instrumente als auch einfache Beobachtung. In einigen Fällen wurden umfangreiche Evakuierungen durchgeführt, als sie eine unmittelbare Gefahr zu erkennen glaubten.

Das vielleicht bekannteste Beispiel ist die im Jahr 1975 durchgeführte Evakuierung der Vulkaninsel Guadeloupe in der Karibik, als unheilvolle Vorboten darauf hinwiesen, daß ein Ausbruch unmittelbar bevorstehe. Er blieb aber aus. Da keine Katastrophe eintrat, wurden die Inselbewohner drei Monate später wieder in ihre Heimat zurückgeschickt. Es entspann sich eine heftige Diskussion über den Sinn der Evakuierung und natürlich über die Genauigkeit der Voraussagen. Doch die Natur hat ihre Launen, und es wird noch lange dauern, bis wir mit annähernd hundertprozentiger Sicherheit erkennen, welche Arten von Signalen wirklich einen Vulkanausbruch oder ein Erdbeben ankündigen. Bis dahin wird es wahrscheinlich weitere Fehlwarnungen geben, doch auf die Dauer tut man wohl besser daran, sie zu beachten, als sie zu ignorieren. Zu dieser ernüchternden Einsicht gelangten die Menschen kurz nach der Episode um Guadeloupe. Geologen warnten in Kolumbien davor, daß selbst ein kleinerer Ausbruch des Vulkans Nevado del Ruiz den Schnee und das Eis auf seinem Gipfel zum Schmelzen bringen könnte. Dadurch würden mächtige Ströme von Vulkanasche und Schlamm ausgelöst, die die Stadt Armero in Gefahr brächten. Diesmal wurden die Warnungen ignoriert, und nur wenige Monate später brachen die prophezeiten Schlammströme herein; 25 000 Menschen kamen ums Leben.

Wie bei der Behandlung der Plattentektonik in Kapitel 5 deutlich geworden ist, besteht entlang der Plattengrenzen die größte Wahrscheinlichkeit sowohl für Vulkanausbrüche als auch für Erdbeben. Orte, an denen die Platten an Subduktionszonen konvergieren, sind am stärksten gefährdet. Ein rascher Blick auf Abbildung 5.2 zeigt auch, daß viele dieser Regionen eine hohe Bevölkerungsdichte aufweisen: Ein Großteil der Westküste Nord-, Mittel- und Südamerikas, Japan und Indonesien sowie Teile des Mittelmeerraums befinden sich in der Nähe von Subduktionszonen. All diese Gebiete wurden in ihrer dokumentierten Geschichte – und werden auch in Zukunft –

von Erdbeben und Vulkanismus heimgesucht. In den meisten Regionen finden die Katastrophen jedoch in relativ großen Zeitabständen statt, die häufig eine Generation oder mehr auseinanderliegen. Daher sind sie im allgemeinen Bewußtsein nur schwach verankert.

Selbst wenn die relativ kurzfristige geologische Gefahr auf der Hand liegt, ist die Reaktion darauf im besten Falle wohl gedämpft. San Francisco, eine der schönsten, doch gleichzeitig – im Hinblick auf das Risiko eines Erdbebens – eine der gefährlichsten Städte der Vereinigten Staaten, gilt als eine der attraktivsten Wohngegenden des Landes und hat entsprechend hohe Grundstückspreise. Die Stadt liegt zwar nicht an einer Subduktionszone, doch die San-Andreas-Störung verläuft direkt durch sie hindurch. Auch einige andere große Störungen liegen in dieser Region. Das berüchtigte Erdbeben im Jahr 1906 (verursacht durch einen Bruch entlang der San-Andreas-Störung) und die folgenden Brände, die in ihrer Gesamtheit einen Großteil der Innenstadt zerstörten, werden noch immer häufig in der Presse erwähnt, doch die damit verbundenen Implikationen werden von den meisten heutigen Einwohnern verdrängt. Lieber genießen sie die Schönheit der Stadt und setzen darauf, daß das nächste große Erdbeben nicht in nächster Zukunft stattfinden wird. Doch es wird, von der Plattentektonik ausgelöst, zwangsläufig eintreten, und auch moderne Baumethoden werden keinen Schutz davor bieten – allenfalls hält sich der Schaden in Grenzen. Im Jahr 1989 beschädigte ein Erdbeben Gebäude und Brücken in San Francisco und Umgebung, das sehr viel kleiner war als das von 1906 und das sich fast 100 Kilometer südlich der Stadt, in der Nähe von Santa Cruz, ereignete. 65 Menschen kamen dabei ums Leben. Vielen anderen Weltstädten drohen ähnliche Gefahren durch geologische Vorgänge, wobei die Ereignisse mit nahezu hundertprozentiger Sicherheit in Zeitabständen zwischen einigen Dutzend und einigen hundert Jahren eintreten werden.

Glücklicherweise ist die Zerstörung durch ein Erdbeben lokal begrenzt. Wenn die Erdbeben jedoch im Meer auftreten, können sie riesige Tsunamis erzeugen, die ganze Ozeanbecken durchqueren und in ausgedehnten Teilen des Erdballs erheblichen Schaden anrichten können. Obwohl sich diese gigantischen Wellen rasch ausbreiten, kündigen sie sich normalerweise rechtzeitig durch warnende Vorzeichen an, so daß sich die Bewohner jener Küsten, die wahrscheinlich davon betroffen sind, darauf vorbereiten und zumindest die tiefliegenden Gebiete verlassen können. Sehr große Vulkanausbrüche können ebenso Konsequenzen haben, die weit jenseits ihrer unmittelbaren Umgebung spürbar sind. In Kapitel 10 wurde erwähnt, daß der Ausbruch des Vulkans Pinatubo auf den Philippinen im Jahr 1991 infolge des in die Atmosphäre geschleuderten vulkanischen Aerosols, hauptsächlich Schwefeldioxid, für einige Jahre zu einem globalen Temperaturrückgang führte. Unmittelbar nach den ersten Ausbrüchen befand sich soviel Vulkanstaub in der Atmosphäre, daß Linienflugzeuge, die Routen über den Pazifik flogen, wegen des Verschleißes alle paar Tage ihre Windschutzscheiben ersetzen lassen mußten. Auf denselben Staub waren die eindrucksvollen Sonnenuntergänge zurückzuführen, die auf der ganzen Welt über ein Jahr lang zu beobachten waren.

Viele Vulkanausbrüche in der Vergangenheit haben in den geologischen Urkunden leicht aufspürbare Ascheschichten hinterlassen, die häufig einige Zentimeter dick sind und sich über Zehntausende von Quadratkilometern erstrecken. Der größte Ausbruch in der jüngeren Geschichte ereignete sich 1815 auf der Insel Sumbawa in Indonesien, als der Vulkan Tambora ausbrach. Laut den Aufzeichnungen europäischer Beamter, die sich damals in der Region aufhielten, hörte man noch in einer Entfernung von 1500 Kilometern die Detonationen, von denen der Ausbruch begleitet war. Auf der Insel Java, Hunderte Kilometer westlich des Tambora, war es aufgrund der Asche tagsüber so finster wie in der Nacht. Die Vulkanasche, die in die Atmosphäre geschleudert wurde, war mit ziemlicher Sicherheit auch für das ungewöhnlich kalte Wetter auf dem ganzen Erdball verantwortlich, das dem Ausbruch folgte. In einem lesenswerten kleinen Buch über Vulkanismus und Klima dokumentierten Henry und Elizabeth Stommel sorgfältig den kalten, nassen (und sogar verschneiten) Sommer des Jahres 1816 in Neuengland, Europa und an weiteren Orten, der auf den Ausbruch des Tambora folgte.

Es liegen so viele Daten zu jüngeren, sorgfältig beobachteten Vulkanausbrüchen wie zum Beispiel des Pinatubo vor, daß kein Zweifel daran besteht, daß die riesige Menge an Asche und Schwefeldioxid aus dem Tambora sich entscheidend auf die Menge an Sonnenenergie auswirkte, welche die Erdoberfläche erreichte. Die Erde kühlte sich infolgedessen beträchtlich ab. Tatsächlich haben einige

Forscher darauf hingewiesen, daß die größten vulkanischen Ereignisse der geologischen Urkunden, die in ihrem Ausmaß den Ausbruch des Tambora um ein Vielfaches übersteigen, imstande gewesen wären, «vulkanische Winter» herbeizuführen, möglicherweise über mehrere Jahre hinweg. Mit einiger Sicherheit werden sich solche Ausbrüche in der Zukunft ereignen, und sie könnten auf die menschliche Gesellschaft fast ebenso zerstörerische Auswirkungen haben wie die großen Einschläge, von denen in diesem Kapitel bereits die Rede war. Es ist auch nicht auszuschließen, daß die auf ein solches Ereignis folgende globale Abkühlung, wenn ansonsten günstige Bedingungen für eine Vereisung herrschen, den notwendigen Anstoß geben könnte, um die Erde in eine Eiszeit zu stürzen.

Es leuchtet ein, daß die Geologie nicht an Staatsgrenzen gebunden ist. Vielmehr sind ihre reichen Gaben in Form von Mineral- und Energieressourcen aus der Erde, ebenso wie ihre Gefahren, der heutige Ausdruck geologischer Vorgänge, die seit Millionen, wenn nicht gar Milliarden Jahren ablaufen. Diese Vorgänge können das Gesicht der Erde radikal wandeln, das Klima auf dramatische Weise verändern und sogar den Verlauf der Evolution beeinflussen. All dies wissen wir durch Untersuchungen der geologischen Zeugnisse, das heißt der Spuren, die in den Gesteinen erhalten sind. Da diese Zeugnisse ständig weiter entschlüsselt werden, wird sich mit immer größerer Gewißheit voraussagen lassen, was uns erwartet. Ferner wird es möglich sein, festzustellen, auf welche Weise die Handlungen des Menschen – jenes Urhebers geologischer Veränderungen, der erst in jüngster Zeit auf der Bildfläche erschienen ist – die fortlaufenden, natürlichen geologischen Zyklen stören. Und, was vielleicht ebenso befriedigend ist, wir werden mit noch größerer Klarheit die Ursprünge der Landschaften erkennen, voller geologischer Geschichte, die wir jeden Tag unseres Lebens um uns finden.

Danksagung

Ein Buch wie dieses kommt nur dank der Mithilfe zahlreicher Menschen zustande. Besonderen Dank schulde ich all meinen Kollegen – Mitarbeitern, Studenten und Freunden, ehemaligen wie jetzigen – an der Scripps Institution of Oceanography, von denen ich in all den Jahren eine Menge gelernt habe. Sie erfüllten die Scripps Institution mit einer Atmosphäre, in der ich jeden Tag angeregt forschen und lehren konnte. Ohne dieses Umfeld hätte ich das vorliegende Buch sicher nie begonnen oder wäre mein anfänglicher Elan rasch verflogen.

Zu Hause ertrug meine Frau Sheila ohne große Klage zahlreiche triste Abende und Wochenenden, während ich an diesem Buch schrieb, wofür ich ihr ewig zu Dank verpflichtet bin. Versuchskaninchen für die Rohfassung spielten meine Kinder Christopher und Katherine; sie erklärten, daß es für Laien gut lesbar und verständlich sei und daß sie bei der Lektüre nicht sofort eingeschlafen seien.

Al Levinson, der mir ständig zur Seite stand, las Teile des Manuskripts und gab viele nützliche Anregungen. Rick Balkin war mir häufig eine große Hilfe und Stütze, wofür ich ihm sehr dankbar bin. Guy Tapper zeichnete oder reproduzierte innerhalb von kurzer Zeit fachmännisch sämtliche Illustrationen, und durch seine Bemühungen hat dieses Buch beträchtlich gewonnen. Im Verlag John Wiley & Sons hat sich Emily Loose begeistert des Projektes angenommen und das Manuskript sicher um etliche Klippen gelotst, damit das Buch rechtzeitig erschien. Ihnen allen meinen herzlichen Dank.

Glossar

Akkretion In bezug auf die Entstehung der Erde der Vorgang, in dessen Verlauf feste, die Sonne umkreisende Materie angehäuft wurde, aus der sich die Erde bildete. Die Größe der einzelnen Teilchen reichte von der eines Sandkorns bis hin zu der planetenartiger Objekte vergleichbar mit dem Mars.

Aktualismus Das Prinzip, daß heutzutage zu beobachtende geologische Vorgänge in der Vergangenheit auf die gleiche Weise verlaufen sind.

Andesit Vulkanisches Gestein, charakteristisch für Vulkane, die in Subduktionszonen entstanden sind. Die Bezeichnung wurde von den Anden abgeleitet.

Angiospermen Blütenpflanzen. Der für die Evolution bedeutende Vorteil dieser Pflanzen besteht darin, daß die Blüten Insekten anziehen, die Pollen von einer Blüte zur nächsten transportieren und somit die Bestäubung besorgen.

Archaeopteryx Heute ausgestorbenes Tier, das Merkmale der Vögel und der Reptilien aufwies. Es gilt aufgrund seines Federkleids und Knochenbaus als der erste echte Vogel. *Archaeopteryx* lebte im späten Jura.

Asteroid Kleiner (der größte bekannte Asteroid mißt etwa 1000 Kilometer im Durchmesser), felsiger und metallischer Körper in einer Umlaufbahn um die Sonne. Asteroiden sind vor allem im Asteroidengürtel zwischen Mars und Jupiter anzutreffen. Vermutlich stammt der größte Teil der Meteoriten aus dem Asteroidengürtel.

Aufschluß Bezeichnung der Geologen für einen offen an der Erdoberfläche liegenden Bereich eines Gesteinskörpers oder einer Gesteinsformation.

Basalt Weitverbreitetes, feinkörniges, dunkelgefärbtes magmatisches Gestein, das bei der Abkühlung entströmter Lava entsteht. Die Laven bilden sich durch Aufschmelzung innerhalb des Mantels. Basalt ist die häufigste Gesteinsart des Meeresbodens und zahlreicher Meeresinseln wie Hawaii, er ist aber auch auf den Kontinenten an vielen Stellen anzutreffen.

Bauxit Gesteinsart, die sich durch die Verwitterungsprozesse unter tropischen Klimabedingungen gebildet hat – wichtigstes Erz für die Aluminiumgewinnung. Bauxit besteht beinahe ausschließlich aus hydrierten Aluminiumoxiden, praktisch alle anderen Bestandteile des ursprünglichen Gesteins hat der starke, warme Niederschlag ausgewaschen.

Chondrit Häufig vorkommende Meteoritenart. Wissenschaftler gehen davon aus, daß Chondrite aus Bruchstücken und Partikeln der ersten in unserem Sonnensystem entstandenen Materie bestehen. Sie stammen offenbar von kleinen Körpern, die keine Aufschmelzung und keine chemische Differentiation durchlaufen haben und daher wertvolle Rückschlüsse zulassen über das Wesen des ursprünglichen Materials, das sich bei der Entstehung der Erde angesammelt hat.

Cyanobakterien Bakterienart, die in versteinerter Form in archaischen Gesteinsformationen gefunden wurde. Es existieren aber auch noch lebende Vertreter der Art. (Die heutigen Stromatolithen etwa setzen sich aus Cyanobakterien zusammen.) Wie alle Bakterien bestehen die Cyanobakterien aus primitiven (prokaryontischen) Zellen ohne innere Zellstruktur.

Erdkern Innerster Teilbereich der Erde unterhalb des Mantels (siehe Abb. 1.2). Er besteht vor allem aus einer Eisen-Nickel-Legierung, enthält aber auch einige leichtere Elemente. Er ist in einen inneren, festen und einen äußeren, flüssigen Kern unterteilt. Es wird angenommen, daß der äußere Kern für das Magnetfeld der Erde verantwortlich ist.

Erdmantel Der Teil der Erde zwischen der Kruste und dem Kern (siehe Abb. 1.2). Er nimmt den größten Teil der Erde ein und setzt sich aus dichten Mineralien zusammen, in erster Linie Silikate sowie Magnesium- und Eisenoxide.

Erratischer Block Bezeichnung für einen Felsen oder Findling, den Eismassen weit von seinem Ursprung weggetragen haben. Im allgemeinen erkennt man erratische Blöcke daran, daß sie aus einer anderen Gesteinsart bestehen als die Gesteine ihrer Umgebung.

Eukaryonten Organismen aus Zellen mit einem Kern, Chromosomen und anderen inneren Strukturen (eukaryontischen Zellen). Dieser Zelltypus ist charakteristisch für alle Lebewesen mit Ausnahme der Bakterien und Blaualgen.

Evaporit Chemisches Sediment, das in der Regel größtenteils aus Kochsalz (NaCl) und Gips ($CaSO_4$) besteht und durch direkte Ausfällung aus einer verdunstenden Wassermenge entstanden ist.

Gattung Der Spezies oder Art übergeordnete taxonomische Kategorie. Ähnliche Spezies gehören derselben Gattung an.

Geschiebemergel Allgemeine Bezeichnung loser, von Gletschern angehäufter Trümmer. Geschiebemergel ist in der Regel ein Gemenge aus Gesteinsstücken verschiedener Größe, von Steinblöcken bis hin zu mikroskopischen Tonpartikeln, und enthält häufig verschiedene Gesteinsarten. Zu Gestein verfestigter Geschiebemergel wird nach der englischen Bezeichnung *till* Tillit genannt.

Granit Grobkörniges magmatisches Gestein der kontinentalen Kruste, das gewöhnlich aus Feldspat, Quarz und Glimmer besteht.

Granit bildet sich aus Magma, das nicht an die Oberfläche ausströmt, sich vielmehr innerhalb der Kruste abkühlt. Die grobkörnige Struktur des harten Gesteins ist durch diese langsame Abkühlung bedingt.

Halbwertszeit Der Begriff bezeichnet die Zeitspanne, in der die Hälfte der Atome einer Probe aus radioaktivem Material zerfällt. Die Halbwertszeit ist unmittelbar von der Zerfallskonstanten abhängig, der Wahrscheinlichkeit eines Zerfalls in einem bestimmten Zeitraum.

Hämatit Bekanntes und weitverbreitetes Eisenerz mit der chemischen Formel Fe_2O_3. In einigen Zusammensetzungen hat es eine ausgeprägt rote oder rotbraune Färbung.

Hornstein Hartes, sehr feinkörniges Sedimentgestein, das vor allem aus Kieselerde (SiO_2) besteht. Hornstein kann sich durch die unmittelbare Ausfällung aus Wasser gebildet haben oder durch die Ansammlung stark quarzhaltiger Überreste einiger Planktonarten.

Hot Spot Mit dem Begriff Hot Spot wird die sichtbare Auswirkung eines Manteldiapirs auf die Oberfläche bezeichnet. Hot Spots sind Gegenden äußerst starker vulkanischer Tätigkeit und eines hohen Wärmeflusses. In der Regel sind sie gegenüber ihrer Umgebung erhöht.

Isotop Sämtliche Isotope eines chemischen Elements weisen das gleiche chemische Verhalten auf. Sie enthalten in ihrem Kern aber unterschiedlich viele Neutronen und haben damit auch unterschiedliche Atommassen.

Kalkstein Sedimentgestein, das überwiegend aus Kalziumkarbonat besteht. Einige Kalksteine sind einfache chemische Ausscheidungen, doch in den meisten Fällen sind sie aus den Gehäusen oder Überresten von Meeresorganismen entstanden, die sich nach dem Tod der Lebewesen am Meeresboden ansammelten.

Kimberlit Besondere, vulkanische Gesteinsart – sehr selten, aber auch sehr wichtig, weil alle bekannten Diamantvorkommen in Kimberliten zu finden sind. Da viele Kimberlite Diamanten enthalten, müssen sie durch Aufschmelzung in sehr großen Tiefen von annähernd 200 Kilometern entstehen.

Kinetische Energie Die Bewegungsenergie jedes sich bewegenden Körpers.

Kloakentiere Eine Gruppe primitiver, Eier legender Säugetiere, von denen heute die meisten Arten ausgestorben sind. Das Schnabeltier in Australien und zwei Ameisenfresserarten in Australien und Neuguinea sind die einzigen überlebenden Kloakentiere.

Konglomerat Sedimentgestein, zum größten Teil aus gerundeten Kieseln und Steinchen, häufig von verschiedenen Gesteinsarten, die von einem feinkörnigeren Bindemittel zusammengehalten werden. Es handelt sich im wesentlichen um das versteinerte Gegenstück eines Geröllgeschiebes.

Korallentier Allgemeine Bezeichnung einer großen Gruppe wirbelloser Meeresorganismen, die in seichtem Wasser leben und deren Skelett aus Kalziumkarbonat besteht. Korallentiere leben häufig in Kolonien und bilden Korallenriffe; in der Fossilüberlieferung sind sie weit verbreitet.

Lithosphäre Äußere, starre Hülle der Erde, die sämtliche tektonischen Platten umfaßt. Im Durchschnitt ist die Lithosphäre etwa 100 Kilometer dick und besteht aus der Erdkruste und dem obersten Teil des Mantels. Der Übergang von der Lithosphäre zum darunterliegenden Mantel ist physikalischer und nicht chemischer Natur; die Grenze verläuft an der Stelle, wo der obere Mantel heiß und fließfähig wird.

Löß Feinkörniges, vom Wind verwehtes Sediment, das in der ganzen Welt zu finden ist, in erster Linie aber auf der Nordhalbkugel. Sein Ursprung wird in der Regel in die Eiszeit vor einigen Millionen Jahren zurückverlegt; möglicherweise entstand Löß infolge des überwiegend trockenen Klimas und der starken atmosphärischen Winde, die während des Höhepunkts der Eiszeiten herrschten.

Magma Geschmolzenes Gesteinsmaterial, das durch Aufschmelzung innerhalb der Erde entstanden ist. Bei seiner Abkühlung bilden sich magmatische Gesteine. Gelangt Magma bei einem Ausbruch an die Erdoberfläche, spricht man von Lava.

Manteldiapir Strahl eines Materials von geringerer Dichte als seine Umgebung, der aus dem Inneren des Mantels nach oben steigt. Manteldiapire sind vermutlich auch heißer als ihre Umgebung, und bei ihrer Annäherung an die Oberfläche kommt es zu Aufschmelzungen, was in vielen Fällen eine vulkanische Tätigkeit auslöst. Es wird vermutet, daß sie ortsfest und langlebig und für die Entstehung von Vulkanen verantwortlich sind, etwa für die auf Hawaii liegenden, sowie für die inzwischen erloschene und unter Wasser liegende Kette, die nordwestlich von Hawaii verläuft.

Mare Bezeichnung dunkler, tiefer liegender Gebiete auf dem Mond. Die Maria sind so dunkel gefärbt, weil ihr Grund aus dunklen Basaltströmen besteht.

Massensterben Ein Zeitabschnitt mit einer außerordentlich hohen Rate aussterbender Pflanzen- und Tierarten, in der Regel nicht länger als einige Millionen Jahre. Die Grenzen auf der geologischen Zeitskala fallen größtenteils mit Massensterben zusammen.

Metamorphose Vorgang, in dessen Verlauf sich die mineralische Beschaffenheit eines Gesteins verändert, weil es hohen Temperaturen und Drücken ausgesetzt ist.

Meteoriten Felsige und metallische Objekte, die aus dem All auf die Erde fallen. Vermutlich stammt der größte Teil von ihnen aus dem Asteroidengürtel.

Mikroben Buchstäblich eine winzige (mikroskopisch kleine) Lebensform. Meist im Zusammenhang mit Bakterien verwendet.

Moräne Ein Kamm oder Hügel aus eiszeitlichem Geschiebemergel, in der Regel am Fuß eines Gletschers abgelagert.

Paläontologie Wissenschaft des Lebens in der erdgeschichtlichen Vergangenheit. Sie stützt sich im wesentlichen auf die Untersuchung von Fossilien.

Passiver Kontinentalrand Der Rand eines Kontinents, der ganz im Innern einer tektonischen Platte liegt und daher keiner vulkanischen oder seismischen Aktivität oder anderen geologischen Prozessen unterworfen ist, die an Plattengrenzen auftreten. Typisch für passive Kontinentalränder ist die ungestörte Ablagerung von Sedimenten, wie heutzutage etwa entlang der Ostküste Nordamerikas und der Westküste Afrikas und Europas.

Photosynthese Pflanzliches Verfahren zur Umwandlung von Kohlendioxid und Wasser in Kohlenhydrate unter Freisetzung von Sauerstoff.

Plankton Sammelbezeichnung der winzigen, im Wasser schwebenden Pflanzen und Tiere der Seen und Meere.

Platte Nach der Theorie der Plattentektonik ein nahezu starres Segment der Lithosphäre. Die verschiedenen Platten bewegen sich an der Erdoberfläche relativ zueinander.

Prokaryonten Organismen, die aus einer primitiven Zelle ohne innere Zellstruktur wie Chromosomen oder Zellkern bestehen (prokaryontische Zellen). Sämtliche Bakterien sind Prokaryonten.

Pyrit Aus Eisen und Schwefel zusammengesetztes Mineral mit der chemischen Formel FeS_2. Es kommt in der Erdkruste häufig vor und wird im Volksmund Katzengold genannt.

Quarz Bekanntes Mineral der Erdkruste mit der chemischen Zusammensetzung SiO_2.

Radiation In bezug auf die Evolution bezeichnet Radiation (auch adaptive Radiation) die Ausbreitung einer Gruppe von Organismen in neue Lebensräume und Umgebungen, verbunden mit einer Auseinanderentwicklung evolutionärer Merkmale.

Sandstein Sedimentgestein, das in der Regel überwiegend aus Quarzkörnern besteht und von einem chemisch ausgefällten Zement wie Hämatit, Kalziumkarbonat oder Quarz zusammengehalten wird.

Schiefer Sedimentgestein, das größtenteils aus feinkörnigen Tonmineralien besteht. Schiefer neigt dazu, entlang der primär angelegten Schichtflächen zu brechen, wobei dünne, flache Bruchstücke entstehen.

Schutt (Geröll) Bezeichnet Gesteinsstücke oder andere Bruchstücke mineralischer Materialien, die von einer Gesteinsformation erodiert und zu einer Sedimentablagerung transportiert wurden.

Schutthalde Auch Senke oder Geröllhalde genannt. Gemeint ist eine Ansammlung loser Trümmer am Fuß eines steilen Abhangs, die sich durch Verwitterung von einer Felswand gelöst haben.

Seismisch Bezieht sich auf Erdbeben oder die Vibrationen, die sie in der Erde hervorrufen. Eine seismische Welle beispielsweise ist der allgemeine Begriff zur Bezeichnung der Vibrationen, die von dem Punkt ausgehen, an dem es zu einem Erdbeben kam; eine seismische Lücke entlang einer Störung ist ein Abschnitt, in dem längere Zeit keine Erdbeben aufgetreten sind.

Spezies Nicht weiter unterteilte taxonomische Kategorie unterhalb der Gattung. Einzelne Vertreter der gleichen Spezies oder Art können sich miteinander kreuzen und ähnliche Nachkömmlinge hervorbringen.

Stamm Große, primär taxonomische Kategorie von Lebewesen. Es werden fünf Reiche unterschieden, denen sämtliche Lebewesen zugeteilt werden können; jedes dieser Reiche ist in eine Vielzahl von Stämmen unterteilt.

Störung Fläche, entlang welcher Gesteinsschichten auseinandergebrochen sind und sich gegeneinander verschoben haben. Insbesondere ein Spalt in der Erdkruste, an dem eine Plattenbewegung zu beobachten war oder ist.

Stromatolith Knollige oder lagige Struktur, die in Sedimenten zu finden ist. Stromatolithen sind vor allem als Fossilien in proterozoischen Sedimenten bekannt, es gibt aber auch heute noch lebende Abarten von ihnen. Die typische Struktur ergibt sich durch Kolonien von Algen, die sich zu Schichten klebriger Fäden zusammengefügt haben und an denen sedimentäre Partikel hängenbleiben.

Subduktion Abtauchen eines Teiles einer lithosphärischen Platte an einer Kollisionsgrenze zweier Platten ins Erdinnere. Die abtauchende Platte trägt stets eine ozeanische Kruste. Kennzeichnend für Subduktionszonen sind ein Tiefseegraben an der Oberfläche und das Auftreten großer Erdbeben.

Supernova Explodierender Stern. Supernovae treten auf, wenn der «nukleare Brennstoffvorrat» eines großen Sterns erschöpft ist und der zentrale Teil des Sterns in sich zusammenfällt. Eine zerstörerische Explosion wird ausgelöst, bei der gewaltige Mengen Energie freigesetzt werden.

Sutur Bereich, in dem Teile kontinentaler Kruste durch Aufeinanderprallen zusammengefügt wurden. Anfangs sind hohe Gebirge kennzeichnend für derartige Zonen; der Himalaja und die Alpen sind vergleichsweise junge Beispiele für Suturzonen.

Treibhauseffekt Eine Temperaturzunahme an der Erdoberfläche, die auf die Stauung der Wärme durch verschiedene Bestandteile der Atmosphäre wie Kohlendioxid und Methan zurückzuführen ist. Zahlreiche chemische Verbindungen verhindern die Abstrahlung der Wärmeenergie von der Erde ins All. Sie werden in Anspielung auf echte Treibhäuser, in denen Glas die Wärme zurückhält, Treibhausgase genannt.

Trilobit Ausgestorbener Stamm wirbelloser Tiere, die von der Periode des Kambriums bis zum Ende des Perms in den Meeren lebten. Trilobiten sind verwandt mit Krustentieren, Insekten und Spinnen.

Überschiebungsdecken Riesige, flach verlaufende Falten im Gestein, die charakteristisch sind für die Kollisionszonen zwischen Kontinenten. Sie bilden sich aufgrund der extremen Schubkraft, die in solchen Zonen herrscht.

Uraninit Ein Uranmineral mit der chemischen Formel UO_2.

Versteinert In festes, kompaktes Gestein umgewandelt.

Warve Dünne Sedimentlage, die sich im Verlauf eines Jahres in Schmelzwasserseen vor Gletschern abgelagert hat. In der Regel weisen Warven eine Abstufung von gröberem, sandigem Material, das während des Abflusses im Sommer abgelagert wurde, und feinerem, in der Regel dunkelgefärbtem Material auf. Letzteres sammelte sich durch die Absetzung winziger, an organischem Material reicher Sedimente im Winter an.

Zirkon Weitverbreitetes, allerdings nur in Spuren vorkommendes Mineral der Erdkruste mit der chemischen Formel $ZrSiO_4$. Da es in der Regel Uran enthält, wird es ausgiebig bei der Altersbestimmung mit Hilfe der Uran-Blei-Methode verwendet.

Weiterführende Literatur

Wer sich eingehender mit einigen Themen, die in diesem Buch erörtert werden, befassen möchte, findet im folgenden Anregungen für geeignete einführende Lektüre. Diese kurze Liste ist bei weitem nicht vollständig, doch vor allem die kürzlich erschienenen Lehrbücher, die unten erwähnt werden, enthalten sehr ausführliche Bibliographien mit Büchern und Zeitschriftenartikeln, die ein sehr breites Themenfeld der Geowissenschaften abdecken.

Physische Geologie

Unter physischer Geologie versteht man Geologie ohne historischen Kontext. Sie beschränkt sich auf Vorgänge, physikalische wie chemische, die unseren Planeten gestalten. Einführungskurse in Geologie sind häufig Kurse der physischen Geologie, und es gibt eine ganze Reihe guter Lehrbücher. Einige kürzlich erschienene Ausgaben, die mir vertraut sind, werden unten aufgeführt.

Hamblin, W. K., *Earth's Dynamic Systems.* Macmillan Publishing Company, 6. Auflage 1992.

Judson, S., und S. M. Richardson, *Earth. An Introduction to Geologic Change.* Prentice Hall, Inc. 1995.

Press, F., und R. Siever, *Allgemeine Geologie. Eine Einführung.* Spektrum Akademischer Verlag 1995. (Originaltitel: *Understanding Earth.)*

Skinner, B. J., und S. C. Porter, *The Dynamic Earth.* John Wiley and Sons, Inc., 3. Auflage 1995.

Historische Geologie

Die unten aufgeführten Titel decken zum großen Teil die Themen ab, die im vorliegenden Buch erörtert werden.

Dott, R. H., jun., und D. R. Prothero, *Evolution of the Earth.* McGraw-Hill, Inc., 5. Auflage 1994. Ein reich illustriertes und ausführliches Lehrbuch, das die gesamte Erdgeschichte umfaßt.

Hölder, H., *Kurze Geschichte der Geologie und Paläontologie. Ein Lesebuch.* Springer-Verlag 1989. In diesem amüsanten Büchlein kommen die Pioniere der Geologie wie James Hutton oder Alfred Wegener zu Wort, aber auch deren Widersacher mit ihren teilweise abstrusen Einwänden gegen heute anerkannte Theorien.

Stanley, S. M., *Historische Geologie. Eine Einführung in die Geschichte der Erde und des Lebens.* Spektrum Akademischer Verlag 1994. (Originaltitel: *Earth and Life through Time.)* Zahlreiche Aufnahmen und Graphiken in diesem Lehrbuch untermauern die im Text dargelegten Gedanken.

Leben und Evolution

Cowen, R., *History of Life.* Blackwell Scientific Publications 1990. Eine sorgfältige und gut geschriebene Darstellung der Evolution nach dem aktuellen Forschungsstand, vom Ursprung des Lebens auf der Erde bis hin zum *Homo sapiens.* Als einführendes Lehrbuch zum Thema gedacht.

Gould, S. J., *Wonderful Life. The Burgess Shale and the Nature of History.* W. W. Norton & Company 1979. Eine Abhandlung über das Wesen der Evolution, ausgehend von der kambrischen Explosion, insbesondere den Fossilien des Burgess-Schiefers in Britisch-Kolumbien.

Massensterben

Stanley, S. M., *Krisen der Evolution. Artensterben in der Erdgeschichte.* Spektrum der Wissenschaft 1988. (Originaltitel: *Extinction.)* Eine anregend geschriebene und sehr ausführliche Abhandlung zu den Massensterben und ihren möglichen Ursachen. Sie enthält zahlreiche Informationen zu den Aussterben an der Perm-Trias- beziehungsweise der Kreide-Tertiär-Grenze.

Eldredge, N., *Wendezeiten des Lebens. Katastrophen in Erdgeschichte und Evolution.* Spektrum Akademischer Verlag 1994. (Originaltitel: *The Miner's Canary.)* Eine knappe Abhandlung sämtlicher Massensterben, die auch die Rolle des Menschen bei den aktuellen Artensterben miteinbezieht.

Eiszeitalter

Imbrie, J., und K. P. Imbrie, *Die Eiszeiten. Naturgewalten verändern unsere Welt.* Econ-Verlag 1981. (Originaltitel: *Ice Ages. Solving the Mystery.)* Eine gut geschriebene Darstellung der historischen Entwicklung der Vorstellungen zu kontinentalen Vereisungen, angefangen bei Louis Agassiz bis hin zur Gegenwart.

Plattentektonik

Menard, H. W., *The Ocean of Truth.* Princeton University Press 1986. Ein interessantes Werk zur Entwicklung der Theorie der Plattentektonik, verfaßt von einem Geologen, der in zahlreichen Fragen selbst an der Revolution der Geowissenschaften beteiligt war und die meisten anderen bedeutenden Pioniere persönlich kannte. Die zuvor aufgeführten Lehrbücher geben alle eine verständliche Erläuterung der Plattentektonik; dieses Buch liefert dazu einen großen Teil des historischen Kontextes.

Menard, H. W., *Inseln. Geologie und Geschichte vom Land im Meer.* Spektrum der Wissenschaft 1987. (Originaltitel: *Islands.)* Dieses Buch des Pioniers der Plattentektonik gibt eine umfassende Darstellung eines Sonderfalles der Plattentektonik: der Entstehung ozeanischer Inseln.

Klima und Klimaveränderungen

Claiborne, R., *Entscheidungsfaktor Klima. Der Einfluß des Wetters auf Entwicklung und Geschichte der Menschheit.* Molden 1974. (Originaltitel: *Climate, Man, and History.)* Eine lebendig und gut geschriebene Darstellung des Klimas, der Eiszeiten, der Auswirkungen des Klimas auf die Evolution des Menschen und viele verwandte Themen.

Lamb, H. H., *Weather, Climate and Human Affairs.* Routledge 1988. Eine Sammlung von Beiträgen und Aufsätzen des Autors, die ausführlich Ursachen und Wirkungen von Klimaveränderungen behandeln und sich auf die Erdgeschichte beschränken.

Lamb, H. H., *Klima und Kulturgeschichte. Der Einfluß des Wetters auf den Gang der Geschichte.* Rowohlt-Taschenbuch-Verlag 1989. (Originaltitel: *Climate, History, and the Modern World.)* In diesem Buch führt der Autor Gedanken näher aus, die er zuvor in Aufsätzen dargelegt hatte.

Stommel, H., und E. Stommel, *Volcano Weather. The Story of 1816, the Year without a Summer.* Seven Seas Press 1983. Die Autoren haben die Auswirkungen des Ausbruchs des Tambora in Indonesien im Jahr 1815 erforscht. In diesem lesenswerten, kleinen Buch schildern sie packend ihre aufschlußreichen Erkenntnisse.

Register